地下工程热湿理论与应用

茅靳丰 韩 旭 主编
张 华 连慧亮 周森林 参编

中国建筑工业出版社

图书在版编目（CIP）数据

地下工程热湿理论与应用／茅靳丰，韩旭主编．—北京：中国建筑工业出版社，2009
ISBN 978-7-112-11518-1

Ⅰ．地… Ⅱ．①茅…②韩… Ⅲ．地下工程-建筑热工 Ⅳ．TU94 TU111

中国版本图书馆 CIP 数据核字（2008）第 196229 号

本书系统介绍了地下建筑中的传热、传湿机理以及目前热湿处理技术的研究进展。全书共分10章，分别为绪论、传热基本原理、岩土及保温材料的热物性、深埋地下工程的预热期传热问题、深埋地下恒温工程的使用期传热问题、一般通风条件的深埋地下工程使用期传热问题、浅埋地下工程的传热问题、新风在地下风道中的传热问题、地下工程传热问题的数值计算方法、地下工程中的传质问题研究、热质交换问题的新进展。本书读者对象为从事地下建筑研究、设计、开发的工程技术人员，建筑环境与设备工程专业、国防与人防工程相关专业的教师、学生。

* * *

责任编辑：齐庆梅　张　健
责任设计：崔兰萍
责任校对：陈　波　陈晶晶

地下工程热湿理论与应用

茅靳丰　韩　旭　主编
张　华　连慧亮　周森林　参编

*

中国建筑工业出版社出版、发行（北京西郊百万庄）
各地新华书店、建筑书店经销
霸州市顺浩图文科技发展有限公司制版
北京富生印刷厂印刷

*

开本：787×1092毫米　1/16　印张：15¼　字数：372千字
2009年12月第一版　2010年7月第二次印刷
定价：33.00元
ISBN 978-7-112-11518-1
(18766)

版权所有　翻印必究
如有印装质量问题，可寄本社退换
（邮政编码 100037）

前　言

目前，随着可利用土地资源的紧张，越来越多的发达国家开始关注地下空间的利用前景，地下建筑空间的内部环境保障技术也日渐成为研究的热点。

地下建筑传热、传湿计算结果是否符合实际，将直接影响到地下建筑热湿负荷的准确性，对地下建筑通风空调系统的方案设计、运行管理都会产生重大影响。而与此相对照的是我国已将近二十年没有关于地下建筑的热、湿问题的新著作、教材出版。同时，地下空间热、湿问题在这二十年里的研究进展，也迫切需要进行系统的总结。为此我们在内部教材《地下传热》的基础上编写了《地下工程热湿理论及应用》，系统介绍了地下建筑中的传热、传湿机理以及目前热湿处理技术的研究进展。

本书分为 10 章，分别为绪论、传热基本原理、岩土及保温材料的热物性、深埋地下工程的预热期传热问题、深埋地下恒温工程的使用期传热问题、一般通风条件的深埋地下工程使用期传热问题、浅埋地下工程的传热问题、新风在地下风道中的传热问题、地下工程传热问题的数值计算方法、地下工程中的传质问题研究、热质交换问题的新进展。

为了使读者对各类传热计算方法的依据和条件有清晰的认识，本书对各种计算方法都采用从理论加以推导，辅以例题验证的体例予以阐述。

本书由茅靳丰、韩旭主编，张华、连慧亮和周森林参与了编写工作。本书的第一章由周森林编写，二、三、四章由韩旭编写，第五、六、七、九章由茅靳丰编写，第八章由连慧亮编写，绪论及第十章为集体编写。本书的框架和目录拟定由茅靳丰和韩旭完成，张华对全书进行了统稿工作。在编写过程中，博士研究生马喜斌、李靖、刘文杰、李金田，硕士研究生郭学森、周峻、刘永华、刁孝发承担了大量的具体工作。

由于编者的水平所限，缺点和错误在所难免，望读者批评指正，以便我们进一步修订改正。

目 录

绪论 ··· 1
    第一节   地下工程的分类 ··· 1
    第二节   地下工程热湿传递研究的进展 ·· 2
    第三节   地下工程传热问题的研究方法综述 ··· 8
    第四节   地下传热问题的研究展望 ·· 23

第一章   传热基本原理 ··· 27
    第一节   导热基本定律 ··· 27
    第二节   对流换热基本定律 ··· 29
    第三节   热辐射基本定律 ·· 32

第二章   岩土及保温材料的热物性 ··· 36
    第一节   岩石的传热机制与导热系数 ··· 36
    第二节   土壤的热物性 ··· 39
    第三节   保温材料的热物性 ·· 41
    第四节   岩土导热系数测量方法 ··· 42

第三章   深埋地下工程的预热期传热问题 ·· 47
    第一节   半无限大物体的恒热流预热 ··· 47
    第二节   无限长拱形断面坑道的恒热流预热 ·· 50
    第三节   有限长拱形断面坑道的恒热流预热 ·· 54
    第四节   恒热流预热的传热计算 ··· 57
    第五节   通风条件下的非恒热流预热 ··· 59

第四章   深埋地下恒温工程的使用期传热问题 ··································· 69
    第一节   半无大限物体 ··· 69
    第二节   无限长拱形断面的地下工程 ··· 71
    第三节   有限长拱形断面的地下工程 ··· 73
    第四节   恒温边界条件传热计算时初始温度场的修正 ·························· 76

第五章   一般通风条件的深埋地下工程使用期传热问题 ····················· 82

第六章   浅埋地下工程的传热问题 ··· 87
    第一节   浅埋地下工程在周期性热作用下的温度变化特点 ··················· 88
    第二节   浅埋地下工程冬季供暖时的传热量近似计算 ·························· 92
    第三节   浅埋地下工程夏季空调工况时的传热量计算 ·························· 96
    第四节   浅埋地下工程在一般通风工况时的传热量计算 ····················· 100

第七章   新风在地下风道中的传热问题 ··· 104
    第一节   温度周期性波动的新风在地下风道中的传热计算 ················· 104
    第二节   恒定温度的空气经地下风道时参数变化计算方法 ················· 108

第八章   地下工程传热问题的数值计算方法 ······································ 114

  第一节 数值模拟的理论 ··· 114
  第二节 数值模拟在深埋地下工程中的应用 ······································ 130
  第三节 浅埋地下工程围护结构传热过程模拟 ···································· 132
  第四节 浅埋地下工程传热模型与试验示例 ······································ 141
  第五节 传热数值模拟的商业软件 ·· 147
  第六节 国内外相关研究现状 ·· 149
第九章 地下工程中的传质问题研究 ·· 151
  第一节 传质基本原理 ·· 151
  第二节 地下工程中的湿处理 ·· 154
  第三节 常用热湿处理设备及其原理 ·· 159
第十章 热质交换问题的新进展 ·· 168
  第一节 蒸发冷却技术 ·· 168
  第二节 冷却塔技术 ·· 171
  第三节 蒸发式冷凝器 ·· 175
  第四节 其他 ·· 178
附录 ·· 180
参考文献 ·· 216

绪 论

第一节 地下工程的分类

全部或大部分有效空间处于地表面以下的建筑物，包括建造在岩层或土层中的各层建筑物以及地面建筑的地下室部分，都叫做地下建筑。地下的矿井、巷道、输油或输气管道、输水隧道、水库、油库、铁路和公路隧道、野战工事等称为地下构筑物。地下建筑物和构筑物有时总称为地下工程或地下设施。本书中所研究的地下工程专指地下建筑。

人类利用地下空间历史悠久，远在人们会建造房屋之前，就已开始利用天然洞穴遮风蔽雨，借以生存。由于地下建筑有许多优点，如"冬暖夏凉"、"不用空调和节能"、"不易结霜"等，直至今日仍有许多人身居窑洞。

真正的地下建筑开始用于工业生产，已有近一百年的时间，其发展过程大体经历了如下阶段：首先，城市地下建筑是从兴建地下铁道、解决城市交通运输问题开始的；到20世纪初，有的国家开始修建了地下水电站、有的国家利用天然洞作精密仪表厂，地下建筑在用于工业生产中获得了初步效果。

二次世界大战期间，参战国家的地面建筑受到空袭，破坏很大。因此，许多国家迅速把一些军事工程、生产企业转入地下。这种具有预定战备防护功能的地下工程，称之为防护工程。按用途可将防护工程分为两大类：国防工程和人防工程。国防工程是用于国防目的，主要指平时构筑的各种永备工程的统称。包括永备阵地工程、大型指挥工程、通信枢纽工程、军港和军用机场工程、洞库工程等。人防工程的全称叫人民防空工程，人防工程是由许多各级人防指挥工程、通信工程、人员掩蔽工程、医疗、防化、消防、治安、运输等专业队掩蔽工程、车辆、战备物资掩蔽工程、疏散干道、地铁和部分城市隧道工程、城防作战工程等组成的。

二次世界大战以后，许多国家鉴于战争年代的经验，结合战时需要，大力修建地下建筑。同时由于地下建筑施工技术的发展，造价逐步降低，再加上通风空调技术的发展和应用，推动了地下建筑的迅速发展。到 21 世纪中叶，我国的城市化水平将达到 50%～60%，城市发展与土地资源短缺的矛盾会更加突出，开发利用地下空间将是城市化可持续发展的必经之路[1,2]。

地下工程的分类方法很多，如按照洞体形成原因可分为天然洞与人工洞，还可依据施工方式、使用用途、结构形式、结构处理方式、埋深等方式进行分类。

1. 按施工方式分类

明挖工程与暗挖工程。明挖方式包括大开挖法、沉井法、逆作法等；暗挖方式包括矿山法、盾构法、顶管法等。

2. 按使用用途分类

地下商场、地铁站、地下旅馆、地下医院、地下车库、地下室、地下歌（舞）厅、地下冷库、地下厂房、地下物资储备库、人防指挥所、国防工程等等。

3. 按结构形式分类

根据结构形式可分为坑道式、地道式、单建掘开式、附建式四类。坑道式通常利用山体建设，多用于国防用途或军工研发与生产。地道式与单建掘开式则常见于平原城市。地道式如各级人防指挥所、地下旅馆等等，单建掘开式则如地铁站、地下广场、地下车库等等。单建掘开式在其对应的地面没有其他建筑，附建式则在其对应的地面上有其他建筑。

4. 按结构的处理形式分类

根据被覆结构形式不同，可分为毛洞、衬砌结构和衬套结构。衬砌结构根据被覆层是否紧贴洞壁，分为贴壁式衬砌和离壁式衬砌。其中贴壁式衬砌按所浇混凝土的层数，再分为单层衬砌和双层衬砌。衬套结构是做完混凝土衬砌，再在洞内根据使用功能需求来建造封闭的房间。衬套结构的衬砌与房间墙壁间具有一定的空气间隔层。

此外，还有混合结构，即局部衬砌局部衬套。衬套结构的优点是能消除洞体裂隙水的作用，同时又具有良好的隔热性能，因而可极大地减少衬套壁面的散湿量，而且在一定程度上减少壁面的传热量。目前有人长期工作、生活以及往来的地下工程都采用衬套结构，并在内部根据功能需求进行适当装修。

5. 按工程埋深分类

由于地层的蓄热作用，温度波在向地层深处传递时，温度波振幅会发生衰减。当达到一定深度，年温度波幅数值已经衰减到接近零，在一般工程计算中可以忽略不计，即地层温度达到了一个近似的恒定值，此处称为恒温层。位于恒温层深度以下的建筑称为深埋地下建筑，地面温度及其年周期性变化对洞室内温度状况的影响可以忽略不计。埋深小于恒温层的建筑则称为浅埋建筑，其热特性受到地表面温度的重要影响。

土壤或岩石的导温系数一般约在 $0.0026 \sim 0.004 m^2/h$ 范围内，地面温度年周期性波动通过深度 $12 \sim 16m$ 的地层厚度，其波幅衰减 $50 \sim 100$ 倍。因此，有学者认为覆盖层厚度大于 $12m$ 的建筑可视为深埋地下建筑。近年来，也有的研究者认为埋深大于 $10m$ 即可，详见第三章所述。

6. 其他分类方法

按材料分为：钢筋混凝土结构、木结构、钢结构、钢丝网水泥结构等。

按形式分为：整体式结构、装配式结构和整体装配式结构。

第二节 地下工程热湿传递研究的进展

地下工程的热湿传递是指地下工程在室内热源、冷源、湿源、地面温湿度和通风作用下发生的传热、传湿过程。地下工程的围护结构（包括岩石和土壤）可视为半无限大的传热介质，即以 y-z 为基面，向 x 的一端（正或负）无限延伸。

地下工程的传热、传湿过程比较复杂，影响因素众多，主要有：

1. 围护结构的热物理性能。包括衬套材料和岩石、土壤的导热系数与导温系数，以及裂隙水运动情况、含水量等；

2. 几何条件，如埋深、洞室尺寸和几何形状等；
3. 使用情况，如室内热源、湿源数量、强度、工作状况；
4. 通风情况，如通风方式、新风温湿度、新风量、室内气流组织形式与通风制度等。

地面以上围护结构的传热、传湿问题一直受到研究者的青睐，而地下工程围护结构的研究是随着不同时期的影响而发展。一开始研究者展开了对地下室传热问题的研究，在一份美国的调查中，得出向岩土传热导致的热损失达到每年50～150亿美元[3]。由于20世纪70年代的石油危机，使得建筑物地面以上的围护结构保温措施得到很大改进，这直接导致了地下围护结构传热在围护结构总热损失中所占比重的提高。Shipp的研究[4]发现，在美国的奥尔良，如果建筑物地面以上的围护结构保温措施得当的话，一个未做保温措施的地下室能够占整个围护结构传热的67%。其他研究者则发现在寒冷地区，向岩土传热导致的热损失能够达到总热损失的$\frac{1}{3}$，最多达50%[5,6]。在加拿大，地下室和地板热损失则占了建筑物10%～40%的供热负荷[7]。我国在20世纪50～70年代的特定历史条件下，修建了许多国防和人防工程，也掀起了地下工程围护结构传热研究的高潮。在20世纪末本世纪初，随着大量地下工程（包括地下水电站、工厂、储藏室和城市人防和民用地下空间）的开发，地下工程围护结构传热、传湿的研究又再次引起了研究者的注意。

地下工程围护结构的传热、传湿是工程热湿负荷的重要组成部分。计算结果是否符合实际，直接影响工程动态负荷的准确性。地下工程围护结构及周边岩土动态传热、传湿过程的模拟，在正确建模的基础上，核心问题是热、湿传递模型的求解。不仅要求计算结果比较符合实际，而且要求一定的模拟速度，不致因为传热过程模拟的缓慢影响整个系统的模拟周期。地下建筑特别是浅埋地下工程及附建式地下工程围护结构的传热、传湿是复杂的非稳态传热过程。

下面我们按照不同的研究领域，分别介绍地下工程围护结构传热、传湿问题的具体研究进展。

一、气象参数

根据美国能源部的网页，目前适合我国大陆地区建筑能耗使用的气象数据主要有：中国典型年气象数据CTYW（Chinese Typical Year Weather）、中国标准气象数据CSWD（Chinese Standard Weather Data）以及美国能源部开发的典型气象年TMY2（Typical Meteorological Year 2）和TMY3（Typical Meteorological Year 3）[8]。

中国典型年气象数据是由西安建筑科技大学与中国建筑科学研究院、香港城市大学、中国气象局合作承担的国家自然科学基金重大国际（地区）合作项目，研究开发了全国194个气象台站的典型年气象数据。该数据采用美国TMY的选取标准进行数据选取。根据中国国家气象中心提供的1971～2000年的实测气象数据，进行合理差值补充获得的全国194个城市的TMY数据。数据开发过程中针对DOE-2所需的气象要素进行了专项研究，可以满足DOE-2计算需要[9]。中国标准气象数据由中国国家气象中心气象资料室和清华大学建筑技术科学系根据收集的全国270个地面气象台站1971～2003年的实测气象数据为基础，通过分析整理以及合理差值计算获得了全国270个台站的建筑热环境分析专用气象数据集。该数据的选取方法接近美国的TMY选取方法[10]。

苏华等[11]考察了成都和重庆的TMY2数据的准确性，发现温度数据比较准确，但辐射数据的准确性差。利用随机气象模型对成都和重庆的气象资料进行了模拟，所得的温度和辐射数据的准确性均较好。

西安建筑科技大学张明[12]对我国逐时标准年数据作了深入的分析研究，选择了代表我国五大气候区的典型城市北京、上海、广州、哈尔滨及昆明，用DOE-2能耗模拟程序对同一典型办公建筑做能耗计算，以各城市30年实测数据所模拟出的建筑能耗的平均值为基准，对目前我国的两套标准年数据库（中国典型年气象数据CTYW及中国标准气象数据CSWD）作了比较，发现用这两套数据所模拟出的全年建筑能耗均比较接近30年能耗的平均值，能耗差异在-15.81%~5.36%左右。而王金奎[13]根据逐时晴空指数与日晴空指数相等这一假设建立日总辐射转化为逐时辐射的模型，并用哈尔滨和汕头2000年实测逐时辐射对模型验证。结果表明，晴天时计算结果与实测结果符合很好，多云天气时计算结果与实测结果符合较好，全云天时计算结果与实测结果误差较大。

西华大学周卿[14]比较了美国TMY2气象数据、中国标准气象数据CSWD与气象站1991~2000年10年观测数据的月均值，发现TMY2、CSWD温度数据比较准确，但辐射数据误差较大。以10年观测数据为基础，自主筛选出了北京、成都、昆明和西安四城市的典型月构成典型年，并通过插值得到北京和成都的逐时数据。采用DeST-h软件进行了能耗计算并进行了比较，计算对象为一个标准住宅模型建筑，所用气象数据包括7个自然年的观测数据、自主开发的典型年数据、CSWD数据和TMY2数据。能耗分析结果表明，采用不同气象数据得到的能耗模拟差异相当大，最大差异值为84.15%。

从以上文献可以看出，气象参数对建筑热环境分析的重要性以及目前国内气象参数的不足，特别是太阳辐射数据的不足，因此不断有新的气象参数模型被提出[15-30]。

二、岩土表面

Gold[31]对两个表面覆盖物不同的停车场下岩土温度进行了实测。研究发现日总辐射月平均值与室外空气月平均值和停车场岩土表面温度月平均值之差存在着一个关联式，岩土表面条件的改变会对年平均岩土温度值产生影响。草坪覆盖的停车场，在夏季净太阳辐射由于蒸发、长波辐射、对流和向岩土的导热耗散分别占到48%、42%、7%和3%。冬季被雪覆盖的停车场表面温度稳定，大约比最冷月平均室外空气温度值高10℃。

Kusuda[32]对5种不同岩土表面覆盖物（包括黑色柏油、白色柏油、裸露的矿物、短草和长草）条件下的岩土温度场进行了实测。结果发现即使在地下0.3m处，黑色柏油覆盖下的岩土月平均温度都要比长草下的岩土月平均温度高15℃；在冬季，所有不同覆盖物下的岩土温度相差不大。

Gilpin和Wong[33]研究了岩土表面的热阀效应（heat-valve effect）。研究表明，岩土表面覆盖物相特征（surface cover characteristics in phase）随着年空气波的变化会产生热阀效应，而这导致了岩土平均表面温度高于室外空气平均温度。

Camillo等[34]建立了一个上层岩土和下层大气组成的边界层计算机模型。该模型将岩土表面热流和湿作为驱动势。

印度的Jayashankar等[35,36]针对建筑物周围岩土表面条件对建筑物热性能的影响进行了研究。

Adjali 等[37]在使用软件 APACHE 模拟时，由于该软件无法对降水和覆雪进行模拟，所以利用实测数据进行了比较分析，结果表明在数值模拟中没有考虑降水和覆雪会对结果产生影响，尤其是覆雪。

波兰的 Popiel 等[38]对 Poznan 两个不同表面覆盖物的场所（停车场和草地）进行了为期两年的实测（1999年夏天～2001年春天）。对于停车场热电偶的测量位置是 0～7m，草地是 0～17m。结果发现，短期温度变化只会影响至深度1m处。夏天，停车场下1m处的温度要比草地同位置处高4℃，但是在冬天，该处温度值相差不大。与使用 Buggs[39]公式计算（基于半无限大非稳态传热的解析解）后的结果吻合较好。

三、地下水位

Delsante[40]研究了地下水位的变化对地板传热量的影响。研究表明：在地下水位大于工程宽度时，不考虑地下水位的存在会给地板传热量的计算带来10%以内的误差。但这一分析中，地下水位之上土壤的导热系数被看成是一成不变的，而且和地板的导热系数相等。

摩洛哥的 Amjad 等[41]通过计算后发现，地下水位深度的变化，特别是在严寒地区，对和地板、浅埋地下室及地下建筑相接触的岩土之间的换热影响较大。

四、湿的影响

地下工程围护结构的一个显著特点就是湿的问题。不同的学者对其进行了不同的研究[42,43]。当传热传湿过程同时存在时，这两种过程将发生直接的相互作用，产生所谓的交叉耦合扩散效应。由温度梯度的作用产生的传质效应称为 Sorct 效应，或称为热附加扩散效应，它代表由温度场的不均匀性而导致的传质现象；而由浓度梯度产生的传热效应称为 Dufour 效应，或称为扩散附加热效应，它代表由浓度场的不均匀性而导致的传热现象。

早在1915年，Bouyoucos[44]就研究了温度对岩土中水蒸气和毛细水的影响。

Adjali 等[37,45]使用有限容积软件 APACHE 对美国 Minnesota 大学一个地下建筑进行数值模拟并与实测数据对比后发现，针对该建筑没有考虑湿的影响是可行的，但是如果该地区雨水较多或者覆雪的影响不能忽略时就有必要考虑湿的影响了。Van 和 Hoogendoorn 的研究则指出在某些条件下，如低透水率的岩土，湿的影响可以不考虑[46]。Lloyd[47]指出在地板下面2m处含湿量的变化可以忽略不计。

Rees 等[48]研究了岩土内含湿量变化对建筑物传热的影响，一系列有限单元法模拟结果表明湿对于岩土导热系数影响较大，从而会对传热产生影响。分别针对三种不同的情况：包括一维、二维浅埋建筑和二维深埋建筑进行稳态分析。地下水位变化从0～10m，分别对于上述三种不同的情况传热增加60%、20%和40%。但是作者没有考虑非稳态的情况和温度对湿度场的影响。

五、室内温度

目前大多数研究都将室内温度设为恒定，这种假设对于实际地下工程是否合理还值得商榷。

Choi 等[49-51]使用 ITPE 方法和 Z 传递函数法结合 DOE 软件的方法研究了地下工程室内温度变化对传热的影响。研究结果发现，当使用实际室内温度进行计算时会比室内温度恒定情况下热损失少 20%。

Mitalas[52]指出，空气与岩土之间很小的温差都能导致热损失较大的误差，1℃的温差可以导致 10% 的误差。

Emery 等[53]则指出，即使很小的空气温度变动都会影响热损失计算的精确性，风扇引起的气流变动都会影响热损失。

六、岩土热物性参数

同室内温度一样，大多数文献将岩土热物性参数假设为恒定值，通过查取热物性参数手册人为选取参数。但是岩土是典型的多孔介质，其热物性参数受温湿度共同的影响。这将导致传热、传湿和热湿耦合控制方程的高度非线性性。对于稳态问题，主要受岩土导热系数影响，而岩土比热则对非稳态导热有较大影响。

1. 岩土比热

对于大多数情况下用岩土不同组分的比热来表示岩土综合比热是能够满足要求的：

$$c = \chi_v \rho_v c_v + \chi_l \rho_l c_l + \chi_s \rho_s c_s \tag{0-1}$$

式中，c 表示岩土综合比热，J/(kg·K)；χ_v，χ_l，χ_s 分别表示蒸气、液体和固体在整个岩土中的体积分数；ρ_v，ρ_l，ρ_s 分别表示蒸气、液体和固体的密度，kg/m³；c_v，c_l，c_s 分别表示蒸气、液体和固体的比热，J/(kg·K)。

2. 岩土导热系数

事实上，岩土导热系数是干密度、孔隙率及饱和度等参数的函数[54]。Adjali 等在对美国 Minnesota 大学的地基测试装置 FTF (Foundation Test Facility) 数值模拟时，认为岩土不同深度处的导热系数相同[37]。

对于多孔介质的导热模型，比较有代表性的计算模型主要有以下几种：

如果岩土成分分布与热流传递方向相同，则可以用 Kaviany 的加权算术平均计算模型[55]计算：

$$c = \chi_v \lambda_v + \chi_l \lambda_l + \chi_s \lambda_s \tag{0-2}$$

式中，c，χ_v，χ_l，χ_s 的物理意义和单位与公式 (0-1) 相同，λ_v，λ_l，λ_s 分别表示蒸气、液体和固体的导热系数，W/(m·K)。

而如果岩土各组分与热流传递方向是正交的话，则可以使用加权调和平均计算模型：

$$\lambda = \frac{\lambda_v \lambda_l \lambda_s}{\chi_v \lambda_l \lambda_s + \chi_l \lambda_v \lambda_s + \chi_s \lambda_v \lambda_l} \tag{0-3}$$

此外，Woodside 和 Messmer 提出的加权几何平均计算模型[56,57]，其计算公式如下：

$$\lambda = \lambda_v^{\chi_v} \lambda_l^{\chi_l} \lambda_s^{\chi_s} \tag{0-4}$$

式 (0-3)、式 (0-4) 中的各参数物理意义、单位都与公式 (0-2) 相同。

根据 Woodside 和 Messmer 的研究，使用加权算术平均法计算的结果偏大，使用加权调和平均计算的结果偏小，而加权几何平均的计算结果较为理想（如图 0-1 所示）。

De Vries[58,59]也提出了一种计算岩土导热系数的方法：

$$\lambda = \frac{\sum_{i=0}^{n} k_i \chi_i \lambda_i}{\sum_{i=0}^{n} k_i \chi_i} \quad (0\text{-}5)$$

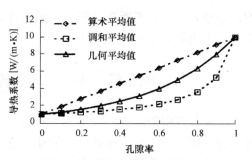

图 0-1 三种不同计算方法岩土导热系数和孔隙率关系图

式中，k_i 表示固体颗粒中平均温度梯度中的比例（ratio of the average temperature gradient in the solid granules）。k_i 的求解比较困难，具体可参见相关文献。

Van Rooyen 和 Winterkorn 根据 Nusselt 的研究成果推出了下列公式[60]：

$$\lambda = \frac{L_s + L_a}{\frac{L_s}{\lambda_s} + \frac{1}{\frac{\lambda_a}{L_a} + 4\sigma T^3}} \quad (0\text{-}6)$$

式中，λ_a 和 λ_s 分别代表空气和固体的导热系数；T 为绝对温度；σ 为 Stefan-Boltzmann 常数；L_a 和 L_s 分别代表空气层和固体的厚度。可是将式（0-6）应用于干土壤时，发现计算值只有实测值的五分之一。这主要是由于实际岩土颗粒的排列并不是并列的。

Johansen[61]将岩土导热系数用干状态下导热系数 λ_{dry} 和饱和状态下导热系数 λ_{sat} 求得：

$$\lambda = (\lambda_{sat} - \lambda_{dry}) Ke + \lambda_{dry} \quad (0\text{-}7)$$

式（0-7）中，含有一个正规化导热系数值，称为 Ke 值。Ke 值与岩土饱和度 S_r 的关系如下：

对于粗质土（coarse soils）：

$$Ke \approx 0.7 \log S_r + 1.0 \quad (0\text{-}8)$$

对于细土粒（fine soils）：

$$Ke \approx \log S_r + 1.0 \quad (0\text{-}9)$$

除了以上计算导热系数的理论模型外，还有很多根据实测数据的经验模型[59]。由于这些模型是在特定的条件下针对特定岩土的，因此它们无法广泛应用。

Adjali 等还通过差动灵敏度分析（Differential Sensitivity Analysis）[62]得出岩土导热系数是影响地下工程围护结构最大的影响参数[37,45]。Bligh 等利用美国商业部提供的 ADINAT 通用有限元热分析软件和 SOLMET 气象数据集对地面建筑物进行了模拟。模型中考虑了岩土中水的相变对传热的影响，进行的参数分析表明岩土导热系数（岩土含湿量的函数）是影响模拟结果最大的输入参数[63]。

七、埋深

印度的 Deshmukh 等[68]使用不舒适指标（discomfort index）研究了埋深对于附建式地下工程热性能的影响。文中将不舒适指标定义为总的供暖时间和制冷时间。讨论了 New Delhi、Jodhpur、Srinagar 和 Leh climates 四座城市在分别对应的复合型、干热型、湿冷型和干冷型气候条件下，不同岩土表面边界处理措施对于埋地建筑室内热条件的影响。结果表明,对于所有这四种气候条件,随着埋深的增加不舒适指标会下降,而与岩土周围岩土表面的边界条件无关。

第三节 地下工程传热问题的研究方法综述

地下工程围护结构的研究大致经历了以下几个阶段:(1)对实际地下工程的实验研究,提出用于一般性工程计算的简化计算方法;(2)通过对问题的简化,对地下工程围护结构传热方程线性化和齐次化,进行理论分析求解;(3)随着计算机技术的不断发展,使用数值模拟方法变得灵活且方便,但是数值模拟方法需要不断迭代计算,对于复杂问题计算内存使用量和耗时无法忍受;(4)于是有学者将理论解析方法和数值模拟方法结合,综合了利用了两者的优点。

一、实验研究

Houghten 等[69]于1942年对一个地下室围护结构传热进行了详细的实验研究。他们通过实测为期1年的地下岩土温度分布以及通过墙壁、地板的热流,验证了当时被广泛使用的一种导热热流的简化算法高估了热损失。他们还发现由于不同工程深度处的热流有不同的热阻,随着地下室墙壁深度变化通过墙壁的热流呈非均匀分布。

Bareither 等[70]对9个地面建筑物温度及热损失进行实测,测试结果显示,在建筑外墙与地面连接部分是二维传热过程,而在地板中心地带可近似为一维传热过程。他们推出了两种基于热损失系数(heat loss factors)的地板热损失的估算法:

$$Q = F_1(P + 2A_{core}/P)(T_{in} - T_{out}) \tag{0-10}$$

$$Q = F_2 P (T_{in} - T_{out}) \tag{0-11}$$

式中,P 为地板的周长;$(T_{in} - T_{out})$ 为室内外空气温差;A_{core} 为地板中心区域面积。Bareither 在以上两个公式中分别应用不同的系数 F_1、F_2,以此来估算各种不同结构的地板传热量。式(0-10)适用于地板面积与周长比大于12m的情况;式(0-11)则用于估算通过地板边缘地区的传热量。F_2 经验系数取值一直被 ASHRAE Handbook of Fundamentals[71]采用,直到后来被 Wang 的数值模型计算值取代[71-73]。

中国建筑科学研究院建筑物理研究所黄福其等[74]在20世纪60~70年代对长通道式深埋地下建筑、附建式浅埋地下构筑物(即地面有相应的构筑物)和单建式浅埋地下构筑物(包括地下输油管)这三个不同几何条件下的地下建筑(和构筑物)传热过程进行了实验观测。(1)长通道式深埋地下建筑传热过程的模型实验是1966年在"西南实验洞"进行的,实验观测结果表明:长通道式深埋地下建筑的传热过程受洞室几何条件的影响较小,因此它同对称圆柱体的传热过程是相似的。(2)浅埋地下构筑物的传热模拟实验于1963年~1965年在北京西郊进行,根据观测值,看出该类构筑物的传热过程具有以下特点:传热过程近似于圆柱体二维传热;等温线分布随时间的变化,主要是由于地表面温度的变化所引起,地面建筑对整个温度场有明显的影响,因而可分段列出传热微分方程式,段与段之间交界面采用第四类边界条件。(3)地下输油管传热过程观测是1975年8月至1976年6月进行的,地点是秦京输油管大兴——石楼段魏善庄油管穿越的横断面。根据这三个实验,文献得出结论:深埋地下建筑的传热过程比较简单,等温线分布不受地表面边界条件的影响。浅埋地下建筑（或构筑物）的传热过程受地表面边界条件的影响是明显的，因此在一般情况下，浅埋地下建筑传热微分方程式比深埋的要增加一维，如深埋的为一维方程式，则浅埋的为二维方程式。此外，复建式比单建式要复杂。对复建式建筑或构筑物的几何条件和传热微分方程式作出合理的简化是十分必要的。

1969 年 Latta 和 Boileau[75,76]对一个未做保温措施的地下室周围岩土的冬季温度场进行了实测后，假定从工程围护结构壁面到地层表面的热流大致呈圆弧分布（图 0-2），并将地下室墙体壁面及地下室地板到岩土表面的单位长度方向上的传热量分别用式（0-12）及式（0-13）进行估算：

$$Q_\mathrm{w} = \frac{T_i - T_\mathrm{e}}{R_\mathrm{w} + R_\mathrm{ins} + \frac{\pi z}{2\lambda_\mathrm{s}}} \quad (0\text{-}12)$$

$$Q_\mathrm{f} = \frac{(T_i - T_\mathrm{e})W}{R_\mathrm{f} + \pi(W + D)/2\lambda_\mathrm{s}} \quad (0\text{-}13)$$

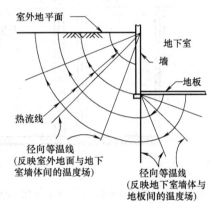

图 0-2 假设热流路径图[75]

式中，T_i、T_e 分别为工程室内、外空气温度；R_w、R_ins、R_f 分别为墙体、保温层及地板热阻；z 为墙体的纵深位置；D 为工程埋深；W 为地板宽度的一半；λ_s 为岩土的导热系数。在这一方法中，在垂直方向上把墙体等分为 0.3m 的层，然后对每一层分别进行热流计算。这一方法经修改后被美国采暖制冷与空调工程师学会 ASHRAE 采用[71,72,77]。但这一方法存在两个缺陷：一是该方法忽略了岩土深度方向的热传递而不适用于夏季热流计算；二是当墙体采用部分保温措施时，热流不会呈现圆弧形状，因此计算公式也不再成立。

Shipp 等[78-80]对美国明尼阿波利斯的 Minnesota 大学内一个大型覆土建筑（earth-sheltered building）（见图 0-3）的壁温及热流实测数据进行了总结，通过对地表三种不同覆盖物的比较得出，覆盖物的不同不仅对地下传热影响很大，同时对地下岩土的湿含量也有较大作用，这将会大大影响地下岩土的热物性。随后 Shipp 等又用稳态和非稳态方法对不同地下室保温措施年供热负荷进行了分析和比较[81,82]，Rees 等用有限单元法对该工程进行了模拟，使用间接方法确定了岩土导热系数和比热，根据数值模拟结果强调了边界条件和初始条件的重要性[83,84]。

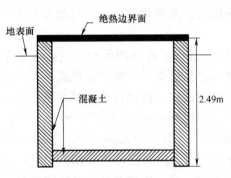

图 0-3 Minnesota 大学某地基测试设施剖面图

Bligh 和 Knoth[85,86]对美国马萨诸塞州某地下建筑物的岩土温度、热流分布及室内外空气状态的实测数据，显示地下传热的热流途径在冬春季节会发生变化；另地层表面覆盖草皮的岩土温度比地表裸露在室外大气中的情况要低，最高达 20℃。Bligh 等[63]还利用美国商业部提供的 ADINAT 通用有限元热分析软件和 SOLMET 气象数据集对地面建筑进行了模拟。模型考虑了岩土中水的相变对传热的影响。进行的参数分析表明岩土导热系数（岩土含湿量的函数）是影响模拟结果最大的输入参数。研究还表明：热流变化与岩土热导性变化几乎成线性关系；同时，在将初始条件设置为 0 时，数值计算一般要到三年后才能达到准稳态，而采用较接近实际的初始化条件，仅需计算一个月就能稳定。

加拿大 Alberta 大学的 Ackerman 和 Dale[87,88] 对一个混凝土地下室壁面的热损失进行了为期 16 个月的实测，实测结果与二维非稳态有限元程序和 Mitalas 的方法进行对比后发现吻合较好。

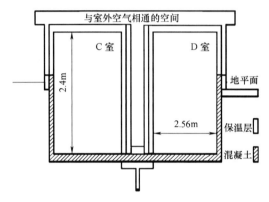

图 0-4 日本 Tohoku 大学地下某测试房间的截面图

日本的 Yoshino 等[89-94] 在仙台市 Tohoku 大学的一个半地下工程（semi-underground room）（图 0-4）内进行了为期五年半（1984 年 12 月至 1990 年 5 月）的热特性实验研究。测试房由两个结构相同的房间构成，所不同的是其中的一个房间具有离地面 0.3m 处 0.1m×0.35m 的水平保温层。其实验目的主要是研究保温层对建筑热行为的影响。分析结果表明，水平保温层有效减小了房间温度变化，也减小了热负荷，该结果也由作者通过二维有限元数值模拟得到证实[90]。Zhou 等[95,96] 将该实验数据与二维有限单元数值结果进行对比后，考察了边缘保温层对地下传热的影响。

国内忻尚杰等[97] 为了探讨浅埋地下工程围护结构传热动态变化规律，对南京市太园地下旅社进行了现场实测和计算机跟踪模拟。

1995 年，郑瑞伦等[98] 对国内某大学防空洞的温度、湿度、风速、热舒适度等参量进行了实测并定性分析，确定出离洞口较远处的洞内温度随时间变化的规律及地面覆盖层的导温系数。进行数学模拟，由欧拉公式确定压力梯度随位置变化的情况，对改善本地人防工程的热湿功能提出初步看法。

Trethowen 和 Delsante[99] 对新西兰的两座建筑物进行了连续四年的实验，测量了地下区域的热流、温度和土壤的导热性能等实验数据。该实验的一个重要发现就是实验建筑物地板边界区域传热达到稳态用了大约两年时间，而地面中心区域传热达到稳态用了三年时间。房间的存在对地下水位没有影响。Trethowen 和 Delsante 也计算出地板总的传热热阻 R 并与 ASHRAE Handbook of Fundamentals[71]、CIBSE Guide[100]、Delsante[101] 以及 Davies[102] 中简化计算方法计算出的结果进行了比较，然而比较结果相差很大，实验对象中一座建筑热阻值是设计手册中计算结果的 1.5 倍，另一座建筑的计算热阻值只有设计计算值的 75%。热阻计算结果的差异主要是由于低估了土壤的蓄热特性，以及计算时没有将外墙的厚度考虑进去。这两位作者也估计地板热损失中大约有 10% 是外墙与地板交界处沿与外墙垂直的方向的热损失。

英国的 Thomas 和 Rees[103,104] 对威尔士大学 cardiff 工程学院地下一座新建筑（图 0-5）的地板温度及热流、地板以下 4m 范围内不同深度的岩土温度及含湿量等，进行了为期十八个月的实测。其大部分测量仪器是事先预埋在地板或建筑物的周围。实验发现，轻型结构水泥地板的热特性要比一般结构水泥地板好；冬季未保温的地板传热中有60%的传热量受工程地基周边1.5m宽范围内岩土的影响。对湿传递的研究发现在地板中心以下的2m埋深内含湿量变化不大，而在建筑物的边缘、外侧以及埋深3m以下，地下水位均有明显升高。建筑物基础周围1m处的岩土湿量受季节性影响变化很大，因此与地下建筑壁面的热湿耦合传递作用显著，二维有限单元数值模拟结果与实测数据之间吻合较好[105-107]。

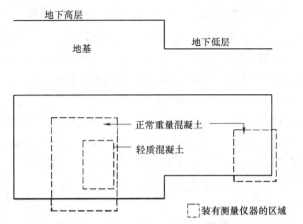

图0-5 Cardiff工程学院地下测试房间的剖面及平面图

英国的Adjali等[37,45,108-111]对不同建筑进行了不同的实验。从1990年4月1日～1991年3月31日于美国Minnesota大学的地基测试装置FTF（Foundation Test Facility）（见图0-6）进行了一年的实验，图0-7显示了热电偶测试位置。2000年又对Westminster大学1996年建造的BRE（Building Research Establishment）低能耗环境楼向地下区域传热部分进行测试[27]。图0-8为测试探点的分布情况。

图0-6 美国Minnesota大学的地基测试装置俯视图

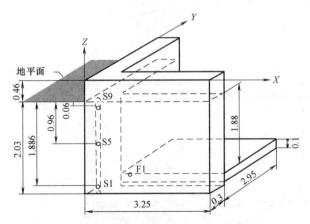

图0-7 Minnesota大学地基测试装置热电偶测试位置四分之一图（单位：m）

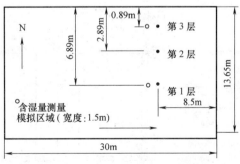

图0-8 Westminster大学BRE低能耗环境楼测试探点分布情况平面图

芬兰的 Rantala 和 Leivo[112]对寒冷气候条件下地板下面粗颗粒填充层的温湿度场进行了实验室测试和现场实测，结果发现在供热建筑下面的填充层温度场呈现出很强的发散状。填充层边缘主要受室外气温季节性变化影响，但是在地板中间部分下面的填充层温度常年保持恒定。所测建筑填充层的含湿量接近于在当前温度相对含湿量为100％条件下粗颗粒材料的吸湿平衡含水量。而后 Rantala 又重点研究了地板下面填充层周期性温度场[113]。在实验和有限元数值模拟后发现，影响地板下面温度分布的主要是三个边界温度：室内空气温度、室外空气温度和岩土层温度，Rantala 确定了由数值模拟得出的这三个温度边界条件静态加权因子之间的关系式以及填充层的理论热传导值之间的关系，提出了一种计算周期性边界条件下地板下面填充层温度场的半解析解。该方法使用了叠加原理。

Park 等[114]对日本 Tsu 市一个地下室及周围岩土的温湿度进行了为期一年（2004 年 10 月～2005 年 10 月）的实测（见图 0-9）。结果表明，岩土中含湿量主要受到降水量的影响，而地下水对其影响有限。年平均太阳辐射吸收率为0.84。

Emery 等[53]测试了岩土及内墙温度、地下室墙壁和地板热流以及整个地下室的热损失（图0-10）。热流随着深度发生明显变化，保温层置于上层墙壁时最有效，岩土温度的分层效果对传热有较大影响。将测试结果与不同的简化计算方法[77,115-120]进行了对比后发现，有限元分析和Krarti的ITPE方法能够精确计算损失，简化计算方法能够分为三类：

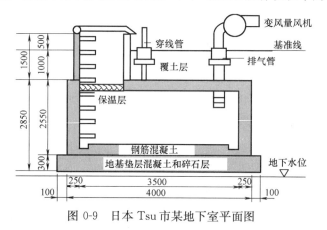

图 0-9　日本 Tsu 市某地下室平面图

（1）稳态一维导热和 ASHRAE 手册推荐的方法；（2）Mitalas 的建筑热损失系数法；（3）根据大量实测或者数值模拟结果归纳出的关联式。Krarti 和 Choi 提出的简化方法高估了地下建筑墙壁的传热量，低估了地下建筑地板的传热量。

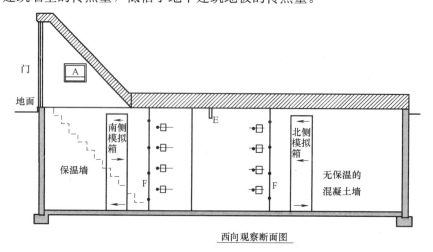

图 0-10　某地下室示意图

此外，还有 Dill 等也对地板的传热进行了实测[121]。

二、解析及半解析解

解析法是直接求解热平衡方程的解析解，因此在定性研究地下传热的影响因素时，具有快速准确、简单直观等优点，且容易与房间整体热过程耦合进行计算，因此对于一些形状规则、条件相对简单的模型，应首选解析解。

最早被广泛认可的地下传热二维解析模型是由 Macey[122]于 1949 年提出的。他将有一定厚度的矩形地板简化为无限长的地板，然后再对此进行修正。现在这一方法作为热损失计算的基础而被 CIBSE Guide[100]沿用。Davies[123]详细研究了其推导过程，发现它有两个缺点：一是 Macey 在推导该公式时，隐含一个墙壁下方地板的半圆形部分有很好保温材料的假设；二是将该公式应用于有限长地板时会得出不一致的表达式。接着 Davies 也提出了自己的一种简化计算方法[102]。

最早被人们熟知的瞬态求解方法是由 Lachenbruch 提出的[124]。他使用格林函数（Green's functions）来求解三维热传导的差分方程，并对采暖建筑的地下永久冻结带加以研究。结果表明，其地下温度场分布要花三年时间才能达到年周期性稳定的状态。此后 Kusuda 和 Bean[125]将这一方法应用于求解三维动态传热方程的半解析解。对于一个保温地板可以用下式求解：

$$q=\frac{\lambda}{L}(T_R-T_z) \tag{0-14}$$

式中，q 为地板热流，W/m^2；λ 为岩土导热系数，$W/(m \cdot K)$；L 为岩土厚度，m；T_R 为地板平均温度，℃；T_z 为格林函数计算出的深度 z 处的月平均底层地板（subfloor）温度值，℃。Kusuda 和 Bean 将分别使用格林函数与 Delsante 傅立叶变换法[101,126-131]得到的计算结果与 Mitalas 基于有限单元的方法[120,132]的计算结果对比后发现[133]：格林函数方法与 Delsante 方法的结果比较吻合；而 Mitalas 的方法表现出很大的时间延迟作用，较其他两个方法，冬天的热损失要小而夏天要大。美国能源部先后开发的能耗模拟软件 DOE-2 以及 BLAST 均在热物性参数取统一常数的基础上，采用这一方法来计算地下传热月损失量及地层温度场分布。国内江亿等也在格林函数的基础上提出了分析长期不稳定传热问题的特征值法[134-137]。

用傅立叶变换法（Fourier transforms）求解地板传热方程的方法则首先由 Muncey 和 Spencer 提出[138]。他们在研究地板形状的过程中发现，其热阻参数与面积参数之间呈线性关系。这里将热阻参数定义为地板的形状热阻与等周长的正方形热阻之比，而面积参数则被定义为地板面积与四分之一地板周长的平方之比。接着 Shen 和 Ramsey[139]基于 Muncey 和 Spencer 的思路编制了地下瞬态热分析程序。Delsante 等[126]则采用这一方法衍生出矩形地板的二维周期性边界条件下热传导以及三维稳态热传导问题的相近格式解，同时求出了矩形地板的三维周期性热传导问题的近似解（如图 0-11 所示）。这一模型后来被进一步应用到求保温地板中心及周边区域热流的近似解[130,131]，最后还通过与实测数据[101]进行对比得出了很好的结论。该方法假设岩土和地板的热阻是相同的，将两者统一为一个半无限大固体。

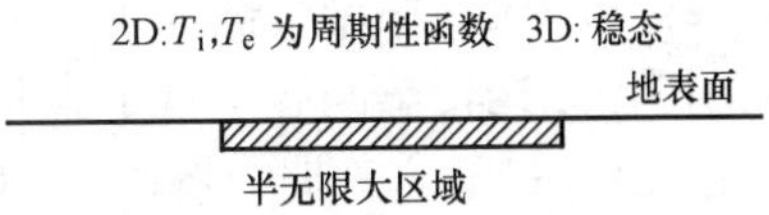

图 0-11 Delsante 方法图示[126]

英国的 Anderson[140]通过对基本传热方程在相关边界条件下的求解，推导出了用于计算地板稳态传热的解析解，需要指出的是，该公式对于是否有保温措施没有要求。Anderson 认为地板的热损失只取决于"特征长度"（characteristic length），它等于地板面积与裸露在外地板周长二分之一的比值。特别对于未做保温措施的地板，Anderson 提出了一种基于地板面积和周长的 U 值计算方法[141]，该方法给出的值与 CIBSE Guide[100]中的步骤得出的值是一致的，但是却更加灵活，适用于不规则形状的地板。Anderson 还建议 CIBSE Guide 中 A3 节修订时应该将该方法加入。接着 Anderson 还研究了边缘保温措施对处于地平面地板稳态热损失的影响[142]。

也有研究者对三维非稳态地板传热问题进行了解析求解。如图 0-12 所示，Claesson 和 Hagentoft[6,143-146]在假定室内空气温度恒定，而且岩土各向同性、均质，在同一埋深下岩土温度相等的前提下，把地下传热量分解为三个部分：一是稳态传热；二是室外温度的周期性变化引起的传热；三是室外温度的阶跃性变化引起的传热。三者叠加为总的热损失。该方法假设室内温度恒定，各向同性的半无限大岩土在不同深度处温度值固定。研究还发现，地下水对传热的影响不大，除非是地下水水位较高的情况；冻土的作用也很小，主要应该考虑覆雪的隔热效果。在上述研究的基础上 Hagentoft 和 Blomberg 还分别针对三种基本的地基形式：铺于地面的基础板（slab-on-ground floor）、地下室（cellar）和架空层（crawl space）编制了软件[147-149]。

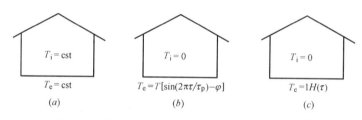

图 0-12 Claesson 和 Hagentoft 不同热量叠加法[6]

Krarti 等提出的 ITPE（Interzone Temperature Profile Estimation Technique）方法属于半解析解（Semi-Analytical Method），它将岩土、地板或者地下室划分为规则的长方形再求解[150,151]。对每个长方形区域利用分离变量法进行求解，然后利用内边界上热流和温度连续以及外边界条件建立线性方程组，通过联立求解得出各分区表达式中的傅立叶级数，从而求得最终的解析解。这种方法结合了数值和分析两种方法来进行求解。假设边界条件为稳定的周期变化，非稳态热传导方程就能变换为随时间变化的 Helmholtz 类型的方程进行求解。温度可以表示为由平均幅角、频率和相角变化组成的复数温度形式。ITPE 方法将问题的求解区域划分为小的区间，在每个独立的小区间内导热方程的解极易求得，不足之处是每个小区间表面相连处的温度分布是估计值。Krarti 用这种方法建立起地下区域二维、三维的传热模型，并计算出每月的地面热损失值，同 Mitalas 和 Bahnfleth 计算的结果进行了比较，结果令人满意。该项研究的一个重要结论就是建筑物地板传热可以分为一维、二维、三维传热三个部分。Krarti 等利用该方法对稳态和非稳态、不同维数、不同的围护结构传热问题进行了大量研究[49-51,115-119,150-174]。如前所述，该传热模型的局限性在于用 ITPE 方法时，各个小区间交界处的温度分布是估计值，土壤热物性假设是常数，以及求解导热方程时对地表面边界条件的简化处理。袁艳平[175-187]借鉴了 Krarti 的

ITPE 技术求出了浅埋工程二维稳态传热与周期性传热问题的半解析解,并结合保温优化,基于 ANSYS 二次开发基础上设计了浅埋工程围护结构传热模块。但 ITPE 方法的根本缺陷仍没有得到很好解决。此外,Krarti 等[188,189]也使用 Schwarz-Christoffel 变换和频域分析方法对岩土耦合传热问题进行了研究。

1983 年 Achard 等[152]利用反应系数法(Response factors)计算与岩土接触墙壁的瞬态热损失。文献着重确定与岩土接触墙壁处(在该处传热不能当作热桥处理)的热反应系数,热反应系数是对热力系统(热流或温度)输入的脉冲反应(如图 0-13 所示)。$T_i(\tau)$、$T_e(\tau)$ 分别为室内外瞬时空气温度。

原重庆建筑工程学院建筑物理研究室建筑热工研究组是我国较早开展地下工程围护结构传热传湿的研究机构之一。1980 年陈启高[191]研究了浅埋和深埋地下球穴冷库、柱穴冷库及组合柱形冷库稳定传热的情况。根据该文献提供的理论和方法可设计出某种热阻的地下冷库。陈启高等[192]还根据地下洞壁湿迁移物理模型,建立了传湿过程的微分方程,使用解析法求得壁面散湿量的理论计算式。

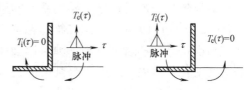

图 0-13 反应系数的生成[190]

曹宝山[193]在复变域内忽略室外空气温度波动对岩土温度场的影响,并认为地基和岩土为同一种热介质且均匀各向同性时,求解得出了相应温度场的数学分析解,为工程简化计算奠定了基础,整个地板的传热量用下式计算:

$$Q = Q_c + Q_R \tag{0-15}$$

$$Q_c = K_1 \lambda A_c (T_i - T_o) \tag{0-16}$$

$$Q_R = 0.5 K_2 \lambda (T_i - T_o) \sum_{i=1}^{n} l_i \tag{0-17}$$

式中,Q_c 和 Q_R 分别为地板中心地带和地板边缘地带传热量,W;K_1、K_2 为地板平均传热强度系数;λ 为岩土导热系数,W/(m·℃);A_c 为地板中心地带面积,m²;l_i 表示第 i 面外墙的长度,m;T_i 和 T_o 为室内外温度,℃。

忻尚杰等[194]分别将深埋无限长拱形断面坑道和有限长拱形坑道简化为圆柱体和球体,使用拉普拉斯变换及其逆变换求得了恒定热流边界和恒温边界条件下的传热问题,对于浅埋地下工程等热流和恒温连续过程则按二维非稳态有限差分数值计算而得。

肖益民等[195,196]利用地面建筑常用的反应系数法[197]、Z 传递函数法[198,199]和频域回归法[200]研究了某深埋地下水电站围护结构的传热问题。

清华大学江亿等[134,136,137,201]也使用格林函数法求解地下空间的传热问题。

张罡柱[202]提出用有限元法计算较复杂形式的传递函数的数值解法,将有限元法和传递函数法结合起来,用于某校太阳房供暖系统传热过程的分析和计算。

三、数值方法

实验方法能够提供详细而真实的结果,但是会消耗很多人力、物力和时间,而且其结果一般也无法推广到其他建筑物。解析解、半解析解和设计手册指导方法能够提供快速相对准确的方法,但是只适合几何构造简单的建筑物和工程计算。而数值方法能够提供详细而精确的结果,而且只要稍作修改,就可以分析不同输入条件的影响,理论上可以对任何条件下任何几何构造的建筑物进行模拟分析。应用于地下工程围护结构传热的数值方法主要有：有限差分法、有限容积法、有限单元法、边界元法、线上求解法等[203-206]。

1. 有限差分法 FDM (Finite Difference Method)

最早的地下工程围护结构传热研究数值模拟可能是 1963 年由 Kusuda 和 Achenbach 完成的[207]。他们采用显式有限差分法对一个实验用地下防空洞的温湿度和热流进行三维模拟。在该模型中同时考虑了热和蒸气传递,在处理岩土表面的边界条件时同时考虑了对流换热和太阳辐射。同时它最突出的就是考虑了由于季节变化造成地下岩土含湿量的变化,从而导致冬、夏两季岩土导热系数的不同。

Davies[208]于 1979 年运用二维有限差分计算了某地下工程的非稳态热流。其离散区域（包括围护结构和岩土）为一轴对称圆柱体,输入参数为建筑物几何参数、热物性参数和随时间变化的室内外温度,与其他两种解析解比较后发现了现有模型存在的缺陷。

1981 年 Ambrose[209]利用有限差分法对建筑物地板建立了三维有限差分模型,并提出了等价的一维传热模型,有限的实测数据与模拟数据吻合较好。

Szydlowski 和 Kuehn[210]使用变向隐式有限差分法 ADI 分析了不同保温层构造对不同地下工程的影响。

Walton[211]通过将矩形地板转换为具有相同面积和周长的带有两个半圆侧的矩形 (rounded rectangle) 地板的方法来降低模型的计算维数（如图 0-14 所示）。求解时对这一简化形状的地板中心矩形区域传热用二维笛卡尔坐标下的热传导方程表示,而对两侧圆形区域则采用二维圆柱坐标下的方程描述。这一方法能估算各种简单的地下室或半地下室地板稳态传热量。与三维计算结果相比,采用二维稳态方法得到的矩形与圆形区域的计算结果仅相差 1.5% 和 1.7%。这一研究证明了在一定条件下采用二维模型代替三维模型以便减少计算机时的可能性。但该方法对工程形状的限制很大,简单的完全轴对称的建筑形状几乎在工程中不存在。在求解时运用"R-C 电模拟"法导出了等价的有限差分方程研究矩形地下室和地板对岩土的二维热损失,表 0-1 显示了电场和温度场中相对应的各个变量。

具有相同的面积 A 和周长 P

$a=(P-\sqrt{P^2-4\pi A})/\pi$
$b=(P-\pi a)/2$

图 0-14 Walton 将三维问题降维的几何模型转化图示

传热中的电模拟　　　　表 0-1

电学变量	对应热学变量	电学变量	对应热学变量
电压	温度	电阻	热阻
电流	热流	电容	热容

Roux 等[212]使用模型分析法确定建筑物与它周围岩土之间的换热。模型分析法将系统划分为许多子系统（墙壁是一维的,地板是二维的）。运用有限差分法离散各个子系统

的传热方程，产生的通用矩阵结构则使用模型分析法求解。

由于三维模拟的重要性，美国工程兵建筑工程研究实验室（United States Army Corps of Engineers，Construction Engineering Research Laboratory）的 Bahnfleth 使用隐式有限差分法开发了三维数值模型计算地板和地下室的传热问题[5,64-67]。该模型在处理岩土表面边界条件时综合考虑了太阳辐射和长波辐射、对流换热和蒸发潜热。灵敏度分析结果表明岩土导热系数是重要的参数，比如对于一个未保温的方形地板（45m×45m）的年平均热损失，当导热系数从 0.5~2.0W/(m·K) 变化时，热损失大约从 2500W 变化到 7000W。通过参数分析得出影响地下传热的主要因素为室外气象条件（对地表面温度造成的影响），传热地板的面积与周长比，岩土热导性以及保温构造这四个方面，最终将热损失量计算公式归纳为：

$$q = c(A/P)^d \tag{0-18}$$

式中，q 为年平均热损失；A、P 分别为地板的面积和周长；c、d 是综合考虑室内外空气年平均温度差、岩土热物性、结构形状、地基设置及其他影响因素的系数常数。尽管这一模型综合了前人很多经验，但同样存在缺陷：(1) 地下岩土热物性仍被假定成简单的均匀常数，因此这一模型不能反映岩土不同埋深层、冻土及解冻、岩土含湿量等的影响；(2) 保温结构过于单一，一般最常用的保温形式如顶板部分保温、墙脚保温等都无法在模型中实现。因此，Bahnfleth 等[65]则在考虑保温形式不同及地下室内空气温度变化的基础上，将原先的模型拓展为更广泛适用的三维地下室传热计算模型。

Cleaveland 和 Akridge[213]用二维有限差分法特别研究了炎热气候地区地板和周围岩土之间的热交换。他们研究了必须同时考虑保温和冷却性能的气候条件下地板的绝热效果。

Shipp 等[80]对美国 Minnesota 大学的一栋大型地下建筑进行了全面的研究，开发了一个二维隐式有限差分模型来模拟地下传热，该模型能够针对不同结构（保温层、地板、地下室、矮设备层等）计算全年供热季和制冷季的热流 Q。

2. 有限单元法 FEM（Finite Element Method）

Wang[73]在 Latta 和 Boileau[75]的研究基础上，研究发现对于部分保温的地下室，其热流路径不再是圆弧形状的（图 0-2），而是介于圆弧和直线之间的形状。Wang 开发了一套二维有限元程序用来分析地板和地下室的不同结构。该程序考虑了岩土冻结及解冻影响，由它计算得出的式（0-11）中 F_2 系数数值解取代了原来的实验值，被 ASHRAE Handbook of Fundamentals[71]采用。

Speltz[214]的地下传热二维有限元模型又对岩土表面的边界条件做了细化，并综合考虑了长波及短波辐射交换、岩土中导热、对流以及水分蒸发的影响。

Mitalas[120,132]使用二维、三维有限元法在计算机上模拟了数百座建筑的地下区域非稳定传热，提出了一个可以详细计算地下室和地板热损失的方法。它可以计算全年任意时刻的热损失。地下工程墙壁和地板被划分为五个部分，总热量通过连接系数将这五部分热量 $q_{n,t}$ ($n=1\sim5$) 相加而成。$q_{n,t}$ 可以用下式计算：

$$q_{n,t} = q_{m,n} + q_{A,n,t} \sin \frac{2\pi t}{12} \tag{0-19}$$

式中，$q_{m,n}$ 为年平均热损失，W/m^2；$q_{A,n,t}$ 为年热损失波幅，W/m^2；t 为时间。对

于不同构造（保温层，地基等）使用二维和三维有限单元法计算热损失系数。Yuill 和 Wray[215]则用软件 HOTCAN 实现了 Mitalas 的方法，使用平均空气温度时结果与 Krarti 的 ITPE 方法吻合较好。Beausoleil-Morrison 等在 Mitalas 的方法基础上，开发了适用于民用建筑的地下室和地板热损失计算软件 BASECALC 和 BASESIMP[7,216]。

刘文杰[217]利用从 MATLAB 有限元工具箱分离出来的软件 Femlab（现在名为 COMSOL）对北方地区防护工程的围护结构传热问题进行了研究。

张树光等[218,219]为了研究深埋巷道围岩温度场的分布规律，基于传热学和达西定律建立了深埋巷道围岩的热扩散数学模型，结合边界条件采用 MATLAB 有限元工具箱对其进行了数值求解，获得了在风流和渗流耦合作用下围岩的温度场和温度矢量分布。研究结果表明，无渗流状态下温度场和温度矢量呈对称分布，风流速度对温度分布有明显的影响，但不改变其对称分布的状态。渗流改变了温度场和温度矢量原有的对称分布的状态，热交换平衡区随着渗流速度的增加，将向着渗流的方向移动。

张晓锋等[220]建立了半地下室地下部分传热的二维数学模型，也利用 MATLAB 有限元工具箱求出了数值解，绘出了半地下室地下围护结构在采暖期内各节点的温度和热流分布。计算出了半地下室地下部分的传热量，并对半地下室地下部分的传热规律进行了分析。

3. 有限容积法 FVM（Finite Volume Method）

英国的 Davies、Adjali、Rees 和 Thomas 等[37,45,48,59,83,84,95,96,103-111,221-231]对地下工程围护结构的传热进行了大量的实验和数值研究。他们开发了三维地下工程围护结构传热模块并将它加入了使用有限容积法的 APACHE 软件中。

刘军等[1,232,233]通过对地下工程围护结构相应边界条件和初始条件的简化，建立了二维的非稳态传热数学模型。使用控制容积法离散方程，采用附加源项法处理第二和第三类边界条件，利用 Matlab 离散方程模拟了哈尔滨某地下商场围护结构传热。但是该方法的困难是岩土表面和地下工程围护结构表面第三类边界条件下对流换热系数的取值。为了克服该问题，宋翀芳等[234-237]在采用从工程控制论转移来的干扰量及响应的离散化处理思想基础上，建立深埋地下工程的室内空气与围护结构耦合传热的一维模型，求解当室内空气温度波动为一单位矩形脉冲波时壁面传热量。在边界条件的处理上，则引入壁面反应系数解耦各变量。最后还针对各影响因素对壁面传热的作用进行分析，并为地下工程空调设计提供参考。但这一模型的边界条件还是简化成对流换热系数已知情况下的室内空气周期性热边界，而实际情况下室内空气是瞬息变化的，不一定会呈现周期性变化规律，且对流换热系数也不恒定。王琴和彭梦珑等[238,239]分别用计算流体力学通用软件 PHOENICS 和 FLUENT 对地下工程室内空气、围护结构和周围岩土组成的流固整体进行求解。这就回避了对流系数的问题，但是又会带来新的问题，如整场求解时边界拐点处的处理等。

王海龙[240]选择具有耦合换热模拟功能的 FLUENT 软件作为模拟平台，对水电站地下洞室蓄热、恒温等特性进行了全年的模拟分析；同时针对水电站洞室换热问题开发了水电站地下洞室动态热工性能数值模拟专用软件 DTRGMN1.0，对洞室模型进行了连续五年的模拟计算，并将两种方法的数值模拟结果与传统方法计算所得到的结果对比，分析得出数值模拟方法与传统计算方法的结果优劣，证明了将数值模拟方法应用于水电站洞室热交换计算的合理性和准确性。

四、简化计算方法

由于实际的地下工程围护结构传热传湿问题受众多因素影响,如气候条件、热物性参数、建筑物几何构造、保温层等,简化方法的应用范围较小,但是由于工程上有时需要相对粗糙但是快速的地下工程围护结构传热传湿计算方法,各种基于实验数据、解析解以及数值模拟结果推导出的简化方法也受到国内外研究者的重视。大多数对地下传热月损失量及年损失量的简化计算方法都是基于大量数值模拟计算结果之上的。MacDonald[241]发现这些数值模拟结果在提供设计指导原则的同时,也存在巨大的潜在误差。

1969 年 Latta 和 Boileau[75]对一个地下室周围岩土的冬季温度场进行了实测后,发现从工程围护结构壁面到地层表面的热流大致呈圆弧分布,并将工程墙体壁面及地板到地层表面的单位长度方向上的传热量分别用式(0-10)及(0-11)进行估算。

Swinton 和 Platts[242]基于加拿大一栋建筑物地下室热损失的实验数据提出了一种简化计算方法。但是该方法只成功应用于三个场合,对于其他环境不适用。

Shipp 等[80]对美国 Minnesota 大学的一栋大型覆土建筑进行了全面的研究,开发了一个二维隐式有限差分模型来模拟传热,该模型能够针对不同结构(保温层、处于地平面的地板、地下室、矮设备层等)计算全年供热季和制冷季的热流 Q。数值模拟结果被简化为下列回归函数:

$$Q = B_0 + \frac{B_1}{R} + B_2 \frac{HDD}{100} + B_3 \frac{CDD}{100} + B_4 \frac{HDD}{100R} + B_5 \frac{CDD}{100R} + B_6 \frac{HDD \cdot CDD}{100 \cdot 100} + B_7 R \frac{CDD}{100}$$

(0-20)

式中,$B_0 \sim B_7$ 是不同结构的表系数(tabulated coefficients);R 为围护结构热阻;HDD 和 CDD 分别是供暖度日数(heating degree-days)和制冷度日数(cooling degree-days)。式(0-20)的缺点是岩土热物性参数数据较少而且假设室内温度是恒定。Parker[243,244]对上述工作进行了更深的研究,他去除了温度恒定的假设而提出了简化的 F-factor 简化计算方法,与 Mitalas 和 ASHRAE 的方法比较后发现吻合度在 30% 以内。

1981 年 Akridge[245-247]提出了计算地下建筑热负荷的平均地温衰减法 DAGT(Decremented Average Ground Temperature),平均地温衰减法是根据地温的变化,来估算地下建筑热负荷。应用这一方法,可求得不同导热系数的土壤和不同墙体相应月份的衰减因子。衰减因子是土壤深度的敏感函数,越接近地面,其值越大。适当选取衰减因子,可计算出较好的近似结果。但若是要取得更精确的计算结果,必须实测其输入数据。使用一个有限差分程序计算了流向岩土的热流,根据结果导出了以下公式:

$$Q = F_d UA(T_R - T_S) \quad (0\text{-}21)$$

式中,U 为墙体传热系数值,W/(m²·℃);A 为墙体表面积,m²;$T_R - T_S$ 是室内和岩土温度之差,℃;F_d 是衰减因子,它是岩土导热系数和墙壁热阻的函数。该方法适用于整体地下工程围护结构的计算,并不适用于地板。接着 Cleaveland 和 Akridge[213]用二维有限差分法特别研究了炎热气候地区地板和周围岩土之间的热交换。他们研究了必须同时考虑保温和冷却性能的气候条件下地板的绝热效果。

Yard 等[248]将二维有限元分析应用在地下室热损失分析中。根据 Mitalas 的理论,假设岩土温度是时间的正弦函数。因此,可以确定任意时刻的地下室热损失。总热损失是地板和墙壁热损失的总和：

$$Q = U_f A_f (T_b - T_{g,f}) + U_w A_w (T_b - T_{g,w}) \tag{0-22}$$

式中，A_f 和 A_w 分别为地板和墙壁表面积，m^2；T_b 为地下室室内温度，℃；$T_{g,f}$ 和 $T_{g,w}$ 分别为地板和墙壁处随时间变化的有效岩土温度，℃。该文献列出了计算 U_f 和 U_w 的关系式，它们是岩土导热系数、保温层结构和地下室埋设的函数。

Shen 等[249]在对美国 13 个城市的 88 种不同结构（包括深埋地下室、浅埋地下室、矮设备层以及地板）进行全年数值分析后，将地下传热分为稳态传热及周期性传热两部分进行叠加得出简化计算公式，这一模型主要简化了太阳辐射的作用，并在地表面边界上采用了固定的对流换热系数。Huang 等[250]则在 DOE-2.1C 中结合这些数值计算结果完成了对整个建筑物的能耗模拟分析，并为保温结构的各项设置提出了指导准则。这一结论被刊登在《Builder's foundation handbook》[251]手册中。Winkelmann 则使用 DOE-2.1E 在这些结果的基础上开发了模拟地下壁面的简化算法[252]。

前文已经阐述过 Krarti 等提出的 ITPE 方法。他们根据其研究成果也提出了用于地板和地下室热损失计算的简化方法[119]。该公式使用非线性回归法求得：

$$q = q_m + q_A \cos(\omega t - \Phi_L) \tag{0-23}$$

式中，q_m 是年平均热损失，W/m^2；q_A 为年热损失波幅，W/m^2；ω 是频率；Φ_L 表示热损失和岩土表面温度之间的相位滞后。以上参数是岩土热物性参数、地基维数、保温层 U 值和结构、室内空气温度值以及岩土表面温度值的函数。文献使用了 2000 种不同的地板和地下室构造来确定上述简化公式。而公式（0-19）的导出使用了 100 种不同的构造[120,132]。

Richards 和 Mathews[253]将一个数值程序加入了简化地板模型。

Medved 和 Cerne[254]基于 EN ISO 13370 标准，对其进行了改进，提出了自己的简化方法。但是 Zhong[255]指出其本质与 ASHRAE 手册推荐的公式基本类似。

2002 年 Mughal 和 Chattha[256]对不同几何构造的二维地下建筑热损失进行了数值模拟，首次考虑了风速、岩土表面辐射和深度岩土温度的影响。模拟结果与 ASHRAE 手册对比后发现相差 20%。他们在数值模拟基础上提出了自己的简化公式。

Matsumoto[257]认为在建筑环境设计时，使用数值模拟方法（包括有限差分法、有限单元法和边界元法等）计算地下室热损失太过于复杂和不切实际，因此 Matsumoto 提出了一种简化计算方法并编写进动态模拟软件 tasp++ 中。

2007 年 Zhong 和 Braun[255]针对处于地平面的地板又提出了计算其非稳态热损失的简化方法。该方法认为地板一维热损失主要包含以下两部分：(1) 地板周边与周围环境之间的稳态传热；(2) 地板中心与紧贴地板的部分岩土之间的非稳态传热。

$$Q_t = F_p P (\overline{T}_z - \overline{T}_{\text{sol-air}}) + A_f q''_{f,t} \tag{0-24}$$

式中，F_p 为地板周边热损失系数；P 为地板周长；$\overline{T}_z$ 和 $\overline{T}_{\text{sol-air}}$ 分别为室内和岩土表面 24 小时平均温度值；A_f 为地板表面积；$q''_{f,t}$ 为非稳态热流。对于非稳态传热部分，Zhong 等使用了包含 3 个节点的热电路来求解（见图 0-15），非稳态热流则可以由 3 个节点的差分方程组传递函数解得。为了确定周边热损失系数和岩土合理深度（绝热边界条件），Zhong 和 Braun 还使用通用有限元软件 FEHT[258]对地板进行了二维非稳态模拟。

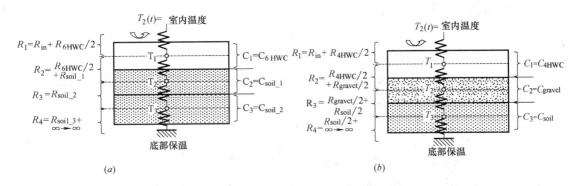

图 0-15 一维地板 3 节点热电路模型

五、设计手册指导方法

前文已经阐述了许多计算地下工程围护结构热损失的方法。由于每个方法都有各自的优缺点，这就需要相关行业制定相关设计指导手册。下面列出了主要的设计手册指导方法。

应用最广泛之一的是美国采暖制冷与空调工程师学会 ASHRAE 的手册[71,72]。它基于前面所述 Latta 和 Boileau 的实验结果[75]和 Wang 的数值模拟结果[73]。对于地下室，手册给出了不同埋深、热流路径以及保温层设置条件下某一岩土（导热系数为固定值 1.38W/(m•K)）的热损失值列表，通过查表可以分别将地下室墙壁与地板的热损失计算出，两者相加即为地下室总的热损失；对于处于地平面的地板，手册则给出了热流的计算公式：

$$Q = F_2 P(T_i - T_o) \tag{0-25}$$

式中：P 为地板与岩土接触部分的周长，m；T_i 与 T_o 分别代表室内外温度，℃；F_2 为热损失系数，W/(m•K)，ASHRAE 手册中列出了 4 种墙体结构和保温措施下的 F_2 值。

由于《ASHRAE Handbook of Fundamentals》权威性及其应用的广泛性，国内外许多学者采用它作为自己研究成果的参照。Sobotka 等[259]的研究发现使用 Latta 和 Boileau 的方法计算某一地下室热负荷时，其最大热负荷（peak heating load）误差达到 16%。Bahnfleth 和 Pedersen[67]指出这种方法忽略了从地板中心区域向地面建筑传热的影响，地下室的计算方法是基于 Latta 和 Boileau 进行的对地下室的实验研究分析，假定从地下室墙壁及地板向地表面的热流途径是圆弧形的，因此它没有考虑各种不同保温构造对热流途径的影响，也没有考虑墙壁本身存在竖向导热的情况。同时这一模型也没有解释往地下深度方向的传热，而这一传热过程往往在夏季以及地下水位很高的情况下影响很大，将式（0-25）用于负荷计算（load calculation）时，其误差≥50%。Khalifa 对包括 ASHRAE Handbook of Fundamentals 在内的四种计算方法进行了对比，发现手册上热损失系数超过实测值 9%。

Rock 等[260-262]在有限差分分析的基础上对式（0-25）进行了改进。在 2005 年版的 ASHRAE 手册[77]中，对适用于稳态计算地下工程围护结构传热量的方法进行了修正：

1. 岩土表面下的围护结构

$$q = U_{avg}(T_i - T_{gr}) \tag{0-26}$$

式中，T_i 为地下空间内空气温度，℃；T_{gr} 为岩土表面设计温度值，℃，$T_{gr} = \overline{T}_{gr} - A$，$\overline{T}_{gr}$ 是岩土表面平均温度值，A 为岩土表面温度年周期性波动波幅；U_{avg} 为平均传热系数值，W/(m²·K)。对于地下墙壁和地板其计算公式不同。

2. 处于地平面的地板

$$Q = P F_p \Delta t \tag{0-27}$$

式中，F_p 为热损失系数，W/(m·K)；P 为地板周长，m。

在英国最主要的指导手册是英国屋宇设备工程师学会 CIBSE（The Chartered Institution of Building Services Engineers）编制的[100]。该手册中的公式是从 Macey 的稳态公式中推得的[122]，由于 Macey 的公式主要针对未做保温措施的长方形地板，CIBSE 将它的应用范围扩展为也适用于做了保温措施的地板。下式给出了热损失系数 U 值的表达式：

$$U = \frac{2\lambda_e}{1/2b\pi} \text{arctan} h\left(\frac{1/2b}{1/2b + 1/2w}\right) \exp\left(\frac{1/2b}{l_f}\right) \tag{0-28}$$

式中，λ_e 为岩土导热系数，W/(m·K)；b 和 l_f 分别为地板的宽度和长度，m；w 是墙壁厚度，m。

法国 AICVF（Association des Ingénieurs de Climatisation et de Ventilation de France）的规范[263]中给出了计算地下工程墙壁和地板热损失的表达式：

$$Q = K_s L(T_i - T_o) \tag{0-29}$$

式中，L 为围护结构与岩土接触部分的周长，m；T_i 与 T_o 分别代表室内外温度，℃；K_s 为耦合系数，W/(m·K)，它与地板、墙的结构、埋深、围护结构厚度、岩土和地下室热特性以及对流换热系数相关。

除了英国和法国有自己的指导手册外，欧洲标准委员会 CEN（European Committee for Standardisation）也制定了相关计算方法。该方法中传热系数 U 值的计算式如下：

$$U = U_o + \frac{2\Delta\Psi}{B'} \tag{0-30}$$

式中，U_o 是地板的基本传热热损失系数，W/(m²·K)；$\Delta\Psi$ 为边缘因子，W/(m·K)；B' 是地板的特征尺寸，m。

1998 年 Adjali 等[108]比较了 ASHRAE、CEN、AICVF 中的简化模型地下室传热的计算公式，将计算结果与冬季热负荷比较后发现，不同指导手册之间的计算结果其最大误差达到 52%。2004 年 Adjali 等在对 ASHRAE Handbook of Fundamentals、CIBSE Guide、AICVF Guide、CEN 四种目前公认的简化计算方法及 Krarti 提出的简化模型与实测数据进行比较后，得出结论：目前这些简化方法或多或少估计了地下热损失量（最大误差达到了 31%），Krarti 的方法在其中的两个算例中还导致了不合逻辑的估算结果。这是因为这些简化方法为了提供快速便捷的估算值，往往不可能将所有影响因素都考虑进去，其中很多参数的设定也只是考虑几种简单情况。最后归纳了以下使用经验：热物性参数的设定参照 ASHRAE Handbook；CIBSE 不适用于计算地下室岩土传热计算；半地下室地板传热问题最好采用数值工具计算；月热损失计算可以采用 CEN、Krarti 的方法以及数值计算，小时热损失只能采用数值计算。

在国内，1981年由国内众多单位合编的《地下建筑暖通空调设计手册》[264]详细地介绍了地下工程围护结构传热量的计算方法。目前国内正在实行的《人民防空工程设计规范》[265]以及《人民防空地下室设计规范》[266]都是在《地下建筑暖通空调设计手册》基础上修改的。

六、相关软件

软件是上述模型的延伸，是研究者为了便于日后的研究和将研究成果推广而方便他人使用。

美国能源部（U.S. Department of Energy）列出了比较通用的建筑能耗模拟和负荷计算软件[267,268]，至2006年10月19日能耗模拟（Energy Simulation）软件已有99个，负荷计算（Load Calculation）软件有86个（其中有一部分既能用于能耗模拟又能进行负荷计算）。但是大多数软件没有将地下工程围护结构的影响考虑进去。含有地下工程围护结构传热传湿模块的软件有DTRGMN、BASECALC、BASESIMP、MOIST、DOMUS等[269-272]。Davies[221,222]为APACHE软件开发了一个三维导热岩土传热模块，希腊雅典大学也对TRNSYS软件进行了类似的工作[273]。谢晓娜等则针对DeST软件提出了与地面相邻区域动态传热问题的处理方法[274-276]。对于一些典型软件，如DeST、BASE-CALC、BASESIMP、CELLAR、SLABCRAWL、Energyplus、FHSim的算法原理及应用情况可详见相关文献[277~285]。

第四节 地下传热问题的研究展望

一、现有研究的不足

正如Beausoleil-Morrison[216]指出的那样，目前有足够多的模型以至于会让工程师都不知道该选择何种方法。但是国际能源署的报告[286]指出：即使在很详细的能耗模拟程序中，目前地下工程围护结构的研究方法也不是很好。原因大致有三个：（1）某些模型模拟（计算）时间太长；（2）某些方法只适用于部分简单构造；（3）另外一些模型的准确度还值得商榷。

这一方面表示了该问题受到的重视程度，另一方面也显现出该问题的复杂性。从以上研究可以发现该问题的研究还存在以下不足之处：

1. 国外研究者主要对地板、附建式浅埋地下工程（包括cellar、basemen、crawl space）热损失及保温优化进行研究，国内学者则主要关注单建式浅埋地下工程和深埋地下工程的传热问题。黄福其和忻尚杰等为地下工程引入了"加热期"这个概念，后面一系列求解都是在此基础上进行的。这是在20世纪90年代前，地下工程在投入使用前进行了预热或烘烤。但是现在的地下工程有的是没有加热期的，而是通过自然通风、室内通风空调设备等达到与预热或烘烤等效的地下工程室内温湿度环境。袁艳平借鉴了国外Krarti在研究地板和附建式浅埋地下工程时提出的ITPE方法来研究单建式浅埋地下工程和深埋地下工程，但是ITPE方法的固有缺点还是没有解决好。为了解决室内空气和围护结构之间的耦合传热，王琴建立了第四类边界条件下地下工程三维动态耦合传热模型，并使用整场技术求解。但是第四类边界条件对于地下工程围护结构传热传湿问题是否合理，流-固整场数值求解对于围护结构和岩土这样的多孔介质是否适合又是一个新的问题。另外，上述研究都没有详细考虑室外气象条件和岩土初始温度场的影响，岩土表面和大气环境之间的对流换热系数、围护结构和室内空气之间的对流换热（或耦合传热）等问题都没有很好解决。因此，还有必要建立详细综合考虑各种因素的三维动态浅埋地下工程和深埋地下工程围护结构传热模型并进行分析。

2. 地下工程有一个显著的特点是潮湿。由于现代建造工艺的改进，现在地下工程围护结构一般不存在渗漏的现象，因此地下工程内的湿源主要包括地下工程完工初期施工水的排出、周围岩土通过围护结构正常的水分传递（不是渗漏水）以及室外新风带进的湿负荷。上述研究中一般没有考虑岩土中传湿和传热的耦合影响。地下工程围护结构的特殊性在于其与岩土是接触的，而岩土是典型的含湿多孔介质。国内外不同的研究者从不同的角度出发，发现了不同甚至矛盾的结论。如原重庆建筑工程学院对地下建筑围护结构的传热传湿问题进行了理论推导和实验验证，结果表明：蒸汽渗透的存在对壁面温度的变化没有多大影响。Gauthier 的研究也表明：对于非耕作土，湿分迁移对传热的影响小于 0.1%。但是 Colorado 州立大学的 Deru，日本的 Matsumoto，英国 Thomas 等都认为岩土中传湿对传热的影响较大。而 Adjali 等使用有限容积软件 APACHE 对美国 Minnesota 大学一个地下建筑进行数值模拟并与实测数据对比后发现，针对该建筑没有考虑湿的影响是可行的，但是如果该地区雨水较多或者覆雪的影响不能忽略时就有必要考虑湿的影响了。张华玲等则提出了一种以温度与相对湿度为驱动势的地下工程多孔墙体热湿耦合传递的数学模型，该模型同时考虑了水蒸气与毛细孔内液态水的传递。采用控制容积法将理论方程组离散并编制了计算程序，对深埋地下洞室的墙体进行了热湿传递的数值模拟，得到了墙体温度、相对湿度、热流率、湿流率的变化规律。结果表明，墙体传热过程趋于稳定的时间远小于传湿过程。

但是在某些情况下（比如防水层存在的情况）其影响有限，因此有必要建立适合地下工程负荷计算的围护结构传热传湿数学模型，并对不同条件下和不同情况下的过程进行实验研究和数值模拟，详细而具体的分析热湿的相互影响。

3. 从上面的文献可以看出，尽管为了精确计算地下工程围护结构的热损失，不断有新的考虑多种因素的数学模型被提出，但是还是有许多研究者根据研究结果提出简化计算方法。这是因为地下工程围护结构的负荷最终要结合整个工程的能耗或负荷计算，如果模型太复杂会严重消耗整个建筑负荷计算时间。因此设计手册中的公式也不断被修正。但是国内相关资料还停留在 20 世纪 80 年代。2005 年出版的《地下工程通风与空调》及现行国标《人民防空工程设计规范》GB 50225—2005 和《人民防空地下室设计规范》GB 50038—2005 都参考了《国防工程采暖通风和空气调节设计手册》和《地下建筑暖通空调设计手册》。如何在保证地下工程围护结构传热传湿计算精确的同时对模拟进行简化，提出适合我国国情的地下工程围护结构传热传湿计算公式，也是一个值得深入探讨的问题。

4. 地下岩土的强蓄热性使得不同通风空调运行机制下围护结构传热传湿过程差异较大，室外新风以及地下墙壁的壁面散湿都会对地下工程围护结构传热传湿有影响。上述研究基本没有考虑不同通风空调运行机制下，室内空气状态对围护结构动态传热传湿的影响。

5. 地下工程围护结构传热传湿计算中，热特性参数的取值通常是根据对围护结构材料和岩土种类的判别,从有关资料查取相应均质材料的热特性参数进行传热传湿计算。这种做法不仅存在判断和查取上的主观性和任意性,而且实际结构材料并非均质,热湿状态各异,因此计算有很大偏差。有文献指出,对一个半无限大平壁土体进行传热计算,不考虑热湿状态差异,导热系数查取误差为0.1,传热误差可达12%左右。这对于地下工程建筑空调负荷动态模拟来说就无法真实地反映负荷的动态特性。另外,对于浅埋地下工程,岩土表面的气象条件的选取也是值得仔细考虑的问题。

二、未来研究展望

1. 热湿耦合传递

如前面所述,地下工程围护结构及其周边岩土都属于多孔介质,计算其热湿负荷必须综合考虑这两者的因素。

Chuangchid 等[161,287]使用二维隐式有限差分方法对一个冷藏库的地基传热传湿问题进行了模拟,结果能够与实测数据吻合,作者还提出使用于冷藏库纯导热模型的有效岩土导热系数计算方法。

由于热湿耦合问题的高度非线性,日本的 Ogura 等[288-290]提出了一种准线性化(quasilinearized method)的方法来求解热湿耦合方程。

美国 Colorado 州立大学的 Deru 等[291-295]对地下工程围护结构建立了二维热湿耦合和纯导热模型,利用有限单元法开发了计算程序。闫增峰[296-298]通过对处于吸湿区范围的生土建筑围护结构的传热传质规律的详细分析和研究,首次建立了生土建筑围护结构的热质迁移微分控制方程。张华玲等[299,300]提出了一种以温度与相对湿度为驱动势的多孔墙体热湿耦合传递的数学模型,该模型同时考虑了水蒸气与毛细孔内液态水的传递。采用控制容积法将理论方程组离散并编制了计算程序,对深埋地下洞室的墙体进行了热湿传递的数值模拟,得到了墙体温度、相对湿度、热流率、湿流率的变化规律。结果表明,墙体传热过程趋于稳定的时间远小于传湿过程。

但是对热湿耦合传递的机理还是缺乏更全面的认识,如何探寻适合地下工程围护结构传热传湿的理论模型还有待研究。

2. 数值与解析方法的耦合

由于数值方法对软硬件要求比较高,很多学者又将数值和解析解的优点综合在一起。

1999 年 Zoras 等[224,230,301]将在地面建筑围护结构研究较成熟的技术——反应系数法加入到数值模拟方法中,使用加了反应系数法的新数值模型与原来数值模型对同一建筑物进行模拟后发现:新方法能够提高模拟速度但是精度却没有太大下降。由于引入了反应系数法后,需要在该数值模拟方法中加入产生时间序列的前处理模块,为了加快前处理速度,Zoras 又引入了外推技术(extrapolation techniques)[225,231,302]。

摩洛哥的 Souad Amjad 等[41,303,304]认为数值模拟方法太耗时间,而解析法只适用于几何构造简单的模型,因此提出了适用于地下工程围护结构二维传热传递函数法。与 ITPE 和 ADI 方法的计算结果比较后,发现结果较吻合,最大相对误差小于1%。为了更快计算传递函数系数,作者提出了一种多层传递函数 MTF(Multi-layer Transfer Functions)和分段(Sub-Structuration)技术。该方法既节省了时间又不失精度。通过计算后发现,地下水位深度的变化对于处于地平面的地板、浅埋地下室以及地下建筑与它们接触的岩土之间的换热影响较大，特别是严寒地区。但是该方法是二维的，三维的热湿传导使用该方法也会消耗很多时间计算传递函数系数，而且也没有考虑湿的影响。

无独有偶，Al-Anzi，Krarti 等[305,306]也提出了一种数值和解析相结合的方法。他们将 Local/global analysis 方法应用于地板的有限差分传热模拟过程中，结果显示精度没有降低而效率却提高了。

国内张罡柱[202]提出用有限元法计算较复杂形式的传递函数的数值解法，将有限元法和传递函数法结合起来用于较复杂结构的传热过程分析和计算。

3. 简化方法的改进与提出

尽管不断有详细的传热传湿模型被提出，但是各国的研究者从没有放弃对现有简化公式的改进，也不断提出新的简化公式，这是因为对于工程应用，解析解通常比较繁杂而数值模拟只适用于研究。

Matsumoto[257]提出对于建筑环境设计使用复杂的数值模拟工具是否合适，并提出了简化的设计方法加入软件 tasp^{++} 中。

Rock 等[260-262]在有限差分分析的基础上对 ASHRAE 手册上的公式进行了改进。ASHRAE 也在不断进行改进[71,72,77]。

第一章 传热基本原理

第一节 导热基本定律

一、傅立叶定律

导热又称热传导,是指物体各部分无相对位移或不同物体直接接触时依靠分子、原子及自由电子等微观粒子热运动而进行的热量传递现象。

1822 年,傅立叶提出了适于连续性介质的导热基本定律——傅立叶定律:

$$q = -\lambda \operatorname{grad} t \quad \text{W/m}^2 \tag{1-1}$$

上式中的 λ 称为导热系数,表征物体中单位温度降度单位时间通过单位面积的导热量,它的单位是 W/(m·K)。在直角坐标系中,当导热系数在各个不同方向大小相同(即为各向同性材料)时,热流密度矢量沿 x、y 和 z 轴的分量可表示为:

$$\begin{aligned} q_x &= -\lambda \frac{\partial t}{\partial x} \\ q_y &= -\lambda \frac{\partial t}{\partial y} \\ q_z &= -\lambda \frac{\partial t}{\partial z} \end{aligned} \tag{1-2}$$

傅立叶定律表明要确定热流密度矢量的大小,应先求解物体内的温度场。

二、导热微分方程

假定所研究的物体是各向同性的连续介质,其导热系数 λ、比热容 c 和密度 ρ 均为已知,并假定物体内有内热源,用单位体积单位时间内所发出的热量 q_v(W/m^3)表示内热源的强度。

采用直角坐标系 (x, y, z),有

$$\rho c \frac{\partial t}{\partial \tau} = \left[\frac{\partial}{\partial x}\left(\lambda \frac{\partial t}{\partial x}\right) + \frac{\partial}{\partial y}\left(\lambda \frac{\partial t}{\partial y}\right) + \frac{\partial}{\partial z}\left(\lambda \frac{\partial t}{\partial z}\right) \right] + q_v \tag{1-3}$$

当热物性参数 λ、ρ 和 c 均为常数时,式(1-3)可以简化为

$$\frac{\partial t}{\partial \tau} = \frac{\lambda}{\rho c}\left(\frac{\partial^2 t}{\partial x^2} + \frac{\partial^2 t}{\partial y^2} + \frac{\partial^2 t}{\partial z^2}\right) + \frac{q_v}{\rho c} \tag{1-4}$$

或写成

$$\frac{\partial t}{\partial \tau} = a \nabla^2 t + \frac{q_v}{\rho c} \tag{1-5}$$

式中,∇^2 是拉普拉斯运算符;$a = \dfrac{\lambda}{\rho c}$ 称为导温系数,它的单位是 m^2/s。导温系数 a

表征物体被加热或冷却时，物体内各部分温度趋向均匀一致的能力。

采用柱坐标系（r, θ, z），有

$$\rho c \frac{\partial t}{\partial \tau} = \frac{1}{r}\frac{\partial}{\partial r}\left(\lambda r \frac{\partial t}{\partial r}\right) + \frac{1}{r^2}\frac{\partial}{\partial \phi}\left(\lambda \frac{\partial t}{\partial \phi}\right) + \frac{\partial}{\partial z}\left(\lambda \frac{\partial t}{\partial z}\right) + q_v \quad (1\text{-}6)$$

采用球坐标系（r, θ, Φ），有

$$\rho c \frac{\partial t}{\partial \tau} = \frac{1}{r^2}\frac{\partial}{\partial r}\left(\lambda r^2 \frac{\partial t}{\partial r}\right) + \frac{1}{r^2\sin^2\theta}\frac{\partial}{\partial \phi}\left(\lambda \frac{\partial t}{\partial \phi}\right) + \frac{1}{r^2\sin\theta}\frac{\partial}{\partial \theta}\left(\lambda\sin\theta \frac{\partial t}{\partial z}\right) + q_v \quad (1\text{-}7)$$

上述方程都是二阶线性偏微分方程，求解可以获得方程式的通解。就特定的导热过程而言，应附加补充说明条件才能确定惟一解。这些补充说明条件被称为单值性条件。因此，一个具体给定的导热过程，其完整的数学描述应包括导热微分方程式和它的单值性条件两部分。

三、单值性条件

单值性条件一般情况有以下四项：

1. 几何条件

说明参与导热过程的物体的几何形状和大小。

2. 物理条件

说明参与导热过程的物体的物理特征。例如，给出参与导热过程物体的热物性参数 λ、ρ 和 c 等的数值，它们是否随温度发生变化，是否有内热源，以及它的大小和分布情形。

3. 初始条件

说明导热过程在时间上进行的特点。对于非稳态导热过程，应该说明过程开始时刻物体内的温度分布，它可以表示为

$$t|_{\tau=0} = f(x, y, z) \quad (1\text{-}8)$$

4. 边界条件

凡说明在物体边界上过程进行的特点，反映过程与周围环境相互作用的条件被称为边界条件。常见的边界条件表达方式可以分为四类：

1) 第一类边界条件是已知任何时刻物体边界面上的温度值，即 $t|_s = t_w$，式中下标 s 表示边界面，t_w 是温度在边界面 s 的给定值。

2) 第二类边界条件是已知任何时刻物体边界面上的热流密度值，即已知任何时刻物体边界面 s 法向的温度变化率值。若边界面上热流密度随时间变化，还要给出 $q_w = f(\tau)$ 的函数关系。若某一个边界面 s 是绝热的，根据傅立叶定律，该边界面上温度变化率值为零，即 $\left(\frac{\partial t}{\partial n}\right)_s = 0$。

3) 第三类边界条件是已知边界周围流体的温度 t_f 和边界面与流体之间的表面传热系数 h。根据牛顿冷却定律，物体边界面 s 与流体间的对流换热量可以写为 $q = h(t|_s - t_f)$。

于是，第三类边界条件可以表示为

$$-\lambda \frac{\partial t}{\partial n}\bigg|_s = h(t|_s - t_f) \quad (1\text{-}9)$$

4) 第四类边界条件特指两种固体的致密结合（无接触热阻）时，边界上任一点的两

侧温度相同，且热流密度相同。在相变蓄能问题中会遇到这种情况，可以表示为：

$$t_1|_s = t_2|_s, \quad \lambda_1 \frac{\partial t_1}{\partial n}\bigg|_s = \lambda_2 \frac{\partial t_2}{\partial n}\bigg|_s \tag{1-10}$$

第二节 对流换热基本定律

一、对流换热

依靠流体的运动，把热量由一处传递到另一处的现象称为热对流，是传热的另一基本方式。若热对流过程中有质量 $M[\text{kg}/(\text{m}^2 \cdot \text{s})]$ 的流体单位时间通过单位面积，由温度 t_1 的地方流至 t_2 处，其比热 $c_p[\text{J}/(\text{kg} \cdot \text{K})]$，则此热对流传递的热流密度应为：

$$q = Mc_p(t_2 - t_1) \quad \text{W}/\text{m}^2 \tag{1-11}$$

流体与固体壁面之间的换热称之为对流换热，其基本计算公式是牛顿 1701 年提出的，即

$$q = h(t_w - t_f) = h\Delta t \quad \text{W}/\text{m}^2 \tag{1-12}$$

或

$$\Phi = h(t_w - t_f)A = h\Delta t A \quad \text{W} \tag{1-13}$$

式中 t_w——固体壁表面温度，℃；

t_f——流体温度，℃；

Δt——壁表面与流体温度差，℃；

h——对流换热表面传热系数，简称对流换热系数。其意义是指单位面积上，当流体同壁面之间为单位温差，在单位时间内所能传递的热量。常用单位是 $\text{J}/(\text{m}^2 \cdot \text{s} \cdot \text{K})$ 或 $\text{W}/(\text{m}^2 \cdot \text{K})$。$h$ 的大小表达了该对流换热过程的强弱。

对流换热系数与流体运动产生的原因（强制、自然）、运动状况（层流、湍流）、流体物性、物体形状及位置等因素有关。因此牛顿冷却公式只能看做对流换热系数的定义式。如何求解对流换热系数是研究对流换热问题的关键所在。

二、对流换热系数 h 的求解

1. 理论求解法

理论求解的大致思路是[307~311]：流体流过固体表面时，由于黏性作用，贴壁处流体相对于固体表面是不动的。固体与流体之间的热量传递是以纯导热的方式通过那层静止不动的微元层，继而再被运动的流体带走，因此流体与固体壁面间的对流换热量等于贴壁静止流层中的导热量。理论求解就是要从描述流体和热量传递的微分方程中解出贴壁处流体沿壁面法向的温度变化率，即：$\frac{\partial t}{\partial n}|_{n=0}$，然后利用傅立叶定律和牛顿冷却公式就可以求解 h 的表达式：

$$q = -\lambda \frac{\partial t}{\partial n}\bigg|_{n=0} = h(t_w - t_\infty) \tag{1-14}$$

$$h = -\frac{\lambda}{t_w - t_\infty} \frac{\partial t}{\partial n}\bigg|_{n=0} \tag{1-15}$$

描述流体和热量传递的微分方程极为复杂，直至普朗特提出了边界层理论，运用数量级分析的方法将对流换热微分方程组作实质性简化，才获得不少对流换热问题的分析解。

边界层（boundary layer）是指流体中紧贴物面、黏性力不可忽略的流动薄层，又称附面层。其厚度从物面（当地速度为零）开始，沿法线方向至速度为当地自由流速度的99%处的距离，记为δ。同样，当流体与壁面存在温差时，壁面附近的流体会受到壁面温度的影响而建立一个温度梯度，这个存在着温度梯度的区域就被定义为温度边界层，又称为热边界层。温度边界层的厚度为自壁面到流体与壁面之间的温度差（过余温度）$\theta=t-t_w$达到最大温度差（过余温度）$\theta_w=t_\infty-t_w$的99%处，用δ_t表示。

以流体外掠平板为例，温度边界层与速度边界层存在以下关系：

$$\frac{\delta_t}{\delta} \propto \frac{a}{\nu} \tag{1-16}$$

式中，a—导温系数，m²/s；ν—运动黏滞系数，m²/s。

若a、ν不随温度而变化，有：

$$\frac{\delta_t}{\delta} = A\left(\frac{a}{\nu}\right)^m \tag{1-17}$$

波尔豪森对于$Pr=\frac{\nu}{a} \geqslant 0.5$的流体进行速度边界层和温度边界层的比较得到：

$$\frac{\delta}{\delta_t} = Pr^{1/3} \tag{1-18}$$

式中Pr为普朗特常数，是由流体物性参数组成的一个无因次数（即无量纲参数）群，表明温度边界层和流动边界层的关系，反映流体物理性质对对流传热过程的影响。

对于管内流动换热，设进口截面上流体温度均匀，流体由入口起被加热（或冷却）。随着流体的向前流动，热边界层由四周管壁处形成并向管中心扩展，最后在管中心汇合。汇合前流体所经路途为热起始段，此后为充分发展段。在同样的圆管内，流体的流动状态不同，其热起始段长度也不同。在层流条件下热起始段长度为$L_t=0.05dRePr$，湍流流动的热起始段长度为$L_t=50d$，其中d为圆管直径。

2. 相似原理或量纲分析法

相似原理或量纲分析法的应用是将众多的影响因素归结为几个无量纲的准则，再通过实验确定对流换热系数的半经验关联式。

对流换热系数的主要影响因素有：

1) 有关形状方面。包括表面与流体之间的相对位置、表面粗糙度等。包括：d—定性尺寸（板的长度、高度、管内径及管外径等），m；l—管的热交换区的长度，m。

2) 流速。一般采用离开固体表面很远处的流速值。u—流速，m/s。

3) 温差。固体表面与远处主流区流体之间的温差，亦称为过余温度。

4) 物性值。指流体的各种物性，非固体表面的物性值。包括：λ—流体的导热系数，W/(m·K)；a—导温系数，m²/s；ν—运动黏度，m²/s；μ—流体的动力黏度，N·s/m²；β—容积膨胀系数，1/K；ρ—密度，kg/m³；c_p—定压比热，kJ/(kg·℃)。

为了将对流换热系数以这些多种因素的函数来表示，可采用相似原理或量纲分析方法，将上述几项因素之积的单位写为无量纲数的准则数，再由试验及理论求得这些无量纲准则数乘幂值之间的关系式，这样就减少了求解对流换热系数变量的数量。常用的一些准则数如下：

努谢尔特数
$$Nu = \frac{hd}{\lambda} \tag{1-19}$$

雷诺数
$$Re = \frac{ud}{\nu} \tag{1-20}$$

格拉晓夫数
$$Gr = \frac{g\beta\Delta t d^3}{\nu^2} \tag{1-21}$$

由于在努谢尔特数中含有对流换热系数 h，因此将一般关系式的左边写成努谢尔特数。这样无量纲数之间的一般式就可以写成下列形式：

$$Nu = k\,Re^a Pr^b Gr^c$$

式中，k、a、b、c 是随着各种情况不同而异。

三、圆管内的层流换热及绕管流

若流体的流速较慢、黏性较大或管道尺寸较小时，将发生层流换热。恒热流加热时：

$$h = \frac{24}{11}\frac{\lambda}{r_i} = \frac{48}{11}\frac{\lambda}{d} \tag{1-22}$$

$$Nu = \frac{hd}{\lambda} = 4.364 \tag{1-23}$$

由上式可见，对于管内层流换热而言，如果壁面上热流量恒定，对流换热系数只依赖于 λ、d，而与体系其他物性无关。

圆管内层流换热的另一种常见边界条件是壁温恒定，在此条件下进行推导计算可得：

$$Nu = \frac{hd}{\lambda} = 3.658 \tag{1-24}$$

比较可知，恒壁温条件下的对流换热系数小一些。因此在设计换热设备时要尽可能地采用恒热流量的边界条件，以提高对流换热系数。

在工程实际中，还会遇到许多圆管外流动的对流换热问题，由于有关的理论求解很少，大部分还是半经验公式的结果，下面列举常见的几种。

流体流过圆管外，其平均换热系数可用半经验式表示：

$$\overline{Nu_d} = \frac{\bar{h}d}{\lambda} = C Re_d^m Pr^{1/3} \tag{1-25}$$

式中，下标 d 表示 Nu 和 Re 公式中的特征长度，为圆管直径。表 1-1 列出了不同雷诺数下公式 1-26 中的系数 C 和指数 m。

不同雷诺数下的系数 C 和指数 m　　　　　表 1-1

Re_d	C	m
0.4~4	0.989	0.33
4~40	0.911	0.385
40~4000	0.683	0.466
4000~40000	0.193	0.618
40000~400000	0.027	0.805

流体外掠某球体外表时的对流换热系数可用下式求取：

$$\overline{Nu_d} = 2 + (0.4Re_d^{1/2} + 0.062Re_d^{2/3})Pr^{0.4}\left(\frac{\mu_\infty}{\mu_s}\right)^{1/4} \tag{1-26}$$

若球体在流体中自由下降，则有：

$$\overline{Nu_d} = \frac{\overline{h}d}{\lambda} = 2 + 0.6Re_d^{1/2}Pr^{1/3} \tag{1-27}$$

四、纵向绕流平板的层流换热

速度为 u_∞，温度为 t_∞ 的黏性不可压缩流体流过表面温度恒定为 t_w 的半无限长平板，与平板表面间作稳态层流换热。

局部努谢尔特数为：
$$Nu_x = \frac{hx}{\lambda} = 0.332Re_x^{1/2}Pr^{1/3} \tag{1-28}$$

平均努谢尔特数为：
$$Nu_m = \frac{hx}{\lambda} = 0.664Re_L^{1/2}Pr^{1/3} \tag{1-29}$$

Re 下角标 x 或 L 分别是以 x 和 L 为特征长度，公式中物性均以平均温度 $t_m = (t_w + t_\infty)/2$ 作为定性温度。

对于绕流具有未加热起始段平板的层流换热问题，如温度为 t_∞ 的常物性不可压缩流体，以速度 u_∞ 绕流过一无限大平板，若从平板的前沿到 x_0 处表面温度为 t_∞，在 x_0 之后，平板表面温度为 t_w，热边界层始于平板加热处，求解时假定 $\delta_t < \delta$，则

对流换热系数 h 表达式为：
$$h_x = 0.332\frac{\lambda}{x}Re_x^{1/2}Pr^{1/3}\bigg/\sqrt[3]{1-\left(\frac{x_0}{x}\right)^{3/4}} \tag{1-30}$$

努谢尔特表示式为：
$$Nu_x = 0.332Re_x^{1/2}Pr^{1/3}\bigg/\sqrt[3]{1-\left(\frac{x_0}{x}\right)^{3/4}} \tag{1-31}$$

当 $x_0 = 0$ 时，有
$$Nu_x = 0.332Re_x^{1/2}Pr^{1/3} \tag{1-32}$$

要强调的是，上面得到的结果只适用于边界层内流动为层流的工况。

第三节 热辐射基本定律

发射辐射能是各类物质的固有特性。如果由于自身温度或热运动的原因而激发产生的电磁波传播，就称热辐射。

一、热辐射基本定律

1. 普朗克定律

1900 年，普朗克（M. Planck）从量子理论出发，揭示了黑体辐射光谱的变化规律，给出了黑体单色辐射力 $E_{b\lambda}$ 和波长 λ、热力学温度 T 之间的函数关系，它可表达为

$$E_{b\lambda} = \frac{C_1\lambda^{-5}}{\exp\left(\frac{C_2}{\lambda T}\right)-1} \quad W/(m^2 \cdot \mu m) \tag{1-33}$$

式中　λ——波长，μm；

T——热力学温度，K；

C_1——普朗克第一常数，$C_1=3.742\times10^{-16}$ W/m^2；

C_2——普朗克第二常数，$C_2=1.4388\times10^{-2}$ m·K。

2. 维恩位移定律

维恩位移定律表示黑体的峰值波长 λ_{max} 与热力学温度 T 之间的函数关系：

$$\lambda_{max}T=2897.6\mu m\cdot K \tag{1-34}$$

随着温度 T 的增高，最大单色辐射力 $E_{b\lambda,max}$ 对应的峰值波长 λ_{max} 逐渐向短波方向移动。

3. 斯蒂芬-玻尔兹曼定律

$$E_b=\int_0^\infty E_{b\lambda}d\lambda=\int_0^\infty \frac{C_1\lambda^{-5}}{e^{C_2/(\lambda T)}-1}d\lambda=\sigma_b T^4 \quad W/m^2 \tag{1-35}$$

式中，$\sigma_b=5.67\times10^{-8}$ W/(m^2·K^4)，称为黑体辐射常数。为便于计算，上式也可写为

$$E_b=C_b\left(\frac{T}{100}\right)^4 \quad W/m^2 \tag{1-36}$$

式中，$C_b=5.67$ W/(m^2·K^4)，称为黑体辐射系数。式（1-35）和式（1-36）均是斯蒂芬-玻尔兹曼（Stefan-Boltzmann）定律的表达式，说明黑体的辐射力和热力学温度的四次方成正比，故又称四次方定律。

4. 兰贝特余弦定律

黑体辐射在空间的分布上遵循兰贝特定律。理论上可以证明，黑体表面具有漫辐射的性质，在半球空间各个方向上的定向辐射强度相等，即

$$I_{\theta 1}=I_{\theta 2}=\cdots=I_n \quad W/(m^2\cdot sr) \tag{1-37}$$

根据 $E_\theta=I_\theta\cos\theta$ 有，

$$E_\theta=I_\theta\cos\theta=I_n\cos\theta=E_n\cos\theta \quad W/(m^2\cdot sr) \tag{1-38}$$

对于漫射表面，辐射力为

$$E=\int_{\omega=2\pi}I_\theta\cos\theta d\omega=I_\theta\int_{\beta=0}^{2\pi}\int_{\theta=0}^{\pi/2}\cos\theta\sin\theta d\theta d\beta=I_\theta\pi \quad W/m^2 \tag{1-39}$$

因此，对于漫射表面，半球空间的辐射力是任意方向定向辐射强度的 π 倍。

5. 基尔霍夫定律

1859 年 G.R. 基尔霍夫发现，任何物体的辐射能力与吸收率的比值都相同，且恒等于同温度下绝对黑体的辐射能力。即

$$\varepsilon_{\lambda,T,\theta}=\alpha_{\lambda,T,\theta} \tag{1-40}$$

此式称为基尔霍夫定律。它表明物体的吸收率与辐射率（黑度）在数值上相等，即物体的辐射能力越大，吸收能力也越大。$\varepsilon_{\lambda,T,\theta}$ 和 $\alpha_{\lambda,T,\theta}$ 均为物体表面的辐射特性，它们仅取决于自身的温度。

对漫射表面，由于辐射性质与方向无关，故基尔霍夫定律也可表达为：

$$\varepsilon_{\lambda,T}=\alpha_{\lambda,T} \tag{1-41}$$

对灰表面，由于辐射性质与波长无关，故基尔霍夫定律也可表达为

$$\varepsilon_{\theta,T}=\alpha_{\theta,T} \tag{1-42}$$

对漫射灰表面，由于辐射性质与方向和波长无关，故基尔霍夫定律也可表达为

$$\varepsilon_T = \alpha_T \tag{1-43}$$

二、黑表面间的辐射换热

1. 任意位置两非凹黑表面间的辐射换热

有任意放置的两非凹黑表面,其面积为 A_1、A_2,物体表面的辐射物性均匀,它们的温度各为 T_1、T_2。辐射换热计算式为

$$\Phi_{12} = (E_{b1} - E_{b2})X_{12}A_1 = (E_{b1} - E_{b2})X_{21}A_2 \tag{1-44}$$

亦可写作

$$\Phi_{12} = \frac{E_{b1} - E_{b2}}{\dfrac{1}{X_{12}A_1}} \tag{1-45}$$

式中,X_{12} 为角系数,反映相互辐射的不同物体之间几何形状与位置关系的系数,表示表面 1 的辐射能量落在表面 2 上的百分数。

对于两平行的黑体大平壁 ($A_1 = A_2 = A$),若略去周边散出的辐射热量,可以认为 $X_{12} = X_{21} = 1$,再由斯蒂芬—波尔兹曼定律,可得

$$\Phi_{12} = (E_{b1} - E_{b2})A = \sigma_b(T_1^4 - T_2^4)A \tag{1-46}$$

2. 封闭空腔诸黑表面间的辐射换热

设有 n 个黑表面组成空腔,每个表面各有温度 T_1、T_2、T_3、…、T_n,则黑表面 i 与所有其他黑表面间的辐射换热为:

$$\Phi_i = E_{bi}A_i - \sum_{j=1}^{n} E_{bj}X_{j,i}A_j \tag{1-47}$$

即表面 i 和周围诸黑表面的总辐射换热,是表面 i 发射的能量与诸表面向 i 表面投射能量的差额,也是为了维持 i 表面温度为 T_i 所必需提供的净热量。

三、灰表面间的辐射换热

1. 灰表面间辐射换热的一般情况

任意放置的两个灰体表面 A_1 及 A_2,表面 A_1 在单位时间内失去的辐射能流 Φ_1,称为表面 A_1 的净辐射热流,其式为

$$\Phi_1 = \frac{E_{b1} - J_1}{\dfrac{1-\varepsilon_1}{A_1\varepsilon_1}} \tag{1-48}$$

同理,表面 A_2 在单位时间内失去的辐射能流 Φ_2,及表面 A_2 的净辐射热流为

$$\Phi_2 = \frac{E_{b2} - J_2}{\dfrac{1-\varepsilon_2}{A_2\varepsilon_2}} \tag{1-49}$$

式中 J 为有效辐射,是本身辐射与所有反射辐射之和。H_i 为外部投射来的总辐射,则

$$J_i = E_i + (1-\alpha_i)H_i \tag{1-50}$$

如果表面 A_1 与 A_2 仍为两无限大的平板,彼此之间的辐射换热量:

$$\Phi_{1,2}=\frac{E_{b1}-E_{b2}}{\frac{1}{A}\left(\frac{1}{\varepsilon_1}+\frac{1}{\varepsilon_2}-1\right)} \tag{1-51}$$

或

$$\Phi_{1,2}=A\varepsilon_{1,2}C_0\left[\left(\frac{T_1}{100}\right)^4-\left(\frac{T_2}{100}\right)^4\right] \tag{1-52}$$

式中

$$\varepsilon_{1,2}=\frac{1}{\frac{1}{\varepsilon_1}+\frac{1}{\varepsilon_2}-1} \tag{1-53}$$

$\varepsilon_{1,2}$ 称为该辐射换热系统黑度。系统黑度可以理解为气体条件相同时，灰体表面之间辐射换热量与黑体表面之间辐射换热量之比。

2. 空腔与内包壁面之间的辐射换热

如果内包壁面 1 系凸形壁面，则 $X_{1,2}=1$，此时可得

$$\Phi_{1,2}=\frac{A_1(E_{b1}-E_{b2})}{\frac{1}{\varepsilon_1}+\frac{A_1}{A_2}\left(\frac{1}{\varepsilon_2}-1\right)}\quad\text{W} \tag{1-54}$$

如果 $A_2 \gg A_1$，且 ε_2 的数值较大，则 (A_1/A_2) 是一个很小的值，$\frac{1}{\varepsilon_2}-1$ 也很小，两者的乘积与 $(1/\varepsilon_1)$ 相比可以略去不计，则可得

$$\Phi_{1,2}=\varepsilon_1 A_1(E_{b1}-E_{b2})\quad\text{W} \tag{1-55}$$

第二章 岩土及保温材料的热物性

地下工程由岩石、土壤等材料围合而成。美国实验与材料学会把岩石与土壤定义为[307~311]：

岩石——以大的岩体或碎块出现的天然固体矿物物体。

土壤（土）——由岩石的物理和化学解离作用产生的沉积物或其他的固体颗粒未固结堆积物，可以含有也可以不含有有机质。岩石能够转变为土壤，反之亦然。两者之间的接触边界可以是突变的，也可以是渐变的。

第一节 岩石的传热机制与导热系数

一、致密岩石的传热机制

在岩石的传热机制方面，虽然总体仍遵循一切固体中热量传递的总规律，但由于岩石具有天然不均一性，各向异性且为多相介质的特性，又使其变得更为复杂。

传热通常以三种方式进行：传导、对流和辐射。在任意给定的具体传热情况下，上述的两种甚至三种方式会同时存在。然而在某些特殊条件组合下，岩石中的热量传递将以某一种方式为主。无论如何，岩石作为一种固体，传导始终是热量传递的主导方式。在中常温条件下（600℃）研究岩石的热物性，只需要考虑岩石的热传导[313]。

热传导导热时，与金属导体靠电子运动传递热量的机制不同，岩石作为电介质只有少量的自由电子，热能的传输几乎全靠晶格的振动（声子）。岩石的导热系数主要取决于声子的平均自由程，可表达为：

$$\lambda = ACVl \tag{2-1}$$

式中 C——单位体积传热介质的热容量，$C=c\rho$；

V——振动的弹性波速；

l——声子的平均自由程；

A——常量系数，其数值介于 $1/3 \sim 1/4$ 之间。

若在岩石中存在一个以上弹性波热传导机制时，由该过程引起的总的平均自由程由下式给出：

$$\frac{1}{l_u} = \frac{1}{l_1} + \frac{1}{l_2} + \cdots\cdots + \frac{1}{l_n} \tag{2-2}$$

式中 l_u——总平均自由程；

l_n——单一声子振动过程的平均自由程。

二、岩石的矿物成分与导热系数[314]

1. 根据上述多晶集合体传热过程和晶格振动传热导热机制，可根据岩石的矿物组成和结晶排列模式，按下式估算岩石的导热系数[316,317]。

$$\lambda_s = \lambda_{m1}^{\chi_1} \cdot \lambda_{m2}^{\chi_2} \cdots \lambda_{mz}^{\chi_z} \tag{2-3}$$

其中：

$$\sum_{j=1}^{z} \chi_j = 1$$

式中，λ_s 为固体颗粒系数；λ_m 为组成矿物的导热系数；j 为第 j 种矿物；χ_j 为矿物所占体积比。

2. 如果岩土成分分布与热流传递方向相同，则可以用加权算术平均计算模型计算[315]：

$$\lambda = \chi_1 \lambda_1 + \chi_2 \lambda_2 + \cdots + \chi_n \lambda_n \tag{2-4}$$

3. 若假定各造岩矿物呈"串联排列"（或称序列排列，指具有相同热导率的矿物链垂直于热流传播方向排列），则可按下式求出岩石导热系数下限：

$$\frac{1}{\lambda} = \frac{\chi_1}{\lambda_1} + \frac{\chi_2}{\lambda_2} + \cdots + \frac{\chi_n}{\lambda_n} \tag{2-5}$$

使用 2 法计算的结果偏大，使用 3 法计算的结果偏小，而 1 法的计算结果较为理想。母岩及典型岩石导热系数分别见表 2-1、表 2-2。

母岩的导热系数（−5~5℃）[W/(m·℃)]　　　　　　　　　表 2-1

母岩类型	导热系数	母岩类型	导热系数
闪石	3.46	橄榄石	4.57
方解石	3.59	斜长石	1.84
绿泥石	5.15	拉长石	1.53
白云石	5.51	辉石	4.52
长石	2.25	石英	7.69
云母	2.03		

典型的岩石导热系数（−5~5℃）[W/(m·℃)]　　　　　　　表 2-2

母岩类型	导热系数	母岩类型	导热系数
钙长岩	1.8	大理岩	3.2
玄武岩	1.7	石英岩	5.0
辉绿岩	2.3	砂岩	3.0
白云岩	3.8	片岩	小于 1.5
辉长岩	2.2	页岩	2.0
片麻岩	2.6	黑花岗岩	2.0
花岗岩	2.5	玄武岩	2.0
石灰石	2.5		

三、孔隙岩石的导热系数

天然岩石绝大多数都具有孔隙、原生或次生的裂隙。岩石的相结构不仅对岩石的有效导热系数产生显著影响，同时使岩石中热量的传播机理趋于复杂。天然岩石中仅有很少一部分属于单相固体，在绝大多数情况下，它们总是两相系统（固相和流体相），甚至三相系统（固-液-气相），因此热量通过孔隙性岩石（固结的或非固结的）传导具有某种特殊的

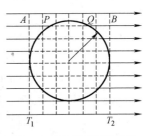

图 2-1 通过圆形横截面孔隙的热流

机制[313]。

单个圆球形孔隙（如图 2-1 所示）的有效导热系数

$$\bar{\lambda} = \frac{8}{3} de\sigma T_{rn}^3 \tag{2-6}$$

上式考虑的主要传热机制为孔隙表面的辐射，其中 σ 为辐射常数；e 为辐射表面的发射率；d 为沿热流方向上孔隙的尺寸。对于其轴平行于辐射热流方向的圆柱形孔隙，有效热导率可表示为

$$\bar{\lambda} = 4de\sigma T_{rn}^3 \tag{2-7}$$

对于轴垂直于辐射热流方向的圆柱形孔隙有

$$\bar{\lambda} = \pi de\sigma T_{rn}^3 \tag{2-8}$$

上述三式可合并表示为

$$\bar{\lambda} = 4\gamma de\sigma T_{rn}^3 \tag{2-9}$$

式中 γ 对应式（2-6）、式（2-7）和式（2-8），分别等于 2/3、1 和 $\pi/4$。由此可见，辐射引起的孔隙有效导热系数是孔隙平均温度及其尺寸大小的函数，同时与孔隙表面的发射率成正比。

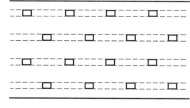

图 2-2 孔隙介质中假想流管

两相介质中固相和孔隙的分布可概括为沿热流方向规则分布的孔隙流管（如图 2-2 所示）。由此，孔隙物质由孔隙流管和致密固质两部分组成，其导热系数为

$$\frac{1}{\bar{\lambda}} = \frac{1}{\lambda_S}(1-\phi_L) + \frac{\phi_L}{4\gamma ed\sigma \overline{T_m^3}} \tag{2-10}$$

并求出孔隙材料的有效导热系数为

$$\lambda_P = \lambda_S(1-\phi_C) + \bar{\lambda}\phi_C \tag{2-11}$$

或

$$\lambda_P = \lambda_S(1-\phi_C) + \frac{\phi_C}{\left(\frac{1}{\lambda_S}\right)(1-\phi_L) + \frac{\phi_L}{4\gamma ed\sigma \overline{T_m^3}}} \tag{2-12}$$

若表达为有效导热系数和基质导热系数的比值，有

$$\frac{\lambda_P}{\lambda_S} = (1-\phi_C) + \frac{\phi_C}{\left(\frac{1}{\lambda_S}\right)(1-\phi_L) + \frac{\phi_L \lambda_S}{4\gamma ed\sigma \overline{T_m^3}}} \tag{2-13}$$

式中，λ_P 为孔隙岩石的有效导热系数；λ_S 是岩石固体基质的导热系数；ϕ_L 和 ϕ_C 分别为沿孔隙流管长度和截面的孔隙百分比。显然，上列公式对孔隙中空气的热传导忽略不计。

孔隙介质的几何加权平均值

$$\lambda_P = \lambda_f^{\phi} \cdot \lambda_S^{(1-\phi)} \tag{2-14}$$

孔隙介质热传导的简化模型，将热量通过孔隙岩石的传播归结为三种机制。

机制 1：以传导方式通过岩石中全固相的热流 q_1，相应的导热系数表达式为

$$\lambda_1 = (1-\phi)\exp\left(-\frac{n}{1-\phi}\right)\lambda_S \tag{2-15}$$

机制 2：以传导和辐射方式通过全部流体相的热流 q_2，相应的导热系数表达式为

$$\lambda_2 = \phi \exp\left(-\frac{n}{\phi}\right)(\lambda_f + \lambda_r) \tag{2-16}$$

机制 3：以传导和辐射方式通过串联的流体-固质相的热流 q_3，相应的导热系数表达式为

$$\lambda_3 = \frac{H(\phi)^2(\lambda_f + \lambda_r)}{\phi\left[1 - \exp\left(-\frac{n}{\phi}\right)\right]} \tag{2-17}$$

式中，λ_r 为孔隙的辐射导热系数；n 值称为孔隙的几何因子，可表达为

$$n = \frac{xN}{L} \tag{2-18}$$

式中，L 为热流通过孔隙介质的总流径长度；x 为不受孔隙分布扰动的热流传播距离；N 为扰动的次数。式（2-17）中的 $H(\phi)$ 是串联的固质-流质相中的孔隙部分，可表示为

$$H(\phi) = 1 - \exp\left(-\frac{n}{\phi}\right) - (1-\phi)\exp\left(-\frac{n}{1-\phi}\right) \tag{2-19}$$

综合上述三种机制的表达式，得到下列有效导热系数公式

$$\lambda_P = (1-\phi)\left[\exp\left(-\frac{n}{1-\phi}\right)\right]\lambda_s + \left\{\phi\exp\left(-\frac{n}{\phi}\right) + \frac{H(\phi)^2}{\phi\left[1-\exp\left(-\frac{n}{\phi}\right)\right]}\right\}(\lambda_f + \lambda_r) \tag{2-20}$$

若用无因次量 λ_P/λ_s 表示，可得

$$\frac{\lambda_P}{\lambda_s} = \alpha + \frac{\beta(\lambda_f + \lambda_r)}{\lambda_s} \tag{2-21}$$

其中固质-固质热传递系数 α

$$\alpha = (1-\phi)\exp\left(-\frac{n}{1-\phi}\right) \tag{2-22}$$

其中固质-流质热传递系数 β

$$\beta = \phi\exp\left(-\frac{n}{\phi}\right) + \frac{H(\phi)^2}{\phi\left[1-\exp\left(-\frac{n}{\phi}\right)\right]} \tag{2-23}$$

由公式（2-18）可知，因为在致密固质中扰动数 N 必然为零，所以对于 $\phi=0$ 的纯固态，孔隙的几何因子 n 必然为零。可见，当 $\phi=0$ 时，$\alpha=1$，而 $\beta=0$，且 $\lambda_P=\lambda_s$。n 值尚与孔隙岩石的固结状态有关，当固结力降低时，n 值渐增。

第二节 土壤的热物性

土壤的导热系数主要受其固体颗粒组成、土体湿密度、土体干密度、孔隙率、含水量及水饱和度，以及土中水的形态等因素的影响[314,318,323,324]。

一、干土的导热系数

图 2-3 为不同材料干燥状况的导热系数和孔隙率的关系曲线图。从图中可以看到，干土的导热系数和孔隙率（n）有着很好的相关性。可以用式（2-24）来拟合。

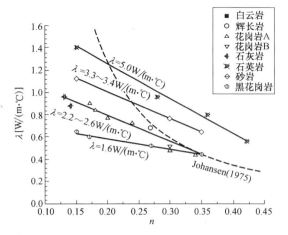

$$\lambda_{dry} = \lambda_s^{(1-n)\alpha} \lambda_a^{n^\beta} \quad (2-24)$$

式中,λ_{dry} 为干土导热系数;λ_a 为空气导热系数;α 为拟合系数,$\alpha=0.59$;β 为拟合系数,$\beta=0.73$。

该法称为修正几何平均法,与以往几何平均法相比,该法具有明确的物理意义,且误差控制在 20% 之内。

二、饱和土体的导热系数

对于饱和土体的导热系数计算,Johansen 给出了普遍接受的几何平均计算公式:

图 2-3 干土导热系数和孔隙率的关系图

$$\begin{cases} \lambda_{sat(u)} = \lambda_s^{1-n} \lambda_w^n & T \geqslant 0 \\ \lambda_{sat(f)} = \lambda_s^{1-n} \lambda_i^n & T < 0 \end{cases} \quad (2-25)$$

式中,$\lambda_{sat(u)}$ 为未冻土的饱和导热系数;$\lambda_{sat(f)}$ 为冻土的饱和导热系数;λ_w 为水的导热系数,为 $0.6W/(m\cdot K)$;λ_s 为冰的导热系数,为 $2.24W/(m\cdot K)$。

三、含水量对导热系数的影响

图 2-4 和图 2-5 分别是未冻土材料和冻土材料的导热系数与含水量的关系曲线图。很明显,材料导热系数随着含水量的增加而增加;在相同含水量情况下,因为冰的导热系数是水的 4 倍,冻土的导热系数大于未冻土的导热系数。

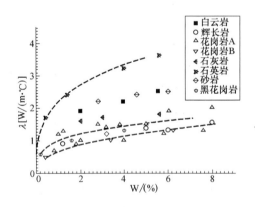

图 2-4 未冻土的导热系数与含水量关系图

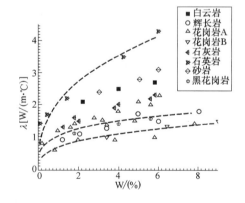

图 2-5 冻土的导热系数与含水量关系图

四、液相饱和度对导热系数的影响

液相饱和度是一个能比较全面反映土体导热系数的量,它不仅与含水量、孔隙率有关,而且还与土体密度有关。图 2-6 是冻土与未冻土的饱和度和导热系数的关系图。从图中可以明显看出:导热系数随着饱和度的增加而上升;未冻土的导热系数在饱和度较低时,增加较快,之后增加速度趋于平缓;冻土的导热系数一直平缓上升。在饱和度小于

0.2时，两者的导热系数基本相等，未冻土的导热系数稍高，而当饱和度大于0.2时，其导热系数差值越来越大。

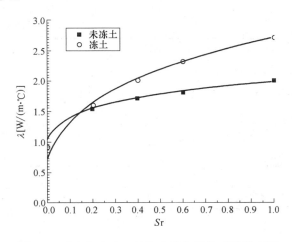

图 2-6 冻土与未冻土的饱和度和导热系数关系图

第三节 保温材料的热物性

隔热保温材料的导热系数：我国国家标准规定，凡平均温度不高于350℃，导热系数不大于0.12W/(m·K)的材料称为保温材料。岩棉制品、膨胀珍珠岩、矿渣棉、泡沫塑料、膨胀蛭石、微孔硅酸钙制品等都属于保温材料。这些材料属于多孔体或纤维性材料。但如果孔隙大小和物体的总几何尺寸相比很小的话，仍然可以有条件地认为它们是连续介质，用表观导热系数或当做连续介质时的折算导热系数来考虑。多孔材料中，填充孔隙的气体导热系数较低，所以良好的保温材料都是多孔隙材料。多孔材料导热系数受湿度影响很大。由于水分的渗入，替代了相当一部分空气，而且更主要的是水分将从高温区向低温区转移而传递热量。因此湿材料的导热系数比干材料和水都要大。例如，干砖的导热系数为0.5W/(m·K)，水的导热系数为0.6W/(m·K)，而湿砖的导热系数可高达1.0W/(m·K)左右。部分保温材料的热物性参数见表2-3。

部分保温材料的热物性参数 表2-3

材料名称		容重 γ (kg/m³)	导热系数 λ [W/(m·K)]	蓄热系数 s_{24} [W/(m²·K)]	比热 c [kJ/(kg·K)]	蒸气渗透系数 $\mu \times 10^4$ [g/(m·h·Pa)]
岩棉、矿棉、玻璃棉	板	<150	0.064	0.93	1.22	4.88
	板	150~300	0.07~0.093	0.98~1.60	1.22	4.88
	毡	≤150	0.058	0.94	1.34	4.88
	松散	≤100	0.047	0.56	0.84	4.88
膨胀珍珠岩、蛭石制品：						
水泥膨胀珍珠岩		800	0.26	4.16	1.17	0.42
		600	0.21	3.26	1.17	0.9
		400	0.16	2.35	1.17	1.91

续表

材料名称	容重 γ (kg/m³)	导热系数 λ [W/(m·K)]	蓄热系数 s_{24} [W/(m²·K)]	比热 c [kJ/(kg·K)]	蒸气渗透系数 $\mu \times 10^4$ [g/(m·h·Pa)]
沥青、乳化沥青膨胀珍珠岩	400	0.12	2.28	1.55	0.293
	300	0.093	1.77	1.55	0.675
水泥膨胀蛭石	350	0.14	1.92	1.05	
泡沫材料及多孔聚合物：					
聚乙烯泡沫塑料	100	0.047	0.69	1.38	
	30	0.042	0.35	1.38	0.144
聚氨酯硬泡沫塑料	50	0.037	0.43	1.38	0.148
	40	0.033	0.36	1.38	0.112

第四节 岩土导热系数测量方法

一、导热方法分类

固体材料导热系数的实验测试方法按其原理不同，可分为稳态导热过程和非稳态导热过程两类[319]。

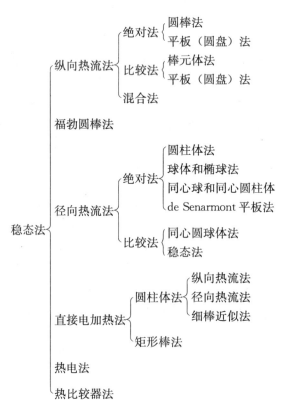

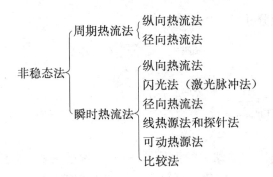

二、稳态测量方法

主要测量方法有：稳态平板法、稳态球体法、碎石测试法

1. 稳态平板法

稳态平板法是一种应用一维稳态导热过程的基本原理来测定材料导热系数的方法，可用来进行导热系数的测定试验，测定材料的导热系数与温度的关系。

试验设备是根据在一维稳态情况下通过平板的导热量 Q 和平板两面的温差 Δt 成正比，和平板厚度 δ 成反比，以及和导热系数 λ 成正比的关系来设计的。

我们知道，通过薄壁平板（壁厚小于十分之一壁长和壁宽）的稳定导热量为：

$$Q = \frac{\lambda}{\delta} \cdot \Delta t \cdot F \tag{2-26}$$

测定时，如果将平板两面的温差 $\Delta t = t_R - t_L$、平板厚度 δ、垂直热流方向的导热面积 F 和通过平板的热流量 Q 测定以后，就可以根据下式得到导热系数：

$$\lambda = \frac{Q \cdot \delta}{\Delta t \cdot F} \tag{2-27}$$

需要指出，上式所得的导热系数是在当时平均温度下材料的导热系数值，此平均温度为：

$$\bar{t} = \frac{1}{2}(t_R + t_L) \tag{2-28}$$

在不同的温度和温差条件下测出相应的 λ 值，然后将 λ 值标在 $\lambda - \bar{t}$ 坐标图内，就可以得出 $\lambda = f(\bar{t})$ 的关系曲线。

2. 稳态球体法

球体法测材料的导热系数是基于等厚度球状壁的一维稳态导热过程，它特别适用于粒状松散材料。球体导热仪的构造依球体冷却方式的不同可分为空气自由流动冷却和恒温液强制冷却两种。

图 2-7 所示球壁的内径直径分别为 d_1 和 d_2（半径为 r_1 和 r_2）。设球壁的内、外表面温度分别维持为 t_1 和 t_2，并稳定不变，将傅立叶导热定律应用于此球壁的导热过程，得

$$Q = -\lambda F \frac{\mathrm{d}t}{\mathrm{d}r} = -\lambda \cdot 4\pi r^2 \frac{\mathrm{d}t}{\mathrm{d}r} \tag{2-29}$$

边界条件为：　　　　　$r = r_1$　　　　　　　$t = t_1$
　　　　　　　　　　　$r = r_2$　　　　　　　$t = t_2$

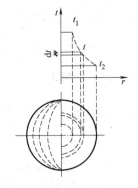

图 2-7　稳态球体法

由于在不太大的温度范围内，大多数工程材料的导热系数随温度的变化可按直线关系

处理，对式（2-29）积分并代入边界条件，得

$$Q = \frac{\pi d_1 d_2 \lambda_m}{\delta}(t_1 - t_2) \tag{2-30}$$

或

$$\lambda_m = \frac{Q\delta}{m d_1 d_2 (t_1 - t_2)} \tag{2-31}$$

式中，δ 为球壁厚度，$\delta = (d_1 - d_2)/2$，m；λ_m 为 $t_m = (t_1 + t_2)/2$ 时球壁材料的导热系数。

因此，实验时应测出内外球壁的温度 t_1 和 t_2，然后由式（2-31）得出 t_m 时材料的导热系数 λ_m。测定不同 t_m 下 λ_m 的值，就可获得导热系数随温度变化的关系式。

3. 碎石测试法

当测得固体碎块和流体混合物的导热系数后，只要流体的导热系数已知，即可求出固体碎块复原到整块状岩石时的导热系数。

三、非稳态测量方法

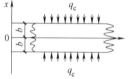

图 2-8 第二类边界条件无限大平板导热的物理模型

非稳态测量方法的基本原理基于第二类边界条件下无限大平板的导热问题。设平板厚度为 2δ，初始温度为 t_0，平板两侧受恒定的热流密度 q_c 均匀加热（图 2-8）。求任何瞬间沿平板厚度方向的温度分布 $t(x, t)$。导热微分方程式、初始条件和第二类边界条件如下：

$$\begin{cases} \dfrac{\partial t(x,t)}{\partial t} = \dfrac{\partial^2 t(x,T)}{\partial x^2} \\ t(x,u) = t_0 \\ \dfrac{\partial t(\delta, t)}{\partial x} = \dfrac{q_c}{x} = 0 \\ \dfrac{\partial t(x, t)}{\partial t} = 0 \end{cases} \tag{2-32}$$

方程的解为：

$$t(x, \tau) - t_0 = \frac{q_c}{x}\left[\frac{a\tau}{\delta} - \frac{\delta^2 - 3x^2}{6\delta} + \delta \sum_{n=1}^{\infty}(-1)^{n-1}\frac{2}{\mu_n^2}\cos\left(\mu_n \frac{x}{\delta}\right)\exp(-\mu^2 Fo)\right] \tag{2-33}$$

式中，t 为时间；λ 为平板的导热系数；a 为平板的导温系数；$\mu_n = n\pi$（$n = 1, 2, 3\cdots$）；Fo 为傅立叶准则；t_0 为初始温度；Q_c 为沿 x 方向从端面向平板加热的恒定热流密度。

随着时间 t 的延长，Fo 数变大，式（2-33）中级数和项愈小。

当 $Fo > 0.5$ 时，级数和项变得很小，可以忽略，式（2-33）变成：

$$t(x, t) - t_0 = \frac{q_c \delta}{\lambda}\left(\frac{at}{\delta^2} + \frac{x^2}{2\delta^2} - \frac{1}{6}\right) \tag{2-34}$$

由此可见，当 $Fo > 0.5$ 后，平板各处温度和时间成线性关系，温度随时间变化的速率是常数，并且到处相同。这种状态称为准状态。

在准态时，平板中心面 $x = 0$ 处的温度为：

$$t(0,t) - t_0 = \frac{q_c \delta}{\lambda}\left(\frac{at}{\delta^2} - \frac{1}{6}\right) \tag{2-35}$$

平板加热面 $x = \delta$ 处为：

$$t(\delta,t) - t_0 = \frac{q_c \delta}{\lambda}\left(\frac{at}{\delta^2} + \frac{1}{3}\right) \tag{2-36}$$

此两面的温差为：

$$\Delta t = t(\delta,t) - t(0,t) = \frac{1}{2} \cdot \frac{q_c \delta}{\lambda} \tag{2-37}$$

如已知 q_c 和 δ，再测出 Δt，就可以由式（2-37）求出导热系数：

$$\lambda = \frac{q_c \delta}{2\Delta t} \tag{2-38}$$

实际上，无限大平板是无法实现的，实验中总是用有限尺寸的试件。一般可认为，试件的横向尺寸为厚度的 6 倍以上时，两侧散热的试件中心温度影响可以忽略不计。试件两端面中心处的温度差就等于无限大平板两端面的温度差。

四、深层岩土的直接测量法

深层岩土的直接测量法主要有基于线热源模型的地下岩土热物性测试方法，以及基于圆柱形热源模型的地下岩土热物性参数测量。

1. 基于线热源模型的地下岩土热物性测试方法

1）传热模型

图 2-9 为基于线热源模型的岩土热物性测试方法埋管结构示意图。假设：(1) 钻孔周围岩土均匀；(2) 将埋管（含换热器管和回填材料）与周围岩土的换热认为是位于钻孔中心的单根线热源（热沉）与周围岩土之间的换热，不计沿长度方向的传热（孔径较小，一般约 0.1m，钻孔长度则大于 50m）；(3) 埋管与周围岩土的换热强度维持不变（可以通过控制加热功率完成）。根据上述假设，钻孔周围的传热实际上为一维轴对称问题，控制方程、初始条件和边界条件分别为[320]：

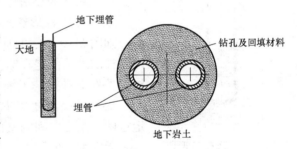

图 2-9 地下埋管结构示意图

$$\begin{cases} \dfrac{\partial T}{\partial \tau} = \dfrac{\lambda_s}{\rho_s c_s}\left(\dfrac{\partial^2 T}{\partial r^2} + \dfrac{1}{r}\dfrac{\partial T}{\partial \tau}\right), \dfrac{d_b}{2} \leqslant r < \infty, \tau > 0 \\ T = T_f, r = \dfrac{d_b}{2}, \tau = 0 \\ T = T_{ff}, \dfrac{d_b}{2} < r < \infty, \tau > 0 \\ \lambda_s \dfrac{\partial T}{\partial \tau}\bigg|_{r=\frac{d_b}{2}} = q_1, \tau > 0 \\ T = T_{ff}, r \to \infty, \tau > 0 \end{cases} \tag{2-39}$$

式中，d_b 为钻孔直径；c_s 为岩土的比热；λ_s 为岩土的导热系数；q_l 为单位长度线热源热流强度；T_f 为埋管内流体平均温度；T_{ff} 为无穷远处土壤温度；ρ_s 为岩土密度；τ 为时间。

当加热时间比较长（大于 10h），上述方程可简化为[321]

$$T_w = T_{ff} + q_l \cdot \frac{1}{4\pi\lambda_s} E_i\left(\frac{d_b^2 \rho_s c_s}{16\lambda_s \tau}\right) \tag{2-40}$$

式中，$Ei(x) = \int_x^\infty \frac{e^{-s}}{s} ds$ 是指数积分函数。令钻孔内总热阻为 R_0，则线热源温度（循环水平均温度）T_f 和钻孔壁面温度 T_w 之间存在以下关系式

$$T_f - T_w = q_l \cdot R_0 \tag{2-41}$$

由式（2-40）和式（2-41）可得循环水平均温度为

$$T_f = T_{ff} + q_l \cdot \left[R_0 + \frac{1}{4\pi\lambda_s} Ei\left(\frac{d_b^2 \rho_s c_s}{16\lambda_s \tau}\right)\right] \tag{2-42}$$

式（2-42）有四个未知参数：R_0、λ_s、ρ_s 和 c_s。钻孔内总热阻受回填材料导热系数和埋管位置、间距等几何结构的影响，但对具体已填埋情况，应为一固定值。利用式（2-42）并结合参数估计法，可以求得上述三个未知参数。

2）测量装置和测量方法

测量系统由加热器、循环水泵、温度测量装置、流量测量装置、微机控制与处理装置等构成。测量仪中的管路与地源换热器地下回路相接，循环水泵驱动流体在回路中循环流动，流体经过加热器后流经地下回路与地下岩土进行换热。出入口的流体温度、流体流量、加热功率等经信号变送传至微机。

2. 基于圆柱形热源模型的地下岩土热物性参数测量[322]

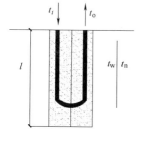

图 2-10 垂直 U 形埋地换热器模型

如图 2-10 所示的垂直 U 形埋地换热器的非稳定传热，经典的圆柱源理论假定在钻孔井壁与周围土壤之间的换热是在常热流边界条件下进行，土壤各向同性，远界未受扰动的原始温度为 T_g，钻孔井壁温度为 T_w。圆柱热源理论分析的主要目标在于确定这两个温度之间的差值 ΔT。

无限大各向同性介质内嵌入的圆柱体非稳定传热温差表达式

$$\Delta T_g = T_w - T_g = \frac{QG(Fo, p)}{L k_s} \tag{2-43}$$

式中，Q 为埋管换热量；L 为埋管深度；$G(Fo, p)$ 为理论解 G 函数；Fo 为傅立叶数，$Fo = \alpha\tau/r^2$；p 为地下岩土计算点至钻井中心距离与钻井半径的比值，$p = r/r_0$；a 为岩土的平均热扩散系数。

假设沿深度方向钻井内的热阻保持不变，则管内流体平均温度与深层岩土的初始温度之间的关系式为：

$$T_f = T_g + \frac{Q}{L}\left[\frac{G(Fo, p)}{\lambda_s} + R_0\right] \tag{2-44}$$

其中，λ_s 为岩土的平均导热系数。

通过控制现场测量装置的加热功率以使钻孔满足常热流边界条件。将通过传热模型得到的流体平均温度与实际测量得到的流体平均温度进行对比，根据参数估计法不断调整岩土的热物性参数导热系数 λ_s、热扩散率 a 及单位深度钻孔内的热阻 R_0，使估算温度和实验测量温度的方差和最小，调整后的参数即为求得的平均岩土热物性值。

第三章 深埋地下工程的预热期传热问题

自本章开始,将按照深埋工程和浅埋工程两种类型介绍相关传热问题。本章主要论述深埋地下工程的预热期传热问题,第四章介绍深埋工程的使用期传热问题,第五章与第六章介绍浅埋工程的相关传热问题。

第一节 半无限大物体的恒热流预热

深埋地下工程刚建成时,内部空气温度较低,人进入工程后往往感觉到阴冷与潮湿,难以久处。因此,新建工程通常需要进行一定时间的预加热或升温除湿处理,将工程内的温度提高,这一段升温时间就称为预热期。工程预热主要有两种方式:电加热预热和除湿机升温除湿。电加热预热方式适于北方低温而干燥的地下工程,除湿机升温除湿预热方式适于内部较为潮湿的地下空间。电加热以及无新风的升温除湿都属于恒热流预热。在过渡季节,还可以采用向工程中引入新风来降湿和预热的方法,该方式为非恒热流预热。当工程内温度稳定在所希望的设定值后,工程预热即可结束,工程进入使用期阶段。工程使用期的传热特点是边界条件为恒壁温。地下工程周边围合的土壤、岩石可被视为无限大几何物体。

半无限大均质物体在恒热流作用下不稳定过程的温度场,可用下面导热微分方程表示:[194,325]

$$\frac{\partial t(x,\tau)}{\partial \tau}=a\frac{\partial^2 t(x,\tau)}{\partial x^2} \quad \tau>0,\ 0<x<+\infty \tag{3-1}$$

式中,x 表示岩石由壁面起算的深度坐标;τ 表示时间;$t(x,\tau)$ 表示岩石中的温度场;a 为岩石导温系数。

考虑到深埋地下工程设置在等温层以下,在开始加热的瞬间,岩石表面和岩体内部的温度应处于自然温度 t_0=常数,即初始条件为

$$t(x,0)=t_0 \tag{3-2}$$

边界面 $x=0$ 处有

$$-\lambda\frac{\partial t(0,\tau)}{\partial x}=q \tag{3-3}$$

在 $x=+\infty$ 处,岩体的温度仍处于自然温度 t_0,即 $t(\infty,\tau)=t_0$,则

$$\frac{\partial t(\infty,\tau)}{\partial x}=0 \tag{3-4}$$

根据初始条件式(3-2)和边界条件式(3-3)、式(3-4)求解导热微分方程式(3-1),即可得到恒热流作用下半无限大物体内温度场的数学表达式。

对式(3-1)导热微分方程式进行拉普拉斯变换[194]。

$$L\left[\frac{\partial t(x,\tau)}{\partial \tau}\right] = L\left[\frac{\partial^2 t(x,\tau)}{\partial x^2}\right]$$

对变数 τ 的拉氏变换为

$$L_\tau[t'(x,\tau)] = s \cdot L[t(x,s)] - t(x,0)$$

对变数 x 的拉氏变换为

$$L_x[t''(x,\tau)] = T''(x,s)$$

所以

$$sT(x,s) - t(x,0) = aT''(x,s)$$

这个常系数二阶微分方程式的解为

$$T(x,s) - \frac{t_0}{s} = A_1 e^{\sqrt{\frac{s}{a}}x} + B_1 e^{-\sqrt{\frac{s}{a}}x} \tag{3-5}$$

对边界条件式 (3-4) 进行拉氏变换

$$L\left[\frac{\partial t(\infty,\tau)}{\partial x}\right] = L[0]$$

即

$$T'(\infty,s) = 0 \tag{3-6}$$

把式 (3-6) 代入式 (3-5) 得：$A_1 = 0$，所以式 (3-5) 可写为

$$T(x,s) - \frac{t_0}{s} = B_1 e^{-\sqrt{\frac{s}{a}}x} \tag{3-7}$$

对边界条件式 (3-3) 进行拉氏变换

$$L_x\left[\lambda\frac{\partial t(0,\tau)}{\partial x} + q\right] = L[0]$$

即

$$\lambda T'(0,s) + \frac{q}{s} = 0 \tag{3-8}$$

把式 (3-7) 代入式 (3-8) 得

$$\lambda\left(-\sqrt{\frac{s}{a}}xB_1 e^{-\sqrt{\frac{s}{a}}x}\right) + \frac{q}{s} = 0$$

当 $x=0$ 时

$$-\lambda\sqrt{\frac{s}{a}}xB_1 + \frac{q}{s} = 0$$

所以

$$B_1 = \frac{q\sqrt{a}}{\lambda s\sqrt{s}}$$

所以式 (3-5) 可写为

$$T(x,s) - \frac{t_0}{s} = \frac{q\sqrt{a}}{\lambda s\sqrt{s}} e^{-\sqrt{\frac{s}{a}}x} \tag{3-9}$$

对式 (3-9) 进行拉氏变换

$$L^{-1}\left[T(x,s) - \frac{t_0}{s}\right] = L^{-1}\left[\frac{q\sqrt{a}}{\lambda s\sqrt{s}} e^{-\sqrt{\frac{s}{a}}x}\right]$$

即

$$t(x,\tau)-t_0=\frac{q\sqrt{a}}{\lambda}\left[2\sqrt{\frac{\tau}{\pi}}e^{-\left(\frac{x}{\sqrt{a}}\right)^2/4\tau}-\frac{x}{\sqrt{a}}erfc\frac{x}{\left[\frac{\sqrt{a}}{2\sqrt{\tau}}\right]}\right]$$

所以式（3-1）导热微分方程式的解为

$$t(x,\tau)-t_0=2\frac{q}{\lambda}\sqrt{\frac{a\tau}{\pi}}\left[e^{-\frac{x^2}{4a\tau}}-\frac{x}{2}\sqrt{\frac{\pi}{a\tau}}erfc\left(\frac{x}{2\sqrt{a\tau}}\right)\right] \tag{3-10}$$

式中，$erfc(x)=1-\frac{2}{\sqrt{\pi}}\int_0^x e^{-x^2}\mathrm{d}x$ 称高斯误差函数，见附录表 3-1。

根据式（3-10）画出半无限大物体内的温度曲线如图 3-1 所示。

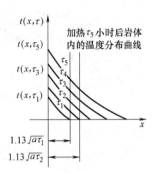

对壁面而言（$x=0$）

$$t(0,\tau)=t_0+2\frac{q}{\lambda}\sqrt{\frac{a\tau}{\pi}}=t_0+1.13\frac{q}{\lambda}\sqrt{a\tau}$$

$$\therefore\quad q=\frac{t(0,\tau)-t_0}{\frac{1.13\sqrt{a\tau}}{\lambda}} \tag{3-11}$$

图 3-1 无限大物体的导热

根据要求的壁面温度和加热时间，可由式（3-11）计算出加热半无限大物体的热负荷 q。

与平壁稳定导热计算公式对比，$1.13\sqrt{a\tau}$ 相当于一个虚拟存在的平壁厚度 δ_p，又因为它与加热时间 τ 有关，所以把 δ_p 叫做透热层厚度。

在实际计算中，常常要确定的是经 τ 小时的恒热流加热后，使与半无限大岩体接触的空气达到某一温度值时所需要的热流量 q。所以已知空气温度 t_n，根据空气和壁面的对流换热公式：

$$q=h[t_n-t(0,\tau)] \tag{3-12}$$

式中，t_n 为 τ 小时后空气所达到的温度，℃；h 为空气和壁面间的换热系数，W/(m²·℃)；$t(0,\tau)$ 为 τ 小时后壁面（$x=0$）处温度，℃；

式（3-11）和式（3-12）相加即得：恒热流加热 τ 小时，空气温度加热到 t_n 所需的热流量 q 为

$$q=\frac{t_n-t_0}{\frac{1}{h}+\frac{1.13\sqrt{a\tau}}{\lambda}}=k(t_n-t_0) \tag{3-13}$$

$$k=\frac{1}{\frac{1}{h}+\frac{1.13\sqrt{a\tau}}{\lambda}}$$

式中，k 为半无限大物体的传热系数。

地下工程中的房间一般有两种形式。一种是长度与断面尺寸相比可认为是无限长的拱形断面坑道；另一种是接近平行六面体的拱形断面坑道。计算这两种房间的传热量时，不仅要按半无限大物体来计算通过房间墙壁的传热量，而且还必须考虑墙角的散热影响。因此先用上述类似的方法，求出无限长拱形断面坑道和接近六面体的拱形坑道的传热计算公式，然后与半无限大物体的传热计算公式对比，得出上述两种房间在应用半无限大物体传

热公式时必须考虑的形状修正系数。

第二节 无限长拱形断面坑道的恒热流预热

把无限长拱形断面坑道换算成无限长当量圆柱体,如图 3-2 所示。$R=\sqrt{\dfrac{S}{\pi}}$,其中 S 是拱形断面面积。

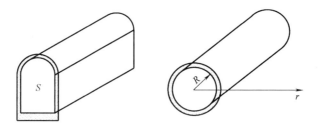

图 3-2 当量圆柱体示意图

无限长空气圆柱体外岩层的导热微分方程式为[194]

$$\frac{\partial t(r,\tau)}{\partial \tau}=a\left(\frac{\partial^2 t(r,\tau)}{\partial r^2}+\frac{1}{r}\frac{\partial t(r,\tau)}{\partial r}\right) \tag{3-14}$$

边界条件

$$-\lambda\frac{\partial t(R,\tau)}{\partial r}=q \tag{3-15}$$

$$t(\infty,\tau)=t_0 \tag{3-16}$$

初始条件

$$t(r,0)=t_0 \qquad (r\geqslant R) \tag{3-17}$$

根据边界条件和初始条件求解微分方程(3-14),可得恒热流作用下无限长空气圆柱体外岩层内的温度场。

对式(3-14)进行拉氏变换

$$L_r\left[\frac{\partial t(r,\tau)}{\partial \tau}\right]=L_x\left[a\left(\frac{\partial^2 t(r,\tau)}{\partial r^2}+\frac{1}{r}\frac{\partial t(r,\tau)}{\partial r}\right)\right]$$

整理后得到虚宗量贝塞尔方程式

$$rT''(r,s)+T'(r,s)-\frac{s}{a}r\left[T(r,s)-\frac{t_0}{s}\right]=0 \tag{3-18}$$

设

$$u=T(r,s)-\frac{t_0}{s}$$

$$k^2=-\frac{s}{a} \quad \therefore \quad k=i\sqrt{\frac{s}{a}}$$

则

$$ru''+u'+k^2 ru=0 \tag{3-19}$$

此方程的解为:

$$u = AI_0\left(\sqrt{\frac{s}{a}}r\right) + Bk_0\left(\sqrt{\frac{s}{a}}r\right) \tag{3-20}$$

式中，$I_0\left(\sqrt{\frac{s}{a}}r\right)$，$k_0\left(\sqrt{\frac{s}{a}}r\right)$ 为第一类和第二类虚宗量贝塞尔函数；A、B 为任意常数。

根据边界条件式（3-16），$t(\infty,\tau)=t_0$，即离圆柱体中心无限远处（$r=\infty$）岩石温度不可能为∞。而 $r=\infty$ 时

$$I_0\left(\sqrt{\frac{s}{a}}r\right) = 1 + \frac{\left(\sqrt{\frac{s}{a}}r\right)^2}{2^2} + \frac{\left(\sqrt{\frac{s}{a}}r\right)^4}{2^2 \cdot 4^2} + \frac{\left(\sqrt{\frac{s}{a}}r\right)^6}{2^2 \cdot 4^2 \cdot 6^2} \cdots\cdots \to \infty$$

所以　　$A=0$

方程的解可写为

$$T(r,s) - \frac{t_0}{s} = Bk_0\left(\sqrt{\frac{s}{a}}r\right) \tag{3-21}$$

对边界条件式（3-15）进行拉氏变换

$$L\left[-\lambda\frac{\partial t(R,\tau)}{\partial r}\right] = L[q]$$

$$-T'(R,s) = \frac{q}{\lambda s} \tag{3-22}$$

把式（3-21）代入式（3-22）得

$$T'(r,s) = B\sqrt{\frac{s}{a}}k_0'\left(\sqrt{\frac{s}{a}}r\right)$$

当 $r=R$ 时

$$T'(R,s) = B\sqrt{\frac{s}{a}}k_0'\left(\sqrt{\frac{s}{a}}R\right)$$

$\therefore$

$$-B\sqrt{\frac{s}{a}}k_0'\left(\sqrt{\frac{s}{a}}R\right) = \frac{q}{\lambda s}$$

$$B = -\frac{q}{\lambda s\sqrt{\frac{s}{a}}k_0'\left(\sqrt{\frac{s}{a}}R\right)} \tag{3-23}$$

所以式（3-21）可写为：

$$T(r,s) - \frac{t_0}{s} = -\frac{qk_0\left(\sqrt{\frac{s}{a}}r\right)}{\lambda s\sqrt{\frac{s}{a}}k_0'\left(\sqrt{\frac{s}{a}}R\right)} \tag{3-24}$$

根据第二类虚宗量贝塞尔函数的特性

$$k_0'\left(\sqrt{\frac{s}{a}}R\right) = -k_1\left(\sqrt{\frac{s}{a}}R\right)$$

所以

$$T(r,s)-\frac{t_0}{s}=\frac{qk_0\left(\sqrt{\frac{s}{a}}r\right)}{\lambda s\sqrt{\frac{s}{a}}k_1\left(\sqrt{\frac{s}{a}}R\right)} \tag{3-25}$$

令 $r=R$，得圆柱边界面的温度关系式

$$T(R,s)-\frac{t_0}{s}=\frac{qk_0\left(\sqrt{\frac{s}{a}}R\right)}{\lambda s\sqrt{\frac{s}{a}}k_1\left(\sqrt{\frac{s}{a}}R\right)}$$

利用第二类虚宗量贝塞尔的渐进式：

$$k_0(s)=\sqrt{\frac{\pi}{2x}}e^{-x},\ k_1(s)=\sqrt{\frac{\pi}{2x}}e^{-x}\left(1+\frac{3}{8x}\right)$$

所以

$$T(R,s)-\frac{t_0}{s}=\frac{\sqrt{a}q}{\lambda s\sqrt{s}\left(1+\dfrac{3}{8\sqrt{\frac{s}{a}}R}\right)}=\frac{A}{s(\sqrt{s}+B)}$$

$$A=\frac{\sqrt{a}q}{\lambda},\ B=\frac{3}{8}\frac{\sqrt{a}}{R}$$

经拉氏反变换后得

$$t(R,\tau)-t_0=\frac{A}{B}\left[1-e^{B^2\tau}erfc(B\sqrt{\tau})\right]$$
$$=\frac{8}{3}\frac{Rq}{\lambda}\left[1-e^{\frac{9}{64}Fo}erfc\left(\frac{3}{8}\sqrt{Fo}\right)\right] \tag{3-26}$$
$$Fo=\frac{a\tau}{r^2}$$

所以根据圆柱表面温度 $t(r,\tau)$ 和加热时间 τ，即可计算出加热无限长空气圆柱体的热负荷 q 值：

$$q=\frac{t(R,\tau)-t_0}{\dfrac{8}{3}\dfrac{R}{\lambda}\left[1-e^{\frac{9}{64}Fo}erfc\left(\dfrac{3}{8}\sqrt{Fo}\right)\right]} \tag{3-27}$$

与半无限大平壁传热计算公式（3-11）相比较，可得空气圆柱体传热的形状修正系数：

$$\beta=\frac{\dfrac{t(R,\tau)-t_0}{\dfrac{8}{3}\dfrac{R}{\lambda}\left[1-e^{\frac{9}{64}Fo}erfc\left(\dfrac{3}{8}\sqrt{Fo}\right)\right]}}{\dfrac{t(0,\tau)-t_0}{\dfrac{1.13\sqrt{a\tau}}{\lambda}}} \tag{3-28}$$

在相同的表面温度情况下得

$$\beta=\frac{1.13\sqrt{a\tau}/R}{\dfrac{8}{3}\left[1-e^{\frac{9}{64}Fo}erfc\left(\dfrac{3}{8}\sqrt{Fo}\right)\right]}=\frac{a}{b} \tag{3-29}$$

当量圆柱体 β 和 Fo 关系表　　　　表 3-1

Fo	$\sqrt{Fo}$	$1.13\sqrt{Fo}$	$\dfrac{3}{8}\sqrt{Fo}$	$erfc\left(\dfrac{3}{8}\sqrt{Fo}\right)$	$e^{\frac{9}{64}Fo}$	b	β
0.1	0.32	0.36	0.12	0.87	1.01	0.32	1.125
0.5	0.71	0.80	0.27	0.71	1.07	0.64	1.25
1	1	1.13	0.375	0.60	1.15	0.83	1.36
1.5	1.23	1.39	0.46	0.52	1.23	0.96	1.45
2.0	1.41	1.59	0.53	0.46	1.32	1.04	1.53
2.5	1.58	1.79	0.59	0.4	1.42	1.15	1.56
3.0	1.73	1.96	0.65	0.36	1.52	0.20	1.63
3.5	1.87	2.11	0.70	0.32	1.63	1.26	1.68
4.0	2.0	2.26	0.75	0.29	1.75	1.31	1.73

由图 3-3 可知

$$\tan\varphi=\frac{0.76}{2}=0.38$$

$$\therefore\quad \beta=1+0.38\sqrt{Fo}$$

根据式（3-27）空气圆柱体传热计算公式可写为：

$$q=\frac{t(R,x)-t_0}{\dfrac{8}{3}\dfrac{R}{\lambda}\left[1-e^{\frac{9}{64}Fo}erfc\left(\dfrac{3}{8}\sqrt{Fo}\right)\right]}=\frac{t(R,x)-t_0}{\dfrac{1.13\sqrt{a\tau}}{\beta\lambda}} \tag{3-30}$$

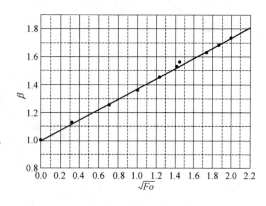

图 3-3　当量圆柱体 β 和 Fo 关系图

同理，在实际计算中，要确定的是经 τ 小时恒热流加热后，使无限长圆柱体中空气达到某一温度值时所需的热流量 q。所以已知空气的温度，根据空气和壁面的对流换热公式：

$$q=h[t_n-t(R,\tau)] \tag{3-31}$$

式中，t_n 为加热 τ 小时后空气所达到的温度，℃；h 为空气和壁面之间换热系数，W/(m²·℃)；$t(R,\tau)$ 为加热 τ 小时后圆柱体表面（$r=R$）处的温度，℃。

式（3-30）和式（3-31）相加即得恒热流加热 τ 小时、空气温度加热到 t_n 所需要的热流量 q 为：

$$q=\frac{t_n-t_0}{\dfrac{1}{h}+\dfrac{1.13\sqrt{a\tau}}{\beta\lambda}}=k(t_n-t_0) \tag{3-32}$$

$$k=\frac{1}{\dfrac{1}{h}+\dfrac{1.13\sqrt{a\tau}}{\beta\lambda}}$$

传热系数 k 用准则数表示：

$$k=\frac{h}{1+1.13hR\dfrac{\sqrt{a\tau}}{R}\cdot\dfrac{1}{\beta\lambda}}=\frac{h}{1+\dfrac{1.13Bi\sqrt{Fo}}{(1+0.38\sqrt{Fo})}}=f_0(Fo,Bi) \tag{3-33}$$

式中，Bi 为毕渥准则，$Bi=\dfrac{hR}{\lambda}$；Fo 为傅立叶准则，$Fo=\dfrac{a\tau}{R^2}$。$f_0(Fo,Bi)$ 见附录图 3-2。

第三节 有限长拱形断面坑道的恒热流预热

对 $L\leqslant\dfrac{1}{2}(h+b)$ 的房间可视为有限长拱形断面坑道，如图 3-4 所示。按体积相等换算成当量球体：

$$R=0.62\sqrt[3]{V} \quad \text{m} \tag{3-34}$$

式中，V 为坑道体积，m^3；L 为坑道长度，m；b 为坑道跨度，m；h 为坑道计算高度，m。

空气球体向岩体的导热微分方程式为[194,325]：

 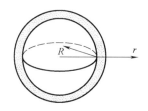

图 3-4 当量球体示意图

$$\frac{\partial t}{\partial \tau}=a\left(\frac{\partial^2 t}{\partial r^2}+\frac{2}{r}\frac{\partial t}{\partial r}\right)$$

$$r\cdot\frac{\partial t}{\partial \tau}=a\left(r\frac{\partial^2 t}{\partial r^2}+2\frac{\partial t}{\partial r}\right)$$

$$r\cdot\frac{\partial t}{\partial \tau}=a\frac{\partial}{\partial r}\left(r\frac{\partial t}{\partial r}+t\right)$$

$$r\cdot\frac{\partial t}{\partial \tau}=a\frac{\partial}{\partial r}\left[\frac{\partial(r,t)}{\partial r}\right]$$

∴

$$\frac{\partial rt(r,\tau)}{\partial \tau}=a\frac{\partial^2[rt(r,\tau)]}{\partial r^2} \tag{3-35}$$

边界条件

$$-\lambda\frac{\partial t(R,\tau)}{\partial r}=q \tag{3-36}$$

$$t(\infty,\tau)=t_0 \tag{3-37}$$

初始条件

$$t(r,0)=t_0 \quad r\geqslant R \tag{3-38}$$

根据边界条件和初始条件求解导热微分方程式（3-35），即可得到恒热流作用下空气球体外岩层内的温度场。

对式（3-35）进行拉氏变换：

$$L_\tau\left[\frac{\partial rt(r,\tau)}{\partial \tau}\right]=L_r\left\{a\frac{\partial^2[rt(r,\tau)]}{\partial r^2}\right\}$$

$$srT(r,s)-rt_0=a[rT(r,s)]'' \tag{3-39}$$

$$[rT(r,s)]''-\frac{s}{a}rT(r,s)+\frac{rt_0}{a}=0$$

设

$$u=rT(r,s)-rt_0/s$$

则

$$u'' - \frac{s}{a}u = 0 \tag{3-40}$$

此方程式的解为：

$$u = rT(r,s) - \frac{rt_0}{s} = Ach\left(\sqrt{\frac{s}{a}}r\right) + Bsh\left(\sqrt{\frac{s}{a}}r\right)$$

$$= Ae^{\sqrt{\frac{s}{a}}r} + Be^{-\sqrt{\frac{s}{a}}r} \tag{3-41}$$

根据边界条件式 (3-37)，$r \to \infty$，$t(\infty, \tau) = t_0 \neq \infty$，$\therefore A = 0$

所以

$$T(r,s) - \frac{t_0}{s} = B \cdot \frac{e^{-\sqrt{\frac{s}{a}}r}}{r} \tag{3-42}$$

对边界条件式 (3-36) 进行拉氏变换：

$$L\left[-\frac{\partial t(R,\tau)}{\partial r}\right] = L\left[\frac{q}{\lambda}\right]$$

$$-T'(R,s) = \frac{q}{\lambda s} \tag{3-43}$$

将式 (3-42) 代入式 (3-43)

$$T'(r,s) = B\left(-\frac{1}{r}\sqrt{\frac{s}{a}}e^{-\sqrt{\frac{s}{a}}r} - e^{-\sqrt{\frac{s}{a}}r} \cdot \frac{1}{r^2}\right) = -\frac{q}{\lambda s}$$

当 $r = R$ 时

$$T'(R,s) = B\left(\frac{1}{R}\sqrt{\frac{s}{a}}e^{-\sqrt{\frac{s}{a}}R} + \frac{1}{R^2}e^{-\sqrt{\frac{s}{a}}R}\right) = \frac{q}{\lambda s}$$

$$\therefore B = \frac{q}{\lambda s \frac{1}{R} e^{-\sqrt{\frac{s}{a}}R}\left(\sqrt{\frac{s}{a}} + \frac{1}{R}\right)} \tag{3-44}$$

将式 (3-44) 代入式 (3-42) 得：

$$T(R,s) - \frac{t_0}{s} = \frac{q}{\lambda s \left(\sqrt{\frac{s}{a}} + \frac{1}{R}\right)} = \frac{\sqrt{a}q}{\lambda s \left(\sqrt{s} + \frac{\sqrt{a}}{R}\right)} = \frac{A}{s(\sqrt{s} + B)} \tag{3-45}$$

$$A = \frac{\sqrt{a}q}{\lambda}, \quad B = \frac{\sqrt{a}}{R}$$

经拉氏反变换得：

$$t(R,\tau) - t_0 = \frac{A}{B}\left[1 - e^{B^2} \cdot erfc(B\sqrt{\tau})\right]$$

即：

$$t(R,\tau) - t_0 = \frac{qR}{\lambda}\left[1 - e^{Fo} \cdot erfc(\sqrt{Fo})\right]$$

$$\therefore q = \frac{t(R,\tau) - t_0}{\frac{R}{\lambda}\left[1 - e^{Fo} \cdot erfc(\sqrt{Fo})\right]} \tag{3-46}$$

与半无限大平壁传热计算公式 (3-11) 相比较，即得空气球体向岩石传热的形状修正系数：

$$\beta=\frac{\dfrac{t(R,\tau)-t_0}{\dfrac{R}{\lambda}[1-e^{Fo}\cdot erfc(\sqrt{Fo})]}}{\dfrac{t(0,\tau)-t_0}{\dfrac{1.13\sqrt{a\tau}}{\lambda}}} \qquad (3-47)$$

在相同的表面温度下，可得：

$$\beta=\frac{1.13\sqrt{a\tau}/\lambda}{\dfrac{R}{\lambda}[1-e^{Fo}\cdot erfc(\sqrt{Fo})]}$$

$$=\frac{1.13\cdot\sqrt{Fo}}{1-e^{Fo}\cdot erfc(\sqrt{Fo})}=\frac{a}{b} \qquad (3-48)$$

当量球体 β 和 Fo 关系表　　　　表 3-2

Fo	$\sqrt{Fo}$	$a=1.13\sqrt{Fo}$	$erfc\sqrt{Fo}$	e^{Fo}	b	β
0.1	0.32	0.36	0.65	1.11	0.28	1.29
0.5	0.71	0.80	0.32	1.65	0.47	1.70
1	1	1.13	0.16	2.72	0.565	2.00
1.5	1.23	1.39	0.082	4.49	0.63	2.21
2.0	1.41	1.59	0.047	7.4	0.65	2.45
2.5	1.58	1.79	0.025	12.2	0.71	2.52
3.0	1.73	1.96	0.015	20.1	0.72	2.76
3.5	1.87	2.11	0.0082	33.0	0.73	2.89
4.0	2.0	2.26	0.0047	55.0	0.74	3.05

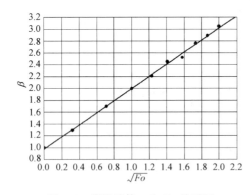

图 3-5　当量球体 β 和 Fo 关系图

由图 3-5 可知，直线斜率为 1

∴ $\beta=1+\sqrt{Fo}$

根据式 (3-46)，空气球体传热计算公式可写为：

$$q=\frac{T(R,\tau)-t_0}{\dfrac{1.13\sqrt{a\tau}}{\beta\lambda}} \qquad (3-49)$$

式中，$\beta=1+\sqrt{Fo}$

同理，在实际计算中，要确定的是经 τ 小时恒热流加热后，使空气球体达到某一温度值所需的热流量 q。所以已知的是空气温度，根据空气和球壁面的对流换热公式

$$q=h[t_n-t(R,\tau)] \qquad (3-50)$$

式 (3-49) 和式 (3-50) 相加得：

$$q=\frac{t_n-t_0}{\dfrac{1}{h}+\dfrac{1.13\sqrt{a\tau}}{(1+\sqrt{Fo})\lambda}} \qquad (3-51)$$

$$k=\cfrac{1}{\cfrac{1}{h}+\cfrac{1.13\sqrt{a\tau}}{(1+\sqrt{Fo})\lambda}}$$

传热系数用准则数表示

$$k=\cfrac{h}{1+\cfrac{1.13Bi\sqrt{Fo}}{1+\sqrt{Fo}}}=f_o'(Fo,Bi) \tag{3-52}$$

第四节 恒热流预热的传热计算

一、传热系数 k 的稳定性

从公式 $k=\cfrac{1}{\cfrac{1}{h}+\cfrac{1.13\sqrt{a\tau_1}}{\beta\lambda}}$ 可以看出传热系数 k 是一个变量，取决于工程幅员的形状和尺寸及岩层的物理参数和加热时间 τ_1。

与平壁传热系数相比，形状系数 β 的实质是工程房间墙角对传热的影响。随着加热时间的增加，加热层厚度 $\delta=1.13\sqrt{a\tau_1}$ 增加，使传热系数 k 减小；而加热层的扩大，墙角的传热影响范围逐渐扩大，使传热系数 k 增大；但总的趋势是加热时间增加，传热系数 k 减小。加热时间愈长，减小的速度越缓慢，最后逐步趋向稳定。如图 3-6 所示为三种不同传热面的房间的传热系数随加热时间 τ_1 的变化曲线。图 3-6 表明，小型地下工程传热系数趋于相对稳定的时间比大型要快。

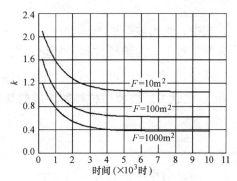

图 3-6 k 与 τ 关系图

可见，如果我们将加热时间规定得长些，达到要求的温度所需要的热量就愈小，最后选取的加热设备就小些；反之，将加热时间规定得短些，虽然房间迅速达到要求的温度，但由于传热量较大，需要较大的加热设备。工程投入使用后，传热系数将随着使用时间的加长而愈来愈小，即传热量也愈来愈小。如果加热设备是临时性的，问题还不大。如果加热设备为空调系统中永久设备，就显得浪费。因此，如何经济合理地确定加热时间，对合理使用加热设备很重要。

二、加热期实际 τ_1 的确定

从计算公式（3-51）可知，加热时间 τ_1 越长，将工程内空气从 t_0 加热到设计温度 t_n 所需要的热量越小。反之，τ_1 越短，所需的热量越大。因此必须合理确定加热期时间，使工程尽快加热，但又要节省加热量，缩小热源规模。

1. 对于某些特定时间使用、平时无人群进入，仅作基本维护的无余热工程，τ_1 的取值主要考虑在使用前较短的时间内，将工程内原有的空气温度加热到设计所要求的温度。

如加热期热负荷没有条件采用临时性加热措施,空调系统的加热设备可按加热期热负荷选取。到使用期仍采用这种加热设备,室内温度会不断升高,因此必须分析使用期的热负荷变化情况,设置调节装置,保证工程要求的设计温度。

2. 对平时长期使用的工程,取 $\tau_1=1200h$。也可按计算加热量选用空调系统的加热设备。考虑 $\tau_1=1200h$ 之后的传热过程基本趋于稳定,即可保证使用期有相对稳定的温度。至于 $\tau_1=1200h$ 之前,工程内达不到设计所要求的温度,对于长期使用的工程来说是允许的。

3. 对有余热的过程取 $\tau_1=8760h$ 计算热负荷,设计冷却设备。即冷却设备负荷中只保守的扣除稳定时的传热量,按此设计的冷却设备是偏于安全的。

三、岩石的物理参数与工程被覆材料的物理参数相差较大时的传热计算

有些地下工程内部衬砌以保温材料做成,或与岩石(土壤)的物理参数相差较大的材料做成,而且加热层的厚度 $\delta=1.13\sqrt{a'\tau_1}$ 大于被覆层的厚度,这时传热系数可按下式计算:

$$k=\frac{1}{\frac{1}{h_n}+\frac{\delta_b}{\beta_b\cdot\lambda_b}+\frac{1.13\sqrt{a\tau_1}}{\beta\lambda}\left(1-\frac{\delta_b}{1.13\sqrt{a'\cdot\tau_1}}\right)} \tag{3-53}$$

式中,δ_b 为被覆层的厚度;β_b 为工程形状修正系数,计算时须在公式中代入被覆材料的导温系数;λ_b 为被覆材料的导热系数;a' 为被覆材料的导温系数。

从公式(3-53)可以看出,如加热层厚度 $\delta=1.13\sqrt{a'\tau_1}$ 在被覆层厚度 δ_b 内,式(3-53)就成了以被覆层材料所组成的均质岩层的公式:

$$k=\frac{1}{\frac{1}{h}+\frac{1.13\sqrt{a'\tau_1}}{\beta_b\cdot\lambda_b}}$$

说明被覆层的岩石或土壤没有受到加热的影响,加热层只在被覆层内。

【例 3-1】 某地下工程房间长 $l=15m$,宽 $b=4m$,起拱高 $h=2.4m$,拱高 $f=1.1m$,如图 3-7 所示。岩石为砂岩,$\lambda=1.75kW/(m\cdot℃)$,$a=0.0033m^2/h$;岩石自然温度 $t_0=12℃$。房间要求温度为 $t_n=26℃$。求集热器分别为 $\tau_1=100h$、600h 的房间散热量。

解:(1)计算

房间的断面积为:

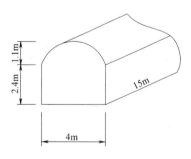

图 3-7 某地下工程房间简图

$$S=b\times\left(h+\frac{2}{3}f\right)$$
$$=4\times(2.4+0.73)=12.5m^2$$

当量半径:

$$R=\sqrt{\frac{s}{\pi}}=\sqrt{\frac{12.5}{3.14}}=2m$$

傅立叶准则 Fo:

$$Fo(100)=\frac{a\tau}{R^2}=\frac{0.0033\times100}{2^2}=0.083 \quad \sqrt{Fo(100)}=0.29$$

$$Fo(600)=\frac{a\tau}{R^2}=\frac{0.0033\times600}{2^2}=0.498 \quad \sqrt{Fo(600)}=0.705$$

形状修正系数 β：

$$\beta_{100}=1+0.38\sqrt{Fo}=1+0.38\times0.29=1.11$$

$$\beta_{600}=1+0.38\sqrt{Fo}=1+0.38\times0.705=1.268$$

传热系数 k：

$$k_{100}=\frac{1}{\frac{1}{h}+\frac{1.13R\sqrt{Fo}}{\lambda\beta}}=\frac{1}{\frac{1}{0.2}+\frac{1.13\times2\times0.29}{1.75\times1.11}}=1.86\mathrm{kW/(m^2\cdot{}^\circ C)}$$

$$k_{600}=\frac{1}{\frac{1}{h}+\frac{1.13R\sqrt{Fo}}{\lambda\beta}}=\frac{1}{\frac{1}{0.2}+\frac{1.13\times2\times0.705}{1.75\times1.268}}=1.09\mathrm{kW/(m^2\cdot{}^\circ C)}$$

散热量 Q：

$$Q_{100}=k_{100}(t_n-t_0)F=1.86(26-12)\times226.4=5895.5\mathrm{kW}$$

$$Q_{600}=k_{600}(t_n-t_0)F=1.09(26-12)\times226.4=3454.9\mathrm{kW}$$

(2) 查图

按 $S=12.5$ 查附录 3-2，得 Bi, Fo。$Bi=5.7$

$$Fo(100)=0.083 \quad Fo(600)=0.498,$$

按 $Bi=5.7$, $Fo<^{0.083}_{0.498}$ 查附录 3-2，得：

$k_{100}=1.86$，$k_{600}=1.09$

第五节 通风条件下的非恒热流预热

在过渡季节与冬季，会出现工程内空气的含湿量明显高于工程外空气的情况。此时，可采用通风加热系统，利用工程外的空气驱走工程内的余湿，同时利用加热来达到工程要求的温度和相对湿度。这样，工程内的温度总是随着被送入的工程外空气温度变化而变化，工程内的围护结构的传热量也将随着工程内温度的变化而随之改变，这种预热方式就不再是恒热流预热了。

此时地下空间内的空气温度受进风温度周期性变化的影响，发生周期性变化。由于预热期相对不长，因此进风温度年变化对地下空间内空气温度的影响可以忽略不计，只考虑进风温度日变化的影响[264]。

设加热通风系统的进风量为 $G(\mathrm{kg/h})$，工程外进风温度周期性波动用下式表示：

$$t_w=t_m+A_0\cos\omega\tau \tag{3-54}$$

式中，t_w 为工程外大气温度，℃；t_m 为工程外空气年平均温度，℃；A_0 为波动振幅，℃；$\omega=2\pi/24=0.262$，为温度变化频率，1/h；τ 为由温度波幅最大值起算的时间，h。

若 $\theta_w=t_w-t_m$，则：

$$\theta_w=A_0\cos\omega\tau=A_0 e^{i\omega\tau} \tag{3-55}$$

工程内空气相对温度：

$$\theta_n = t_n - t_m$$
$$\theta_n = A_n \cos\omega\tau = A_n e^{i\omega\tau}$$

式中 A_n 为工程内空气温度变化的最大波幅，℃。

为了确定工程外空气温度周期性变化对工程内空气温度变化的作用，写出热平衡式：

进风所带入的热量＝工程内空气所得到的热量＋向壁面的传热量

用数学公式表示即

$$Gc(\theta_w - \theta_n) = Vc\frac{\partial \theta_n}{\partial \tau} + h[\theta_n - \theta(R,\tau)]F \tag{3-56}$$

式中，G 为进风量，kg/h；c 为空气比热，J/(kg·℃)；V 是工程体积，m³；$\theta(R,\tau)$ 为工程内壁面相对温度，℃；F 是工程内表面积，m²。

一、工程内壁面温度 $\theta(R,\tau)$ 的确定

对长洞式的地下工程，传热过程简化为"当量圆柱体地下建筑"模型，而对于短洞（长宽比小于2），传热过程可简化为"当量球体地下建筑"模型。常见的地下工程大多轴线比较长，下面主要讨论长洞式地下工程的传热。根据工程内部空气温度波动，求出工程内壁面温度波动值。壁面温度场的导热微分方程式可描述为：

$$\frac{\partial \theta}{\partial \tau} = a\left(\frac{\partial^2 \theta}{\partial r^2} + \frac{1}{r}\frac{\partial \theta}{\partial r}\right) \tag{3-57}$$

其边界条件为：

$$-\lambda \frac{\partial \theta}{\partial r}\bigg|_{r=R} = h[A_n\cos\omega\tau - \theta(R,\tau)] = h[A_n e^{i\omega\tau} - \theta(R,\tau)] \tag{3-58}$$

对式（3-57）进行拉氏变换

$$T''(r,s) + \frac{1}{r}T'(r,s) - \frac{s}{h}T(r,s) + \frac{1}{a}\theta(r,0) = 0$$

若 $\theta(r,0) = 0$，则

$$T''(r,s) + \frac{1}{r}T'(r,s) - \frac{s}{h}T(r,s) = 0 \tag{3-59}$$

此方程的解为

$$T(r,s) = AI_0\left(\sqrt{\frac{s}{a}}r\right) + BK_0\left(\sqrt{\frac{s}{a}}r\right) \tag{3-60}$$

当 $r \to \infty$ 时，$I_0\left(\sqrt{\frac{s}{a}}r\right) \to \infty$，所以 $A = 0$。

$$T(r,s) = BK_0\left(\sqrt{\frac{s}{a}}r\right) \tag{3-61}$$

对边界条件式（3-58）进行拉氏变换：

$$-\lambda T'(R,s) = hA_0\frac{1}{s-i\omega} - hT(R,s) \tag{3-62}$$

将式（3-59）代入式（3-62）

$$-\lambda B\sqrt{\frac{s}{a}}K_0'\left(\sqrt{\frac{s}{a}}R\right) = hA_0\frac{1}{s-i\omega} - hBK_0\left(\sqrt{\frac{s}{a}}R\right)$$

$$B=\frac{hA_0/(s-i\omega)}{hK_0\left(\sqrt{\frac{s}{a}}R\right)-\lambda\sqrt{\frac{s}{a}}K_0'\left(\sqrt{\frac{s}{a}}R\right)} \tag{3-63}$$

$$T(r,s)=\frac{hA_0K_0\left(\sqrt{\frac{s}{a}}r\right)}{(s-i\omega)\left[hK_0\left(\sqrt{\frac{s}{a}}R\right)-\lambda\sqrt{\frac{s}{a}}K_0'\left(\sqrt{\frac{s}{a}}R\right)\right]}=\frac{\Phi(s)}{\psi(s)} \tag{3-64}$$

根据拉氏变换的展开定理

$$\theta(r,\tau)=\sum_{n=1}^{\infty}\frac{\Phi(s)}{\psi'(s)}e^{s\tau} \tag{3-65}$$

根据 $\psi(s)=0$ 有下列根

$$\begin{cases}s_1=i\omega \\ hK_0\left(\sqrt{\frac{s_n}{a}}R\right)-\lambda\sqrt{\frac{s_n}{a}}K_0'\left(\sqrt{\frac{s_n}{a}}R\right)=0\end{cases} \tag{3-66}$$

求出 $\psi'(s)$

$$\begin{aligned}\psi'(s)&=(s-i\omega)'\left[hK_0\left(\sqrt{\frac{s_n}{a}}R\right)-\lambda\sqrt{\frac{s_n}{a}}K_0'\left(\sqrt{\frac{s_n}{a}}R\right)\right]\\ &+(s-i\omega)\left[hK_0\left(\sqrt{\frac{s_n}{a}}R\right)-\lambda\sqrt{\frac{s_n}{a}}K_0'\left(\sqrt{\frac{s_n}{a}}R\right)\right]'\\ &=hK_0\left(\sqrt{\frac{s_n}{a}}R\right)-\lambda\sqrt{\frac{s_n}{a}}K_0'\left(\sqrt{\frac{s_n}{a}}R\right)+h(s_n-i\omega)\frac{R}{2\sqrt{as_n}}K_0'\left(\sqrt{\frac{s_n}{a}}R\right)-\lambda(s_n-i\omega)\\ &\times\left[\sqrt{\frac{s_n}{a}}K_0'\left(\sqrt{\frac{s_n}{a}}R\right)\right]'\end{aligned} \tag{3-67}$$

在式（3-67）中

$$\begin{aligned}\left[\sqrt{\frac{s_n}{a}}K_0'\left(\sqrt{\frac{s_n}{a}}R\right)\right]'&=-\left[\sqrt{\frac{s_n}{a}}K_1\left(\sqrt{\frac{s_n}{a}}R\right)\right]'=-\left\{\frac{1}{2\sqrt{as_n}}K_1\left(\sqrt{\frac{s_n}{a}}R\right)+\sqrt{\frac{s_n}{a}}\left[K_1\left(\sqrt{\frac{s_n}{a}}R\right)\right]'\right\}\\ &=-\left[\frac{1}{2\sqrt{as_n}}K_1\left(\sqrt{\frac{s_n}{a}}R\right)+\sqrt{\frac{s_n}{a}}\frac{R}{2\sqrt{as_n}}K_1'\left(\sqrt{\frac{s_n}{a}}R\right)\right]\\ &=-\left\{\frac{1}{2\sqrt{as_n}}K_1\left(\sqrt{\frac{s_n}{a}}R\right)-\frac{R}{4a}\left[K_0\left(\sqrt{\frac{s_n}{a}}R\right)+K_2\left(\sqrt{\frac{s_n}{a}}R\right)\right]\right\}\\ &=-\left[\frac{1}{\sqrt{as_n}}K_1\left(\sqrt{\frac{s_n}{a}}R\right)-\frac{R}{2a}K_2\left(\sqrt{\frac{s_n}{a}}R\right)\right]\end{aligned}$$

所以

$$\begin{aligned}\psi'(s)&=hK_0\left(\sqrt{\frac{s_n}{a}}R\right)+K_1\left(\sqrt{\frac{s_n}{a}}R\right)\left[\lambda\sqrt{\frac{s_n}{a}}-h(s_n-i\omega)\frac{R}{2\sqrt{as_n}}+(s_n-i\omega)\frac{\lambda}{\sqrt{as_n}}\right]\\ &-\lambda(s_n-i\omega)\frac{R}{2a}K_2\left(\sqrt{\frac{s_n}{a}}R\right)\end{aligned}$$

取和式的第一项

$$\theta(r,\tau)=\frac{\Phi(s_1)}{\psi'(s_1)}\mathrm{e}^{S_1\tau}=\frac{hA_0K_0\left(\sqrt{\frac{i\omega}{a}}r\right)\mathrm{e}^{i\omega\tau}}{hK_0\left(\sqrt{\frac{i\omega}{a}}R\right)+\lambda\sqrt{\frac{i\omega}{a}}K_1\left(\sqrt{\frac{i\omega}{a}}R\right)} \tag{3-68}$$

当 $r=R$ 时

$$\theta(R,\tau)=\frac{hA_0K_0\left(\sqrt{\frac{i\omega}{a}}R\right)\mathrm{e}^{i\omega\tau}}{hK_0\left(\sqrt{\frac{i\omega}{a}}R\right)+\lambda\sqrt{\frac{i\omega}{a}}K_1\left(\sqrt{\frac{i\omega}{a}}R\right)} \tag{3-69}$$

令

$$m=\sqrt{\frac{\omega}{a}}R \qquad n=\frac{\lambda}{h}\sqrt{\frac{\omega}{a}}$$

则

$$\theta(R,\tau)=\frac{A_0K_0(m\sqrt{i})\mathrm{e}^{i\omega\tau}}{K_0(m\sqrt{i})+n\sqrt{i}K_1(m\sqrt{i})} \tag{3-70}$$

而

$$\begin{cases} K_0(m\sqrt{i})=N_0(m)\mathrm{e}^{i\varphi_0(m)} \\ \sqrt{i}K_1(m\sqrt{i})=N_1(m)\mathrm{e}^{i\left[\varphi_1(m)+\frac{3}{4}\pi\right]} \end{cases} \tag{3-71}$$

所以

$$\theta(R,\tau)=\frac{A_0N_0(m)\mathrm{e}^{i\varphi_0(m)+i\omega\tau}}{N_0(m)\mathrm{e}^{i\varphi_0(m)}+nN_1(m)\mathrm{e}^{i\left[\varphi_1(m)+\frac{3}{4}\pi\right]}} \tag{3-72}$$

$N_0(m)$，$N_1(m)$，$\varphi_0(m)$，$\varphi_1(m)$ 见附录 3-4。

二、工程外空气温度周期性变化对工程内空气温度变化的作用

将式 (3-72) 代入式 (3-56)

$$Gc(A_0\mathrm{e}^{i\omega\tau}-A_n\mathrm{e}^{i\omega\tau})=Vci\omega A_n\mathrm{e}^{i\omega\tau}+h[A_n\mathrm{e}^{i\omega\tau}-\theta(R,\tau)]F$$

$$GcA_0=A_n\left\{Gc+Vc\omega i+\frac{EmN_1(m)\mathrm{e}^{i\left[\varphi_1(m)+\frac{3}{4}\pi\right]}}{N_0(\mathrm{m})\mathrm{e}^{i\varphi_0(m)}+nN_1(m)\mathrm{e}^{i\left[\varphi_1(m)+\frac{3}{4}\pi\right]}}\right\} \tag{3-73}$$

式中

$$m=\sqrt{\frac{\omega}{a}}R \qquad n=\frac{\lambda}{h}\sqrt{\frac{\omega}{a}} \qquad E=\frac{\lambda F}{R}$$

如图 3-8 所示，把二个矢量都投影到实轴和虚轴，然后把投影相加得到合矢量

$$r=\sqrt{\left\{nN_1(m)\cos\left[\varphi_1(m)+\frac{3}{4}\pi\right]+N_0(m)\cos\varphi_0(m)\right\}^2+\left\{nN_1(m)\sin\left[\varphi_1(m)+\frac{3}{4}\pi\right]+N_0(m)\sin\varphi_0(m)\right\}^2}$$

$$=\sqrt{n^2N_1^2(m)+N_0^2(m)+2nN_1(m)N_0(m)\cos\left[\varphi_1(m)+\frac{3}{4}\pi-\varphi_0(m)\right]}$$

所以

$$GcA_0=A_n\left\{Gc+Vc\omega i+\frac{EmN_1(m)\mathrm{e}^{i\beta}}{\sqrt{n^2N_1^2(m)+N_0^2(m)+2nN_1(m)N_0(m)\cos\left[\varphi_1(m)+\frac{3}{4}\pi-\varphi_0(m)\right]}}\right\} \tag{3-74}$$

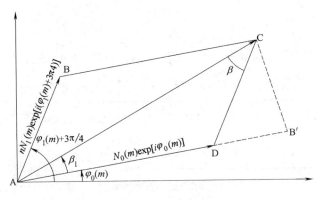

图 3-8 温度矢量图

对三角形 ABC 用余弦定理有

$$\cos\beta = \frac{AB^2 + AC^2 - BC^2}{2AB \cdot AC}$$

$$= \frac{n^2 N_1^2(m) + \left\{N_0^2(m) + n^2 N_1^2(m) + 2n N_1(m) N_0(m) \cos\left[\varphi_1(m) + \frac{3}{4}\pi - \varphi_0(m)\right]\right\} - N_0^2(m)}{2n N_1(m)\sqrt{N_0^2(m) + n^2 N_1^2(m) + 2n N_1(m) N_0(m) \cos\left[\varphi_1(m) + \frac{3}{4}\pi - \varphi_0(m)\right]}}$$

(3-75)

对三角形 ABC 正弦定理,同时有

$$\sin\beta = \frac{BC\sin(\angle ABC)}{AC}$$

$$= \frac{N_0(m)\sin\left[\varphi_1(m) + \frac{3}{4}\pi - \varphi_0(m)\right]}{\sqrt{N_0^2(m) + n^2 N_1^2(m) + 2n N_1(m) N_0(m) \cos\left[\varphi_1(m) + \frac{3}{4}\pi - \varphi_0(m)\right]}}$$

(3-76)

而

$$\frac{EmN_1(m)e^{i\beta}}{\sqrt{n^2 N_1^2(m) + N_0^2(m) + 2n N_1(m) N_0(m) \cos\left[\varphi_1(m) + \frac{3}{4}\pi - \varphi_0(m)\right]}}$$

$$= \frac{EmN_1(m)(\cos\beta + i\sin\beta)}{\sqrt{n^2 N_1^2(m) + N_0^2(m) + 2n N_1(m) N_0(m) \cos\left[\varphi_1(m) + \frac{3}{4}\pi - \varphi_0(m)\right]}}$$

$$= EmN_1(m) \left\{ \frac{n N_1(m) + N_0(m)\cos\left[\varphi_1(m) + \frac{3}{4}\pi - \varphi_0(m)\right] + i N_0(m)\sin\left[\varphi_1(m) + \frac{3}{4}\pi - \varphi_0(m)\right]}{n^2 N_1^2(m) + N_0^2(m) + 2n N_1(m) N_0(m) \cos\left[\varphi_1(m) + \frac{3}{4}\pi - \varphi_0(m)\right]} \right\}$$

$$= E \left\{ \frac{m \cdot n N_1^2(m) + m N_0(m) N_1(m) \cos\left[\varphi_1(m) + \frac{3}{4}\pi - \varphi_0(m)\right]}{n^2 N_1^2(m) + N_0^2(m) + 2n N_1(m) N_0(m) \cos\left[\varphi_1(m) + \frac{3}{4}\pi - \varphi_0(m)\right]} \right.$$

$$\left. + \frac{i m N_0(m) N_1(m) \sin\left[\varphi_1(m) + \frac{3}{4}\pi - \varphi_0(m)\right]}{n^2 N_1^2(m) + N_0^2(m) + 2n N_1(m) N_0(m) \cos\left[\varphi_1(m) + \frac{3}{4}\pi - \varphi_0(m)\right]} \right\}$$

$$= E(A+iB)$$

所以

$$GcA_0 = A_\mathrm{n}(Gc+Vc\omega i+EA+iEB) = A_\mathrm{n}[(Gc+EA)+i(Vc\omega+EB)] \tag{3-77}$$

$$A = m\frac{nN_1^2(m)+N_0(m)N_1(m)\cos\left[\varphi_1(m)+\frac{3}{4}\pi-\varphi_0(m)\right]}{n^2N_1^2(m)+N_0^2(m)+2nN_1(m)N_0(m)\cos\left[\varphi_1(m)+\frac{3}{4}\pi-\varphi_0(m)\right]} \tag{3-78}$$

$$B = m\frac{N_0(m)N_1(m)\sin\left[\varphi_1(m)+\frac{3}{4}\pi-\varphi_0(m)\right]}{n^2N_1^2(m)+N_0^2(m)+2nN_1(m)N_0(m)\cos\left[\varphi_1(m)+\frac{3}{4}\pi-\varphi_0(m)\right]} \tag{3-79}$$

$$GcA_0 = A_\mathrm{n}\left[\sqrt{(Gc+EA)^2+(Vc\omega+EB)^2}\,\mathrm{e}^{itg^{-1}\left(\frac{Vc\omega+EB}{Gc+EA}\right)}\right]$$

$$A_\mathrm{n} = \frac{GcA_0}{\sqrt{(Gc+EA)^2+(Vc\omega+EB)^2}}\mathrm{e}^{-itg^{-1}\left(\frac{Vc\omega+EB}{Gc+EA}\right)} \tag{3-80}$$

所以工程内的温度波动函数为

$$\theta_\mathrm{n} = A_\mathrm{n}\mathrm{e}^{i\omega\tau} = \frac{GcA_0}{\sqrt{(Gc+EA)^2+(Vc\omega+EB)^2}}\mathrm{e}^{i\left(\omega\tau-\frac{Vc\omega+EB}{Gc+EA}\right)}$$

取实部

$$\begin{cases}\theta_\mathrm{n} = \dfrac{GcA_0}{\sqrt{(Gc+EA)^2+(Vc\omega+EB)^2}}\cos(\omega\tau-\beta)\\ \beta = \tan^{-1}\dfrac{EB+Vc\omega}{EA+Gc}\end{cases} \tag{3-81}$$

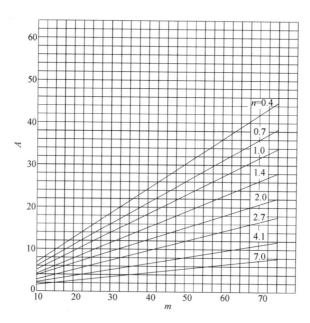

图 3-9 A 值与准数 m 与 n 的关系

参数 A、B 的计算式过于复杂,在适当的条件下可以进行简化。

当 $m>10$,

$$A \approx \frac{nm+0.707m}{1+1.414n+n^2}, \quad B \approx \frac{0.707m}{1+1.414n+n^2}$$

当 $m<10$，$n<0.2$，$A \approx 0.7m+0.4$，$B \approx (0.7-n)m$。

为了方便计算，A、B 的值由图 3-9、图 3-10 及附录 7 给出。

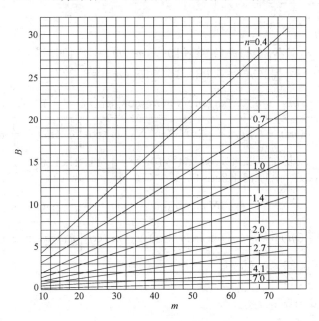

图 3-10 B 值与准数 m 与 n 的关系

从公式（3-81）可以看出，进风温度周期性波动的条件下，工程内温度的波动值 θ_n 随着进风温度的波幅 A_0 和通风量 G 的增大而增大，随着洞的当量半径 R 增大而减小，并与维护结构材料的导热系数 λ 和导温系数 a 有关。

工程内日温度波幅出现的时间将比工程外温度波幅延迟 τ_c

$$\tau_c = \frac{\beta}{\omega} = \frac{1}{\omega}\mathrm{tg}^{-1}\frac{EB+Vc\omega}{EA+Gc}$$

说明延迟时间 τ_c 与通风量、洞室几何尺寸和维护结构材料热物性系数有关。

【例 3-2】 某地下工程跨度 $b=1.62$m、高 $h=2.54$m、长 $l=14.5$m。石灰岩 $[a=7.08\times10^{-7}\mathrm{m^2/s}=0.00255\mathrm{m^2/h}$，$\lambda=1.1\mathrm{W/(m\cdot ℃)}]$。工程进风温度 $t_{max}=42℃$，$t_{min}=22℃$，进入工程内的风量为 $G=825$kg/h，与壁面的表面传热换热系数为 $10\mathrm{W/(m^2\cdot ℃)}$，求工程内空气温度波幅及最高温度值出现的时间。

解： 断面积

$$S=1.62\times2.54=4.1\mathrm{m^2}$$

当量半径

$$R=\sqrt{\frac{S}{\pi}}=\sqrt{\frac{4.1}{\pi}}=1.15\mathrm{m}$$

表面积

$$F=(1.62+2.54)\times2\times14.5+(1.62\times2.54)\times2=128.9\mathrm{m^2}$$

体积

$$V = 59.7 \text{m}^3$$

$$m = R\sqrt{\frac{\omega}{a}} = 1.15\sqrt{\frac{0.262}{0.0025}} = 11.7 \quad n = \frac{\lambda}{h}\sqrt{\frac{\omega}{a}} = \frac{1.1}{10}\sqrt{\frac{0.262}{0.00255}} = 1.12$$

$$E = \frac{\lambda F}{R} = \frac{1.1 \times 128.9}{1.15} = 124$$

查附录3-4，得

$$N_0(m) = 0.93 \times 10^{-4}, \varphi_0(m) = -496.1°$$
$$N_1(m) = 0.96 \times 10^{-4}, \varphi_1(m) = -227.7°$$

$$A = m\frac{nN_1^2(m) + N_0(m)N_1(m)\cos\left[\varphi_1(m) + \frac{3}{4}\pi - \varphi_0(m)\right]}{n^2N_1^2(m) + N_0^2(m) + 2nN_1(m)N_0(m)\cos\left[\varphi_1(m) + \frac{3}{4}\pi - \varphi_0(m)\right]}$$

$$= 11.7\frac{(1.03 + 0.89\cos43.4°)10^{-8}}{(0.87 + 1.16 + 2\cos43.4°) \times 10^{-8}} = \frac{11.8 \times 1.68}{3.49} = 5.56$$

$$B = m\frac{N_0(m)N_1(m)\sin\left[\varphi_1(m) + \frac{3}{4}\pi - \varphi_0(m)\right]}{n^2N_1^2(m) + N_0^2(m) + 2nN_1(m)N_0(m)\cos\left[\varphi_1(m) + \frac{3}{4}\pi - \varphi_0(m)\right]}$$

$$= \frac{11.7 \times 0.89 \times 0.69}{3.49} = 2.06$$

工程内空气温度波幅：

$$A_n = \frac{GcA_0}{\sqrt{(Gc + EA)^2 + (Vc\omega + EB)^2}}$$

$$= \frac{825 \times 0.24 \times 10}{\sqrt{(124 \times 5.56 + 825 \times 0.24)^2 + (124 \times 2.06 + 59.7 \times 0.24 \times 0.262)^2}} = 2.2°C$$

$$\beta = \tan^{-1}\frac{EB + G_1c\omega}{EA + Gc}$$

$$= \tan^{-1}\frac{124 \times 2.06 + 59.7 \times 0.24 \times 0.262}{124 \times 5.56 + 825 \times 0.24} = \tan^{-1}0.292$$

$$= 16.3°C$$

由 $\cos(\omega\tau - \beta) = 1$，得 $\tau = \beta/\omega = 1.1$h

工程内最高温度为：$t_m = (t_{max} + t_{min})/2 = (42 + 22)/2 = 32°C$

$$t_{n\,max} = t_m + A_n = 32 + 2.2 = 34.2°C$$

其出现时间比工程外空气最高温度出现时间延迟1.1h。

三、预热期热负荷的确定

设进风日平均温度为t_m，温度日波幅为A_n，通风量为G，空气比热为c，换热系数为h，预热负荷为Q，地下空间内表面积为F，年平均地温为t_0。在连续均匀送排风情况下预热，当量圆柱体地下空间内，预热负荷按下式计算：

$$Q = \frac{t_m - \frac{[1 - f(Fo, Bi')]t_0}{1 + H}}{\frac{f(Fo, Bi') + H}{Gc(1 + H)}} - t_f GC \qquad (3-82)$$

式中 Q——预热负荷，kJ/h；

t_m——通风预热过程，地下空间内的空气日平均温度，℃；

t_f——地下空间外空气日平均温度，℃（取月平均温度值）；

H——计算参数，定义式为：$H=\dfrac{Gc}{hF}$；

Bi'——修正毕渥准则数，$Bi'=\dfrac{HBi}{1+H}$；

Bi——毕渥准则，$Bi=\dfrac{hR}{\lambda}$，R为当量半径；

Fo——傅立叶准则，$Fo=\dfrac{a\tau}{R^2}$，R为当量半径；

t_0——年平均地温，℃；

$f(Fo,Bi')$——根据准数Fo和Bi'值查表3-3确定。

由于预热时间不长，因此上面介绍的预热计算方法也可以用来估算浅埋地下空间的预热负荷。

通风预热过程中地下空间内的空气升温速度，不仅取决于通风量和预热负荷的大小，而且也取决于进风日平均温度t_m的高低，故夏季通风预热比冬季有利。

系数 $f(Fo,Bi')$　　表3-3

Bi' \ Fo	0.03	0.04	0.06	0.08	0.10	0.20	0.30	0.40	0.60	0.80	1.00
0.3							0.21	0.23	0.25	0.27	0.28
0.4				0.14	0.16	0.19	0.22	0.23	0.26	0.28	0.29
0.5	0.10	0.11	0.13	0.15	0.16	0.20	0.23	0.25	0.28	0.30	0.32
0.6	0.10	0.12	0.14	0.16	0.17	0.22	0.25	0.27	0.31	0.33	0.35
0.7	0.11	0.13	0.15	0.17	0.19	0.24	0.28	0.30	0.33	0.36	0.38
0.8	0.12	0.14	0.17	0.19	0.21	0.26	0.30	0.33	0.36	0.39	0.41
0.9	0.13	0.15	0.18	0.20	0.22	0.29	0.32	0.35	0.39	0.42	0.44
1.0	0.14	0.16	0.19	0.22	0.24	0.31	0.35	0.37	0.41	0.44	0.44
1.2	0.16	0.19	0.22	0.25	0.27	0.35	0.39	0.42	0.46	0.46	0.51
1.4	0.18	0.21	0.25	0.28	0.31	0.38	0.43	0.46	0.50	0.53	0.55
1.6	0.21	0.23	0.28	0.30	0.34	0.42	0.46	0.49	0.53	0.56	0.58
1.8	0.23	0.26	0.30	0.33	0.37	0.45	0.49	0.52	0.56	0.59	0.61
2.0	0.25	0.28	0.33	0.38	0.39	0.48	0.52	0.55	0.59	0.62	0.64
2.5	0.29	0.33	0.38	0.43	0.45	0.54	0.58	0.61	0.65	0.67	0.69
3.0	0.34	0.37	0.43	0.47	0.50	0.58	0.63	0.65	0.69	0.71	0.73
3.5	0.38	0.41	0.47	0.51	0.54	0.62	0.66	0.69	0.72	0.74	0.76
4.0	0.41	0.45	0.51	0.54	0.58	0.66	0.70	0.72	0.75	0.77	0.78
4.5	0.44	0.48	0.54	0.57	0.61	0.69	0.72	0.74	0.77	0.79	0.80
5.0	0.47	0.51	0.57	0.62	0.63	0.71	0.74	0.77	0.79	0.81	0.82
6.0	0.53	0.56	0.62	0.65	0.68	0.75	0.78	0.80	0.82	0.84	0.85
7.0	0.57	0.60	0.65	0.69	0.71	0.78	0.81	0.82	0.84	0.86	0.86
8.0	0.61	0.64	0.69	0.72	0.74	0.80	0.83	0.84	0.86	0.87	0.88
9.0	0.64	0.67	0.71	0.74	0.77	0.82	0.84	0.86	0.87	0.88	0.89
10.0	0.67	0.70	0.74	0.77	0.79	0.84	0.86	0.87	0.89	0.89	0.90
12.0	0.71	0.74	0.77	0.80	0.82	0.86	0.88	0.89	0.90	0.91	0.92
14.0	0.74	0.77	0.80	0.82	0.84	0.88	0.89	0.90	0.91	0.92	0.93

【例 3-3】 某深埋地下工程,跨度 $b=9\text{m}$、高 $h=74\text{m}$、长 $l=100\text{m}$、表面积 $F=3200\text{m}^2$,体积为 6300m^3。周边岩石 ($a=1.25\times10^{-6}\text{m}^2/\text{s}$,$\lambda=1.12\text{W}/(\text{m}\cdot\text{℃})$) 平均地温 14℃。工程进风量为 24000kg/h,比热 1.06kJ/(kg·℃),表面换热系数 8.13W/(m^2·℃)。进风日平均温度 $t_\text{m}=24\text{℃}$,温度日波幅 A_n 为 5℃。要求经两个月预热期后,室内空气温度为 $t_\text{in}=27\text{℃}$。求预热负荷 Q。

解: $H=\dfrac{GC}{hF}=0.257$,$Bi=\dfrac{hr_0}{\lambda}=13.7$

$Bi'=\dfrac{HBi}{1+H}=2.80$,$Fo=\dfrac{a\tau}{r_0^2}=0.25$

查表 3-4 得可得 $f(Fo,Bi')=0.571$。代入式(3-82)得到预热负荷 Q 值:

$$Q=\dfrac{t_\text{m}-\dfrac{[1-f(Fo,Bi')]t_0}{1+H}}{\dfrac{f(Fo,Bi')+H}{GC(1+H)}}-t_\text{f}GC$$

$$=\dfrac{27-\dfrac{(1-0.571)\times14}{1+0.257}}{\dfrac{0.571+0.257}{24000\times1.06\times(1+0.257)}}-24\times24000\times1.06$$

$$=24.67\text{kJ/h}$$

第四章 深埋地下恒温工程的使用期传热问题

预热期间将工程环境温度加热到所要求的温度后，工程便进入了使用期。使用期的传热问题可以分为两种类型，一种是工程内部近似恒温（围绕一个基准温度波动），此时围护结构的传热计算特点是具有恒温边界条件，工程所需新风都要经过人工热湿处理才能进入；另一种是一般通风条件下的工程传热问题，其建筑壁面传热量受到进风温度年周期性变化的影响，也发生年周期变化。本章讨论的是第一种类型，第二种类型将在第五章讨论。

第一节 半无大限物体

恒热流加热半无限大平壁结束的时刻 τ，壁内温度场为：

$$t_x = t_0 + 2\frac{q}{\lambda}\sqrt{\frac{a\tau}{\pi}}\left[e^{\frac{-x^2}{4a\tau}} - \frac{x}{2}\sqrt{\frac{\pi}{a\tau}}erfc\left(\frac{x}{2\sqrt{a\tau}}\right)\right] \tag{4-1}$$

加热期的结束就是使用期的开始，也可以说是恒热流边界条件的结束和恒温边界条件的开始。因此，式（4-1）就称为恒温使用期的初始条件。由于该初始条件较为复杂，给求解带来了困难，需要将初始条件做适当简化。

假定房间达到恒定温度后，平壁内温度保持岩石的自然温度，即

$$t(x,o) = t_0 \tag{4-2}$$

房间内空气与壁面的热交换，其对流边界条件为

$$-\lambda\frac{\partial t}{\partial x}\bigg|_{x=0} = h[t_n - t(o,\tau)] \tag{4-3}$$

由 $t(\infty, \tau) = t_0$

$$\frac{\partial t(\infty,\tau)}{\partial x} = 0 \tag{4-4}$$

将导热微分方程式进行拉氏变换[194]

$$T''(x,s) - \frac{s}{a}T(x,s) + \frac{t_0}{a} = 0 \tag{4-5}$$

解为：

$$T(x,s) - \frac{t_0}{s} = A_1\exp\left(\sqrt{\frac{s}{a}}x\right) + B_1\exp\left(-\sqrt{\frac{s}{a}}x\right) \tag{4-6}$$

对边界条件式（4-3）、式（4-4）进行拉氏变换

$$T'(0,s) + \frac{h}{\lambda}\left[\frac{t_n}{s} - T(0,s)\right] = 0 \tag{4-7}$$

$$T'(\infty,s) = 0 \tag{4-8}$$

将式（4-8）代入式（4-6）

$$0 = \sqrt{\frac{s}{a}} A_1 \exp(+\infty) - \sqrt{\frac{s}{a}} B_1 \exp(-\infty) \tag{4-9}$$

$A_1=0$，所以方程（4-5）的解式为

$$T(x,s) - \frac{t_o}{s} = B_1 \exp\left(-\sqrt{\frac{s}{a}} x\right) \tag{4-10}$$

把解式（4-10）代入式（4-7）

$$T'(x,s) = -\sqrt{\frac{s}{a}} B_1 \exp\left(-\sqrt{\frac{s}{a}} x\right)$$

$$-\sqrt{\frac{s}{a}} B_1 + \frac{h}{\lambda}\left(\frac{t_n}{s} - \frac{t_o}{s} - B_1\right) = 0 \tag{4-11}$$

$$B_1 = \frac{t_n - t_o}{s\left(1 + \frac{\lambda}{h}\sqrt{\frac{s}{a}}\right)}$$

设 $H = \frac{h}{\lambda}$

$\therefore$
$$T(x,s) - \frac{t_o}{s} = \frac{t_n - t_o}{s\left(1 + \frac{1}{H}\sqrt{\frac{s}{a}}\right)} \exp\left(-\sqrt{\frac{s}{a}} x\right) \tag{4-12}$$

经拉氏逆变换后得

$$t(x,\tau) - t_o = (t_n - t_o)\left[erfc\frac{x}{2\sqrt{a\tau}} - \exp(Hx + H^2 a\tau) \cdot erfc\left(\frac{x}{2\sqrt{a\tau}} + H\sqrt{a\tau}\right)\right] \tag{4-13}$$

当 $x=0$ 时得壁面温度的算式

$$t(0,\tau) = t_o + (t_n - t_o)[1 - \exp(H^2 a\tau) erfc(H\sqrt{a\tau})] \tag{4-14}$$

设 $t = H\sqrt{a\tau}$

$$t(0,\tau) = t_o + (t_n - t_o)[1 - \exp(u^2) \cdot erfc(u)]$$

$\therefore$ $q = h[t_n - t(0,\tau)]$

$\therefore$
$$q = h(t_n - t_o) \exp(u^2) \cdot erfc(u) \tag{4-15}$$

【例 4-1】 岩石为石灰的半无限大平壁 $\lambda = 1.16 \text{W/(m·℃)}$，$a = 0.0025 \text{m}^2/\text{h}$，$h = 5.82 \text{W/(m}^2 \cdot \text{℃)}$，初始温度 $t_o = 18℃$，经过 33h 恒热流加热平壁周围的空气达到 $t_n = 22℃$，求使用期 200h、300h 及 4380h（半年）的传热量。

解：（1）$\tau_2 = 200\text{h}$

$$H = \frac{h}{\lambda} = \frac{5.82}{1.16} = 5, u = H\sqrt{a\tau} = 5\sqrt{0.0025 \times 200} = 3.54$$

查附录 4-1 得：

$$\exp(u^2) erfc(u) = 0.153626$$

$\therefore$
$$q = h(t_n - t_o) \exp(u^2) erfc(u)$$
$$= 5.82 \times (22-18) \times 0.153626 = 3.58 \text{W/m}^2$$

（2）$\tau_2 = 300\text{h}$

$$u = H\sqrt{a\tau} = 5\sqrt{0.0025 \times 300} = 4.33$$

$$\exp(u^2)erfc(u)=0.127065$$

∴ $q=5.82\times(22-18)\times0.127065=2.96\text{W/m}^2$

(3) $\tau_2=4380\text{h}$(半年)

$$u=H\sqrt{a\tau}=5\sqrt{0.0025\times4380}=16.6$$

$$\exp(u^2)erfc(u)=0.034024$$

∴ $q=5.82\times(22-18)\times0.034024=0.79\text{W/m}^2$

第二节 无限长拱形断面的地下工程

将无限长拱形断面的工程换算成无限长空气圆柱体,其导热微分方程式为[194,325]:

$$\frac{\partial t(r,\tau)}{\partial t}=a\left[\frac{\partial^2 t(r,\tau)}{\partial r^2}+\frac{1}{r}\frac{\partial t(r,\tau)}{\partial r}\right] \tag{4-16}$$

初始条件:

$$t(r,0)=t_o \quad (R<r<\infty) \tag{4-17}$$

边界条件:

$$-\lambda\frac{\partial t(R,\tau)}{\partial r}=h[t_n-t(R,\tau)] \tag{4-18}$$

$$t(\infty,\tau)=t_o \tag{4-19}$$

求解导热微分方程式式(4-16),即可得到恒温条件下无限长空气圆柱体外岩层内的温度场。

对式(4-16)进行拉氏变换:

$$rT''(r,s)+T'(r,s)-\frac{s}{a}r\left[T(r,s)-\frac{t_o}{s}\right]=0 \tag{4-20}$$

解为:

$$T(r,s)-\frac{t_o}{s}=AI_0\left(\sqrt{\frac{s}{a}}r\right)+Bk_0\left(\sqrt{\frac{s}{a}}r\right) \tag{4-21}$$

根据边界条件式(4-19),即离圆柱体中心无穷远处($r=\infty$)岩石温度不可能为∞,而$r=\infty$时,$I_0\left(\sqrt{\frac{r}{s}}\right)\to\infty$,所以$A=0$。

因此方程的解为:

$$T(r,s)-\frac{t_o}{s}=Bk_0\left(\sqrt{\frac{s}{a}}r\right) \tag{4-22}$$

对边界条件式(4-18)进行拉氏变换

$$T'(R,s)+\frac{h}{\lambda}\left[\frac{t_n}{s}-T(R,s)\right]=0$$

而

$$T'(R,s)=B\sqrt{\frac{s}{a}}h_o'\left(\sqrt{\frac{s}{a}}R\right)$$

$$B\sqrt{\frac{s}{a}}k_0'\left(\sqrt{\frac{s}{a}}R\right)+\frac{h}{\lambda}\left[\frac{t_n}{s}-\frac{t_o}{s}-Bk_o\left(\sqrt{\frac{s}{a}}R\right)\right]=0$$

$$\therefore \quad B=\frac{t_n-t_o}{s\left[k_o\left(\sqrt{\frac{s}{a}}R\right)-\frac{1}{H}\sqrt{\frac{s}{a}}k_o'\left(\sqrt{\frac{s}{a}}R\right)\right]} \tag{4-23}$$

$$\therefore \quad T(r,s)-\frac{t_o}{s}=\frac{(t_n-t_o)k_o\left(\sqrt{\frac{s}{a}}r\right)}{s\left[k_o\left(\sqrt{\frac{s}{a}}R\right)-\frac{1}{H}\sqrt{\frac{s}{a}}k_o'\left(\sqrt{\frac{s}{a}}R\right)\right]}$$

$$\because \quad k_o'\left(\sqrt{\frac{s}{a}}R\right)=-k_1\left(\sqrt{\frac{s}{a}}R\right)$$

$$\therefore \quad T(r,s)-\frac{t_o}{s}=\frac{(t_n-t_o)k_o\left(\sqrt{\frac{s}{a}}r\right)}{s\left[k_o\left(\sqrt{\frac{s}{a}}R\right)+\frac{1}{H}\sqrt{\frac{s}{a}}k_1\left(\sqrt{\frac{s}{a}}R\right)\right]} \tag{4-24}$$

代入 $r=R$，得到圆柱体边界面的温度关系式

$$T(R,s)-\frac{t_o}{s}=\frac{(t_n-t_o)k_o\left(\sqrt{\frac{s}{a}}R\right)}{s\left[k_o\left(\sqrt{\frac{s}{a}}R\right)+\frac{1}{H}\sqrt{\frac{s}{a}}k_1\left(\sqrt{\frac{s}{a}}R\right)\right]}=\frac{t_n-t_o}{s\left[1+\frac{1}{H}\sqrt{\frac{s}{a}}\frac{k_1\left(\sqrt{\frac{s}{a}}R\right)}{k_o\left(\sqrt{\frac{s}{a}}R\right)}\right]}$$

$$=\frac{t_n-t_o}{s\left[1+\frac{1}{H}\sqrt{\frac{s}{a}}\left(1+\frac{3}{8\sqrt{\frac{s}{a}}R}\right)\right]}=\frac{t_n-t_o}{s\left[\left(1+\frac{3}{8HR}\right)+\frac{1}{H}\sqrt{\frac{s}{a}}\right]}$$

$$=\frac{t_n-t_o}{\frac{s}{H\sqrt{a}}\left[H\sqrt{a}\left(1+\frac{3}{8HR}\right)+\sqrt{s}\right]} \tag{4-25}$$

将上式经拉氏逆变换，得

$$t(R,\tau)-t_o=\frac{A}{B}\left[1-e^{B^2\tau}erfc(B\sqrt{\tau})\right]$$

$$A=H\sqrt{a}(t_n-t_o)$$

$$B=H\sqrt{a}\left(1+\frac{3}{8HR}\right)$$

即

$$t(R,\tau)-t_o=\frac{t_n-t_o}{1+\frac{3}{8Bi}}\left(1-e^{Bi^2Fo\left(1+\frac{3}{8Bi}\right)^2}erfc\left[Bi\sqrt{Fo}\left(1+\frac{3}{8Bi}\right)\right]\right) \tag{4-26}$$

设

$$f_1(Fo,Bi)=\frac{1}{1+\frac{3}{8Bi}}\left(1-e^{Bi^2Fo\left(1+\frac{3}{8Bi}\right)^2}erfc\left[Bi\sqrt{Fo}\left(1+\frac{3}{8Bi}\right)\right]\right)$$

$$\therefore \quad t(R,\tau)=(t_n-t_o)f_1(Fo,Bi)+t_o$$

而

$$q=h[t_n-t(R,\tau)]$$

∴ $$q = h(t_n - t_o)[1 - f_1(Fo, Bi)]$$

$f_1(Fo, Bi)$ 见附录 4-2。

【例 4-2】 某地下建筑房间长 $l=15$m，宽 $b=4$m，起拱高 $h_1=2.4$m，拱高 $f=1.1$m，岩石物性参数为：$\lambda=2.04$W/(m·℃)，$a=0.0033$m²/h，$h=5.82$W/(m²·℃)。岩石自然温度 $t_0=12$℃，房间经 600h 加热期，空气温度达到设计要求 $t_n=26$℃，求使用期一个月、半年、一年、五年的传热量。

解：计算高度 $h=2.4+\frac{2}{3}\times 1.1=3.13$m，截面积 $S=4\times 3.13=12.53$m²

$$R = \sqrt{S/\pi} = 2.0 \text{m}$$

(1) $\tau_2 = 720$h

$$Fo = 0.0033 \times 720 \div (2\times 2) = 0.6$$
$$Bi = 5.82 \times 2 \div 2.04 = 5.7$$

查附录 4-2，得

$$q = h(t_n - t_o)[1 - f_1(Fo, Bi)]$$
$$= 5.82 \times (26-12) \times [1-0.828] = 14.00 \text{W/m}^2$$

(2) $\tau_2 = 4380$h（半年）

$$Fo = 0.0033 \times 4380 \div 4 = 3.62$$
$$Bi = 5.82 \times 2 \div 2.04 = 5.7$$
$$f_1(Fo, Bi) = 0.892$$
$$q = 5.82 \times (26-12) \times (1-0.892) = 8.80 \text{W/m}^2$$

(3) $\tau_2 = 8760$h（一年）

$$Fo = 0.0033 \times 8760 \div 4 = 7.25, Bi = 5.7 \quad f_1(Fo, Bi) = 0.905$$
$$q = 5.82 \times (26-12) \times (1-0.905) = 7.74 \text{W/m}^2$$

(4) $\tau_2 = 8760 \times 5 = 43800$h

$$Fo = 36.3, Bi = 5.7, f_1(Fo, Bi) = 0.923$$
$$q = 5.82 \times (26-12) \times (1-0.923) = 6.27 \text{W/m}^2$$

第三节 有限长拱形断面的地下工程

可把有限长拱形断面地下工程近似视为空心球体，其导热微分方程式为[194,325]：

$$\frac{\partial rt(r,\tau)}{\partial t} = a \cdot \frac{\partial^2 [rt(r,\tau)]}{\partial r^2} \tag{4-27}$$

初始条件：$t(r, 0) = t_0$

边界条件：

$$-\lambda \frac{\partial t(R, \tau)}{\partial r} = a[t_n - t(R, \tau)] \tag{4-28}$$

$$t(\infty, \tau) = t_0 \tag{4-29}$$

根据边界条件和初始条件求解导热微分方程式 (4-27)，即可得到在恒温条件下，空心球体外岩层内的温度场。

对式（4-27）进行拉氏变换得：
$$[rT(r,s)]'' - \frac{s}{a}rT(r,s) + \frac{rt_0}{a} = 0 \tag{4-30}$$

解为：
$$rT(r,s) - \frac{rt_0}{s} = Ae^{\sqrt{\frac{s}{a}}r} + Be^{-\sqrt{\frac{s}{a}}r} \tag{4-31}$$

根据边界条件式（4-29），$r \to \infty$，$t(\infty, \tau) = t_0 \neq \infty$，所以 $A = 0$：

$$\therefore \quad T(r,s) - \frac{t_0}{s} = B \cdot \frac{e^{-\sqrt{\frac{s}{a}}r}}{r} \tag{4-32}$$

对边界条件式（4-28）进行拉氏变换：
$$T'(r,s) = B\left(-\frac{1}{r}\sqrt{\frac{s}{a}} e^{\sqrt{\frac{s}{a}}r} - \frac{e^{-\sqrt{\frac{s}{a}}r}}{r^2}\right)$$

而
$$T'(r,s) = B\left(-\frac{1}{r}\sqrt{\frac{s}{a}} e^{\sqrt{\frac{s}{a}}R} - \frac{e^{-\sqrt{\frac{s}{a}}r}}{r^2}\right)$$

当 $r = R$ 时：
$$T'(R,s) = B\left(-\frac{1}{R}\sqrt{\frac{s}{a}} e^{-\sqrt{\frac{s}{a}}R} - \frac{e^{-\sqrt{\frac{s}{a}}R}}{R^2}\right)$$
$$= -\frac{h}{\lambda}\left[\frac{t_n}{s} - T(R,s)\right]$$

$$\therefore \quad B = \frac{\dfrac{aR}{\lambda}(t_n - t_0)}{s\left(\dfrac{h}{\lambda} + \dfrac{1}{R} + \sqrt{\dfrac{s}{a}}\right)e^{-\sqrt{\frac{s}{a}}R}} \tag{4-33}$$

把式（4-33）代入式（4-32）
$$T(r,s) - \frac{t_0}{s} = \frac{\dfrac{hR}{\lambda}(t_n - t_0)}{sR\left(\dfrac{h}{\lambda} + \dfrac{1}{R} + \sqrt{\dfrac{s}{a}}\right)}$$
$$= \frac{Bi(t_n - t_0)}{sR\left(Bi + 1 + R\sqrt{\dfrac{s}{a}}\right)} \tag{4-34}$$

对式（4-34）进行拉氏逆变换：
$$T(r,s) - \frac{t_0}{s} = \frac{A}{s(B + \sqrt{s})}$$

$$A = \frac{\sqrt{a}}{R}Bi(t_n - t_0), \quad B = \frac{\sqrt{a}}{R}(Bi + 1)$$

$$t(R,\tau) - t_0 = \frac{A}{B}\left[1 - e^{B^2 \tau} erfc(B\sqrt{\tau})\right]$$

$$=\frac{Bi(t_n-t_o)}{(Bi+1)}\{1+e^{Fo(Bi+1)^2}erfc[\sqrt{Fo}(Bi+1)]\} \quad (4-35)$$

设

$$f_2(Fo,Bi)=\frac{Bi}{(Bi+1)}\{1-e^{Fo(Bi+1)^2}erfc[\sqrt{Fo}(Bi+1)]\} \quad (4-36)$$

∴

$$t(R,\tau)-t_o=(t_n-t_o)f_2(Fo,Bi)$$

通过壁面的热流量为

$$q=h[t_n-t(R,\tau)]$$

∴ $$q=h(t_n-t_o)[1-f_2(Fo,Bi)] \quad (4-37)$$

$f_2(Fo,Bi)$ 见附录 4-3。

【例 4-3】 地下建筑某房间长度 $l=5$m，宽度 $b=4$m，起拱高 $h_1=2.4$m，拱高 $f=1.1$m，岩石物性参数为：$\lambda=2.04$W/(m·℃)，$a=0.0033$m²/h，$h=5.82$W/(m²·℃)，自然温度 $t_0=12$℃，房间经 600h 加热期后空气温度达到设计要求 $t_n=26$℃，求使用期一个月，半年，一年、五年的传热量？

解：计算高度

$$h=2.4+\frac{2}{3}\times 1.1=3.13\text{m}$$

∴

$$\frac{1}{\frac{b+h}{2}}=\frac{6}{\frac{4+3.13}{2}}=1.08<2$$

∴ 按球体计算：

$$V=5\times 4\times 3.13=62.6\text{m}^3, R=0.62\sqrt[3]{V}=2.46\text{m}$$

(1) $\tau_2=720$h（一个月）

$$Fo=\frac{0.0033\times 720}{2.46^2}\approx 0.39, Bi=\frac{5\times 2.46}{1.75}=7.03$$

查附录 4-3，得

$$f_2(Fo,Bi)=0.778$$

$$q=5.82\times(26-12)\times(1-0.778)=15.54\text{W/m}^2$$

(2) $\tau_2=4380$h（半年）

$$Fo=\frac{0.0033\times 4380}{2.46^2}=2.39, Bi=7$$

$$f_2(Fo,Bi)=0.828$$

$$q=5.82\times(26-12)\times(1-0.835)=13.44\text{W/m}^2$$

(3) $\tau_2=8760$h（一年）

$$Fo=4.78, Bi=7, f_2(Fo,Bi)=0.847$$

$$q=5.82\times(26-12)\times(1-0.847)=12.47\text{W/m}^2$$

(4) $\tau_2=43800$h（五年）

$$Fo=2.39, Bi=7, f_2(Fo,Bi)=0.862$$

$$q=5.82\times(26-12)\times(1-0.862)=11.24\text{W/m}^2$$

第四节 恒温边界条件传热计算时初始温度场的修正

一、问题的提出

前几节的讨论中,在建立恒温条件下半无限大平壁、长通道房间和有限长工程中的空气向岩石的传热模型时,都是将实际初始条件(即加热期结束时的温度场)用简化的初始条件代替。例如,半无限大平壁加热期结束时的温度场为:

$$t(x,\tau)-t_0=2\frac{q}{\lambda}\sqrt{\frac{a\tau}{\pi}}\left[e^{\frac{-x^2}{4a\tau}}-\frac{x}{2}\sqrt{\frac{\pi}{a\tau}}erfc\left(\frac{x}{2\sqrt{a\tau}}\right)\right]$$

而实际计算所用公式的初始条件:

$$t(r,0)=t_0=常数$$

对无限和有限长拱形工程,为了求解的方便,也将实际初始条件简化为:

$$t(r,0)=t_0=常数$$

那么,初始条件的简化会对实际使用期的传热计算造成多大的偏差?或在多长时间范围内带来多大的影响?本节以半无限大平壁和无限长拱形坑道为例,对此问题进行探讨。

二、半无限大平壁实际初始条件下使用期传热过程中围护结构内温度关系式的建立

1. 加热期(等热流)

1)壁内各节点的温度关系式

把半无限大平壁分成 n 等分($n=x/\Delta x$)(如图 4-1 所示),从中取出微元体 $\Delta x\times\Delta y\times 1=\Delta V$

图 4-1 无限大平壁的离散

对 i 节点写出热平衡关系式:

$$\Delta y\times 1\left[\lambda\frac{T_{i-1}(\tau+\Delta\tau)-T_i(\tau+\Delta\tau)}{\Delta x}+\lambda\frac{T_{i+1}(\tau+\Delta\tau)-T_i(\tau+\Delta\tau)}{\Delta x}\right]$$

$$=C\cdot\gamma\cdot\Delta V_i\frac{T_{i+1}(\tau+\Delta\tau)-T_i(\tau)}{\Delta\tau}$$

式中

  λ——平壁的导热系数,kW/(m·℃);
  C——平壁的比热,J/(kg·℃);
  γ——平壁的容重,kg/m³;
  ΔV_i——i 的微元体的体积,m³;
  $T_i(\tau)$——i 节点 τ 时刻的温度,℃;
  $T_i(\tau+\Delta\tau)$——i 节点经 $\Delta\tau$ 时间间隔后的温度,℃。

设 $\Delta x=\Delta y$,并令 $A=\frac{a\Delta\tau}{\Delta x^2}$ 经整理得:

$$(2A+1)T_i(\tau+\Delta\tau)-A[T_{i-1}(\tau+\Delta\tau)+T_{i+1}(\tau+\Delta\tau)]=T_i(\tau)$$

设

$$T_i(\tau+\Delta\tau)=T_i',\quad T_i(\tau)=T_i$$
$$(2A+1)T_i'-A(T_{i-1}'+T_{i+1}')=T_i \tag{4-38}$$

2) 边界节点的温度关系式

写出边界节点平衡式

$$q\Delta y\cdot 1+\lambda\left(\frac{T_2'-T_1'}{\Delta x}\right)\Delta y\cdot 1=C\cdot\gamma\frac{\Delta x}{2}\Delta y\cdot 1\frac{T_1'-T_1}{\Delta\tau}$$

即
$$(1+2A)T_1'-2AT_2'=2Aq\frac{\Delta x}{\lambda}+T_1 \tag{4-39}$$

根据式（4-38）和式（4-39）写出平壁各节点的温度方程组

$$\left.\begin{aligned}
(1+2A)T_1'-2AT_2'&=2Aq\frac{\Delta x}{\lambda}+T_1 \\
(1+2A)T_2'-A(T_1'+T_3')&=T_2 \\
(1+2A)T_3'-A(T_2'+T_4')&=T_3 \\
(1+2A)T_4'-A(T_3'+T_5')&=T_4 \\
&\cdots\cdots \\
(1+2A)T_n'-AT_{n-1}'&=AT_{n+1}+T_n
\end{aligned}\right\} \tag{4-40}$$

2. 使用期（恒温）

1) 壁内节点同式（4-38）

2) 边界节点温度关系式

写出表面节点热平衡式：

$$h(T_n-T_1')\Delta y\cdot 1+\lambda\left(\frac{T_2'-T_1'}{\Delta x}\right)\Delta y\cdot 1=c\cdot\gamma\cdot\frac{\Delta x}{2}\Delta y\frac{T_1'-T_1}{\Delta\tau}$$

设 $c=2A\dfrac{h\Delta x}{\lambda}$ 可得

$$(1+2A+c)T_1'-2AT_2'=CT_n+T_1 \tag{4-41}$$

根据式（4-40）和式（4-41），把壁内和边界点温度方程组整理成矩阵形式（4-42）：

$$\begin{vmatrix} AA & -2A & & & & & & & & & & & & & \\ -A & 1+2A & -A & & & & & & & & & & & & \\ & -A & 1+2A & -A & & & & & & & & & & & \\ & & -A & 1+2A & -A & & & & & & & & & & \\ & & & -A & 1+2A & -A & & & & & & & & & \\ & & & & -A & 1+2A & -A & & & & & & & & \\ & & & & & -A & 1+2A & -A & & & & & & & \\ & & & & & & -A & 1+2A & -A & & & & & & \\ & & & & & & & -A & 1+2A & -A & & & & & \\ & & & & & & & & -A & 1+2A & -A & & & & \\ & & & & & & & & & -A & 1+2A & -A & & & \\ & & & & & & & & & & -A & 1+2A & -A & & \\ & & & & & & & & & & & - & & & \\ & & & & & & & & & & & & - & & \\ & & & & & & & & & & & & & - & \\ & & & & & & & & & & & -A & 1+2A & -A & \\ & & & & & & & & & & & & -A & 1+2A & -A \\ & & & & & & & & & & & & & -A & 1+2A & -A \end{vmatrix} \begin{Vmatrix} T_1' \\ T_2' \\ T_3' \\ T_4' \\ T_5' \\ T_6' \\ T_7' \\ T_8' \\ T_9' \\ T_{10}' \\ T_{11}' \\ T_{12}' \\ | \\ | \\ | \\ \\ \\ T_n' \end{Vmatrix} = \begin{Vmatrix} BB \\ T_2 \\ T_3 \\ T_4 \\ T_5 \\ T_6 \\ T_7 \\ T_8 \\ T_9 \\ T_{10} \\ T_{11} \\ T_{12} \\ | \\ | \\ | \\ \\ \\ T_n+AT_{n+1} \end{Vmatrix}$$

$$\tag{4-42}$$

式中,加热期 $AA=1+2A$,$BB=2Aq \cdot \frac{\Delta x}{\lambda}+T_1$;使用期 $AA=1+2A+c$,$BB=cT_n+T_1$。

把式(4-42)加热期的最终计算结果代入式(4-42)(使用期)的右端,即可求得实际初始条件下使用散热量的计算值。

三、计算结果分析及修正方法

1. 计算结果

以石灰岩($\lambda=1.16W/(m \cdot ℃)$,$a=0.0025m^2/h$)半无限大平壁为例。岩石初始温度 $t_0=18℃$,$q=9.31kW/m^2$,加热半无限大平壁,求 $t_n=22℃$ 后壁面传热量。

可以解得加热期 $t_1=33h$,室内空气温度达到 $t_n=22℃$,使用期逐时的传热量并与简化初始条件下的计算进行比较。如表 4-1 所示。

实际初始条件下计算结果　　　　表 4-1

τ_2(h)	$P[i]=X[i]$	$P[i]=t_0$	τ_2(h)	$P[i]=X[i]$	$P[i]=t_0$
0.5	8.37	19.20	151.31	4.02	4.35
5	7.96	13.62	162.94	3.90	4.21
10	7.51	11.46	174.58	3.78	4.09
15	7.13	10.15	186.22	3.70	3.97
20	6.81	9.19	197.86	3.62	3.86
25	6.53	8.57	209.50	3.53	3.76
30	6.29	8.03	221.14	3.46	3.68
35	6.06	7.79	232.78	3.39	3.57
40	5.87	8.07	244.42	3.32	3.50
45	5.68	6.52	256.06	3.25	3.43
50	5.52	6.35	267.69	3.19	3.35
55	5.38	6.17	279.33	3.13	3.29
60	5.24	5.99	290.97	3.07	3.22
65	5.11	5.82	302.61	3.03	3.17
70	4.99	5.67	314.25	2.98	3.11
75	4.88	5.51	325.89	2.93	3.05
80	4.77	5.37	337.53	2.86	3.00
90	4.59	5.12	349.17	2.84	2.96
100	4.42	4.89	360.81	2.80	2.91
110	4.27	4.70	372.44	2.77	2.86
120	4.14	4.52	378.26	2.75	2.84

$P[i]=t_0$ 表示简化初始条件下的传热量随时间的衰减值;$P[i]=X[i]$ 表示实际初始条件下传热量随时间的衰减值。

2. 修正方法

实际上加热期的传热过程与使用期的传热过程是连续过程,即等热流加热期的结束是等温使用期的开始。因此加热期传热过程结束时的热流量应等于使用期开始时的热流量,以平壁为例写出等式:

$$\frac{t_n-t_0}{\frac{1}{h}+\frac{1.13\sqrt{a\tau_1}}{\lambda}}=a(t_n-t_0)e^{x^2}erfc(x)$$

即

$$\frac{1}{1+\frac{1.13h}{\lambda}\sqrt{a\tau_1}}=e^{H\sqrt{a\tau_2}}erfc(H\sqrt{a\tau_2}) \tag{4-43}$$

式中,τ_1 为加热期结束时的时间值;τ_2 为使用期的起始时间值。

如使用期的起始时间 $\tau_2=0$,则式(4-43)就不能成立。因此必须按式(4-43),把加热期的时间 τ_1 折算成使用期的起始时间值 τ_2',把 $\tau_2'+\tau_2$ 代入式(4-43)的右边计算使用期的传热量。

下面以平壁为例,看这种修正方法计算使用期传热量与实际初始条件下计算出来的传热量是否一致。

【例 4-4】 半无限大平壁为石灰岩,初始温度为 18℃,经 33h 恒热流加热平壁,室内空气达到 $t_n=22℃$。求使用 30h 实际传热量。

解:

(1)简化初始条件计算的热流量为:

$$q=h(t_n-t_0)\exp(x^2)erfc(x)$$

$$x=\frac{h}{\lambda}\sqrt{a\tau_2}=5\sqrt{0.0025\times30}=1.37$$

∴ $q=5.82\times(22-18)\exp(1.37^2)erfc(1.37)=8.01\text{W/m}^2$

(2)实际初始条件计算结果见表 4-1

$$q=6.29\text{W/m}^2$$

(3)按上述修正方法计算使用期 30h 传热量

$$\frac{1}{1+\frac{1.13h}{\lambda}\sqrt{a\tau_1}}=\frac{1}{1+1.13\times5\sqrt{0.0025\times33}}=0.38127$$

∴ $e^{x^2}\cdot erfc(x)=0.3817$

查表 4-1,得 $x=1.19$

∴ $$\tau_2'=\frac{1.19^2}{5^2\times0.0025}=22.7\text{h}$$

所以使用期 30h 的传热量为

$$x=\frac{h}{\lambda}\sqrt{a\tau_2}=5\sqrt{0.0025(22.7+30)}=1.81$$

∴ $\exp(x^2)erfc(x)=0.26749$

$$q=h(t_n-t_0)\exp(x^2)erfc(x)=6.23\text{W/m}^2$$

故与实际初始条件下的计算值基本一致。

同理对无限长空心圆柱体和空心球体向岩石的恒温传热量,可以写出等式

$$\frac{1}{1+\frac{1.13Bi\sqrt{Fo'}}{\beta}}=1-f_1(Fo'',Bi) \qquad (4\text{-}44)$$

式中，$Fo'=\frac{a\tau_1}{R^2}$，τ_1 为加热期传热过程结束时的时间值；$Fo''=\frac{a\tau_2'}{R^2}$，$\tau_2'$ 为恒温使用期开始的时间值。

$$\therefore \quad \tau_2'=\frac{Fo''R^2}{a}$$

计算恒温使用期某时刻 τ_2 的传热量，必须按 $\tau_2=\tau_2+\tau_2'$ 代入下式计算

$$q=h(t_n-t_0)[1-f_1(Fo,Bi)]$$

式中

$$Fo=\frac{a(\tau_2+\tau_2')}{R^2}$$

【例 4-5】 跨度为 $b=7$m，起拱高 $h=2.5$m，拱高 $f=1.5$m，长度为 $l=25$m 的某地下工程房间，周围岩石为砂岩（$\lambda=2.01$W/(m·℃)，$a=2.85\times10^{-3}$m²/h），岩石初始温度为 $t_0=14$℃，经 $\tau_1=900$h 加热期，房间内温度达到 $t_n=28$℃。求恒温使用期一年内的热流变化值。

解：

1. 计算 τ_2

$$S=7\times\left(2.5+\frac{2}{3}\times1.5\right)=24.5\text{m}^2$$

$$R=\sqrt{S/\pi}=2.79\text{m}$$

查附录 3-2

$$Fo=0.33, Bi=8.06$$

$$\beta=1+0.38\sqrt{Fo}=1.22$$

$$f_1(Fo'',Bi)=1-\frac{1}{1+\frac{1.13\times8.06\sqrt{0.33}}{1.22}}=0.82$$

$$Fo''=0.21$$

$$\tau_2''=\frac{0.21\frac{S}{\pi}}{0.00285}=574.6\text{h}$$

2. 计算一年内热流变化值

1) 经一个月恒温使用期的热流值

$$\tau_2=700+574.6=1294.6\text{h}$$

$$Fo=\frac{0.00285\times1294.6}{\frac{24.5}{\pi}}=0.473$$

查附录 4-2，得

$$Bi=8.06, Fo=0.473, \quad \therefore f_1(Fo,Bi)=0.863$$

$$\therefore \quad q=5.82\times14\times(1-0.863)=11.16\text{W/m}^2$$

2) 经二个月的热流值

$$\tau_2=1440+574.6=2014.6\text{h}$$

$$Fo = \frac{0.00285 \times 2014.6}{\frac{24.5}{\pi}} = 0.74$$

$$f_1(Fo, Bi) = 0.881$$

$$q = 5.82 \times 14 \times (1 - 0.881) = 9.70 \text{W/m}^2$$

3) 经四个月的热流值

$$\tau_2 = 2880 + 574.6 = 3454.6 \text{h}$$

$$Fo = \frac{0.00285 \times 3454.6}{\frac{24.5}{\pi}} = 1.26$$

$$f_1(Fo, Bi) = 0.898$$

$$q = 5.82 \times 14 \times (1 - 0.898) = 8.31 \text{W/m}^2$$

4) 经半年的热流值

$$\tau_2 = 4380 + 574.6 = 4954.6 \text{h}$$

$$Fo = \frac{0.00285 \times 4954.6}{\frac{24.5}{\pi}} = 1.81$$

$$f_1(Fo, Bi) = 0.907$$

$$q = 5.82 \times 14 \times (1 - 0.907) = 7.58 \text{W/m}^2$$

5) 经一年的热流值

$$\tau_2 = 8760 + 574.6 = 9334.6 \text{h}$$

$$Fo = \frac{0.00285 \times 9334.6}{\frac{24.5}{\pi}} = 3.41$$

$$f_1(Fo, Bi) = 0.92$$

$$q = 5.82 \times 14 \times (1 - 0.92) = 6.52 \text{W/m}^2$$

第五章　一般通风条件的深埋地下工程使用期传热问题

一般通风是指进风不经过人工热湿处理,一般通风的深埋地下工程是指工程直接使用不经处理的新风,这种情况一般发生在过渡季节,可以有效降低建筑能耗。

对一般通风的房间,内部温度总是随着工程外进风温度的变化而变化。当进风温度以天或以年为周期变化时,工程内空气温度也发生周期性变化。

设加热通风驱湿系统的进风量为 G kg/h,工程外进风温度周期性波动用下式表示[194]:

$$t_w = t_m + A_0 \cos\omega\tau \tag{5-1}$$

式中,t_w 为工程外大气温度,℃;t_m 为工程外空气年平均温度,℃;A_0 为波动振幅,℃;ω 为温度变化频率,1/h;τ 为由温度波幅最大值起算的时间,h。此时工程壁面温度的变化、内部空气温度的变化计算同第三章第五节的方法,不再赘述。本章主要讨论壁面传热量的变化规律。

工程内空气温度周期性变化时,房间内空气向岩壁的传热量也周期性地变化。设工程内空气温度作简谐波动,用下式表示:

$$\theta_n = A_n \cos\omega\tau$$

无限长圆柱体空间壁面温度场的导热微分方程[74]

$$\frac{\partial \theta}{\partial \tau} = a\left(\frac{\partial^2 \theta}{\partial r^2} + \frac{1}{r}\frac{\partial \theta}{\partial r}\right) \tag{5-2}$$

其边界条件为

$$-\lambda \frac{\partial \theta}{\partial r}\bigg|_{r=R} = h[\theta_n - \theta(R,\tau)] \tag{5-3}$$

根据边界条件式(5-3),导热微分方程解为:

$$\theta(R,\tau) = \frac{A_n N_0(m) e^{i\varphi_0(m) + i\omega\tau}}{N_0(m) e^{i\varphi_0(m)} + n N_1(m) e^{i[\varphi_1(m) + \frac{3}{4}\pi]}} \tag{5-4}$$

如图 5-1 所示。[194]

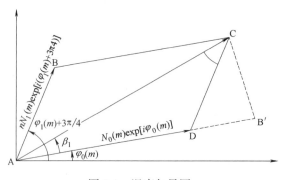

图 5-1　温度矢量图

$$\angle ADC = 180 - \left[\varphi_1(m) + \frac{3}{4}\pi - \varphi_0(m)\right]$$

$$r = \sqrt{AD^2 + DC^2 - 2AD \cdot DC \cdot \cos(\angle ADC)}$$

$$= \sqrt{N_0^2(m) + n^2 N_1^2(m) - 2N_0(m) \cdot n \cdot N_1(m)\cos\left[180 - \varphi_1(m) - \frac{3}{4}\pi + \varphi_0(m)\right]} \quad (5\text{-}5)$$

因为 $\varphi = \beta_1 + \varphi_0(m)$，所以

$$\theta(R,\tau) = \frac{A_0 N_0(m) e^{i[\varphi_0(m) + \omega\tau]}}{\sqrt{n^2 N_1^2(m) + N_0^2(m) + 2nN_1(m)N_0(m)\cos\left[\varphi_1(m) + \frac{3}{4}\pi - \varphi_0(m)\right]} e^{i\varphi}} \quad (5\text{-}6)$$

令

$$f_1(m,n) = \frac{N_0(m)}{\sqrt{n^2 N_1^2(m) + N_0^2(m) + 2nN_1(m)N_0(m)\cos\left[\varphi_1(m) + \frac{3}{4}\pi - \varphi_0(m)\right]}} \quad (5\text{-}7)$$

则

$$\theta(R,\tau) = A_0 f_1(m,n) e^{i(\omega\tau - \beta_1)} = A_0 f_1(m,n)\cos(\omega\tau - \beta_1) \quad (5\text{-}8)$$

$$\arctan\beta_1 = \frac{nN_1(m)\sin\left[\varphi_1(m) + \frac{3}{4}\pi - \varphi_0(m)\right]}{N_0(m) + nN_1(m)\cos\left[\varphi_1(m) + \frac{3}{4}\pi - \varphi_0(m)\right]} \quad (5\text{-}9)$$

而

$$\cos\beta_1 = \frac{AD + B'D}{r} = \frac{N_0(m) + nN_1(m)\cos\left[\varphi_1(m) + \frac{3}{4}\pi - \varphi_0(m)\right]}{N_0(m)/f_1(m,n)} \quad (5\text{-}10)$$

$$\sin\beta_1 = \frac{B'C}{AC} = \frac{nN_1(m)\sin\left[\varphi_1(m) + \frac{3}{4}\pi - \varphi_0(m)\right]}{N_0(m)/f_1(m,n)} \quad (5\text{-}11)$$

根据第三章式（3-58）

$$-\lambda \frac{\partial \theta}{\partial r}\bigg|_{r=R} = h[A_n\cos\omega\tau - \theta(R,\tau)] = h[A_n e^{i\omega\tau} - \theta(R,\tau)]$$

得

$$q = h[A_0 e^{i\omega\tau} - \theta(R,\tau)] = hA_0 e^{i\omega\tau}\left(1 - \frac{\theta(R,\tau)}{A_0 e^{i\omega\tau}}\right) = hA_0 e^{i\omega\tau}[1 - f_1(m,n)e^{-i\beta_1}] \quad (5\text{-}12)$$

构造一个如图 5-2 所示的三角形 EFG，令 $EG=1$，$EF=f_1(m, n)$，$\beta_1=\angle FEG$，$\beta_2=\angle FGE$，作垂线 $FH \perp EG$ 于 H 点。

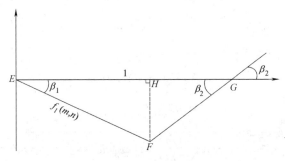

图 5-2　几何三角形

则
$$1-f_1(m,n)e^{-i\beta_1}=1-EF(\cos\beta_1-i\sin\beta_1)=HG+i\cdot HF=FG\cdot e^{i\beta_2}$$
$$q=hA_0 e^{i\omega\tau}\cdot FG\cdot e^{i\beta_2}=hA_0\cdot FG\cdot e^{i(\beta_2+\omega\tau)}$$

在三角形 EFG 中，由余弦定理有

$$FG=\sqrt{1+f_1^2(m,n)-2f_1(m,n)\cos\beta_1}$$
$$=\sqrt{1+f_1^2(m,n)-2f_1^2(m,n)\frac{N_0(m)+nN_1(m)\cos\left[\varphi_1(m)+\frac{3}{4}\pi-\varphi_0(m)\right]}{N_0(m)}}$$
$$=\sqrt{\frac{n^2}{\frac{N_0^2(m)}{N_1^2(m)}+n^2+2n\frac{N_0(m)}{N_1(m)}\cos\left[\varphi_1(m)+\frac{3}{4}\pi-\varphi_0(m)\right]}} \tag{5-13}$$

$$\tan\beta_2=\frac{FH}{1-EH}=\frac{f_1(m,n)\sin\beta_1}{1-f_1(m,n)\cos\beta_1} \tag{5-14}$$

将式（5-7）代入式（5-14），并且：

$$\beta_1=\varphi_1(m)+\frac{3}{4}\pi-\varphi_0(m)$$

所以

$$\tan\beta_2=\frac{nN_0(m)N_1(m)\sin\beta_1}{n^2N_1^2(m)+nN_0(m)N_1(m)\cos\beta_1}=\frac{\frac{N_0(m)}{N_1(m)}\sin\left[\varphi_1(m)+\frac{3\pi}{4}-\varphi_0(m)\right]}{n+\frac{N_0(m)}{N_1(m)}\cos\left[\varphi_1(m)+\frac{3\pi}{4}-\varphi_0(m)\right]}$$

所以

$$q=hA_0\cdot FH\cdot e^{i(\beta_2+\omega\tau)}$$
$$=\lambda\sqrt{\frac{\omega}{a}}A_0\frac{e^{i(\beta_2+\omega\tau)}}{\sqrt{\frac{N_0^2(m)}{N_1^2(m)}+n^2+2n\frac{N_0(m)}{N_1(m)}\cos\left[\varphi_1(m)+\frac{3}{4}\pi-\varphi_0(m)\right]}} \tag{5-15}$$

又因为

$$\lambda\sqrt{\frac{\omega}{a}}A_0=\frac{\lambda}{R}A_0 m$$

令

$$f_2(m,n)=\frac{m}{\sqrt{\frac{N_0^2(m)}{N_1^2(m)}+n^2+2n\frac{N_0(m)}{N_1(m)}\cos\left[\varphi_1(m)+\frac{3}{4}\pi-\varphi_0(m)\right]}} \tag{5-16}$$

所以

$$q=\frac{\lambda}{R}A_0 f_2(m,n)\cos(\omega\tau+\beta_2) \tag{5-17}$$

$$\beta_2=\tan^{-1}\frac{\frac{N_0(m)}{N_1(m)}\sin\left[\varphi_1(m)+\frac{3\pi}{4}-\varphi_0(m)\right]}{n+\frac{N_0(m)}{N_1(m)}\cos\left[\varphi_1(m)+\frac{3\pi}{4}-\varphi_0(m)\right]} \tag{5-18}$$

式（5-17）为工程内空气温度周期性波动而引起的壁面波动热流量。深埋地下空间围护结构的传热主要受地下空间内空气温度变化的影响,而浅埋地下空间围护结构的传热,除了受地下空间内温度变化的影响外,还受地表温度年周期性变化的影响,传热过程比较复杂。

对深埋地下空间,除了工程内空气温度周期性波动的影响外,工程内空气平均温度 t_m 与工程内壁面初始温度差引起的壁面年平均热流量,可按下式计算:

$$q_t = h(t_m - t_0)[1 - f_1(Fo, Bi)]\zeta \tag{5-19}$$

式中　　t_m——地下空间内空气的平均温度,℃;

t_0——地下空间内壁面的初始温度,℃;

$f_1(Fo, Bi)$——壁面恒温传热计算参数,根据准数 $Fo = a\tau/R^2$ 和 $Bi = hR/\lambda$,查图来确定;

ζ——壁面传热修正系数,衬砌结构时 ζ 为 1;对于离壁式衬砌结构或衬套结构,当建筑物周围为岩石时 ζ 为 0.72;为土壤时 ζ 为 0.86。

因此受室外空气周期性波动影响的地下空间,内部总的向岩壁的传热热流量应为二者之和:

$$q = \frac{\lambda}{R} A_0 f_2(m, n) \cos(\omega\tau + \beta_2) + h(t_m - t_0)[1 - f_1(Fo, Bi)]\zeta \tag{5-20}$$

【**例 5-1**】[194]　某地下工程断面如图 5-3 所示,岩石为片麻岩 $\lambda = 3.48$W/(m·K),$h = 8.14$W/(m²·K),$a = 1.28 \times 10^{-7}$ m²/s,岩石自然温度 t_0 为 16℃。

当工程采用加热通风驱湿系统时,夏季工程内 $t_n \leqslant 28$℃,冬季 $t_n \leqslant 16$℃,温度变化如图 5-4 所示。求工程最大热流量及出现的时间。

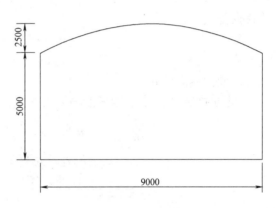

图 5-3　工程断面图

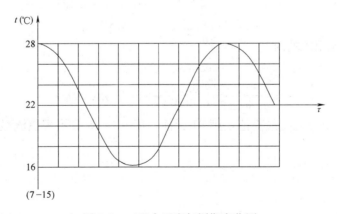

图 5-4　工程内温度年周期变化图

解:(1)平均温度

$$t_m = \frac{28 + 16}{2} = 22℃$$

波幅
$$A_0 = \frac{28-16}{2} = 6\text{℃}$$

(2) 工程断面积
$$s = 9 \times \left(5 + \frac{2}{3} \times 2.5\right) = 60\text{m}^2$$

当量半径
$$R = \sqrt{\frac{s}{\pi}} = \sqrt{\frac{60}{\pi}} = 4.37\text{m}$$

$$m = R\sqrt{\frac{\omega}{a}} = 4.37\sqrt{\frac{0.000717/3600}{1.28 \times 10^{-7}}} = 1.72$$

$$n = \frac{\lambda}{h}\sqrt{\frac{\omega}{a}} = \frac{3.48}{8.14}\sqrt{\frac{0.000717/3600}{1.28 \times 10^{-7}}} = 0.169$$

代入公式（5-16），得
$$f_2(m,n) = 1.78$$
$$\beta_2(m,n) = 30.6°$$

(3) 最大热流量 q

$q = $ 波动热流量 $q_b +$ 平均温度与岩石初始温度引起的热流量 q_t

$$q_b = \frac{\lambda}{R}A_0 f_2(m,n) = \frac{3.48}{4.37} \times 6 \times 1.78 = 8.505\text{W/m}^2$$

$$q_t = h(t_m - t_0)[1 - f_1(Fo, Bi)]$$

$$Fo = \frac{a\tau}{R^2} = \frac{1.28 \times 10^{-7} \times 8760 \times 3600}{4.37^2} = 2.12$$

$$Bi = \frac{\alpha R}{\lambda} = 10.1$$

$$f_1(Fo, Bi) = 0.93$$

$$q_t = 8.14 \times (22-16) \times (1-0.93) = 3.42\text{W/m}^2$$

$$q = 8.505 + 3.42 = 11.925\text{W/m}^2$$

(4) 最大热流出现的时间
$$\cos(\omega\tau + \beta) = 1$$

$$\tau = \frac{-\beta}{\omega} = -\frac{0.534}{0.000717} = -745\text{h}(31\text{天})$$

若7月15日出现温度最高值，则31天前，即6月15日出现热流最大值。

第六章 浅埋地下工程的传热问题

在实际工程中,恒热流和恒温边界条件比较少见,经常遇到的是周期性变化的传热现象。例如大地表面就处在室外空气温度周期性变化及太阳辐射周期变化的影响下。气温日变化周期是24h,一般室外空气温度在下午2~3点钟最高,清晨4~5点钟最低,太阳辐射则在白天12h内变化最大。气温按季节变化来考虑,则变化周期可按365天计算,一年之中夏季平均气温最高,冬季平均气温最低,太阳辐射也是夏季较强,冬季较弱。工程上把室外空气与太阳辐射两者对围护结构的共同作用,用一个综合温度的概念来衡量。任何连续的周期性波动曲线都可以用多项余弦函数叠加组成,即用傅立叶级数表示,实测资料说明,综合温度的周期性波动规律可视为一简单的简谐波曲线,所以工程中气温的周期性变化都是用简谐波来分析计算的。

浅埋地下建筑与深埋地下建筑热工计算方法的区别,主要是前者受地面温度及其变化的影响,而后者则可以忽略这种影响。研究浅埋地下工程传热问题的主要方法为数值计算方法。

要研究浅埋地下工程的传热问题,首先应当了解建筑物的构造形式、尺寸、用途、使用工况以及周围介质(如土壤)的热物理特性等。而建筑物的形式和尺寸是决定传热"系统"几何条件的主要内容。

从传热过程的特点来看,浅埋地下工程可分为单建式(图6-1a)和附建式(图6-1b)两种构造形式[74]。单建式的覆盖层上没有建筑物,附建式的上面有建筑。无论是单建式的或是附建式的浅埋地下工程,目前多数为单层地下建筑,多层地下建筑属个别情况。

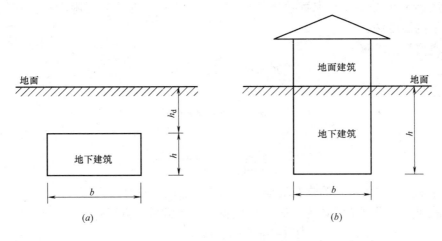

图6-1 浅埋地下工程的构造形式
(a) 单建式;(b) 附建式

浅埋地下工程多数建在城市，具有广泛的用途，如交通运输工程、地下商场、停车场、地下旅馆或学校、餐厅、医院、仓库、厂房、人防指挥所等。这些工程根据有无组织通风又可分为两类。本章所讨论的是有组织通风的地下工程。

第一节　浅埋地下工程在周期性热作用下的温度变化特点

一、周期性变化的温度波

浅埋工程周边围合的土壤可视为半无限大物体模型。

对均质的半无限大物体周期性变化边界条件下的温度场，其导热微分方程式为：

$$\frac{\partial t}{\partial \tau}=a\frac{\partial^2 t}{\partial x^2} \tag{6-1}$$

假设周期性热作用延续很长时间，则物体内初始条件的影响可以不计。物体内各处温度随时间的变化是一定规律的重复，温度场求解，只取决于边界条件。

气温与地面温度发生以年或以天为周期的变化。地面温度的这种周期性变化，可以用余弦的简谐波动来描述。

$$\theta(0,\tau)=A_0\cos\omega\tau \tag{6-2}$$

式中，$\theta(0,\tau)$ 表示半无限大物体表面在 $x=0$ 处任何瞬时 τ 时刻的相对温度，在周期性变化的传热过程中，取平均温度 t_m 为基准温度，则相对温度可表示为：

$$\theta(0,\tau)=t(0,\tau)-t_m \tag{6-3}$$

A_0 为地面温度波动的波幅。即测得的地面最高或最低温度值与平均温度之差的绝对值

$$A_0=|t_{\max}-t_m|=|t_{\min}-t_m| \tag{6-4}$$

ω 为温度变化频率（表示每小时对应于余弦中角度的变化值），以年为周期时 $\omega=2\pi/8760$，以天为周期时 $\omega=2\pi/24$。

根据边界条件式（6-2）求解导热微分方程式（6-1），即得半无限大物体在周期性热作用条件下的温度场。

用分离变量法求解

$$\theta(x,\tau)=f(x)\varphi(\tau) \tag{6-5}$$

代入微分方程

$$f(x)\varphi'(\tau)=a\cdot\varphi(\tau)\cdot f''(x) \tag{6-6}$$

分离变量

$$\frac{\varphi'(\tau)}{a\cdot\varphi(\tau)}=\frac{f''(x)}{f(x)} \tag{6-7}$$

等式左端是 τ 的函数，等式右端是 x 的函数。因此，只有它们都等于一个常数时，等式才有可能成立，设这个常数为 $\pm i\varepsilon^2$，由此得到两个常微分方程：

$$\varphi'(\tau)-(\pm i\varepsilon^2)a\varphi(\tau)=0 \tag{6-8}$$

$$f''(x)-(\pm i\varepsilon^2)f(x)=0 \tag{6-9}$$

由以上两个方程的解可得到

$$\theta(x,\tau)=ce^{\pm i\varepsilon^2 a\tau \pm \varepsilon\sqrt{\pm ix}}$$

实际方程有四个特解[327]

$$\begin{cases}\theta(x,\tau)_1=C_1e^{-\sqrt{\frac{1}{2}}\varepsilon x+i(\varepsilon^2 a\tau-\sqrt{\frac{1}{2}}\varepsilon x)}\\ \theta(x,\tau)_2=C_1e^{-\sqrt{\frac{1}{2}}\varepsilon x-i(\varepsilon^2 a\tau-\sqrt{\frac{1}{2}}\varepsilon x)}\\ \theta(x,\tau)_3=C_1e^{\sqrt{\frac{1}{2}}\varepsilon x+i(\varepsilon^2 a\tau-\sqrt{\frac{1}{2}}\varepsilon x)}\\ \theta(x,\tau)_4=C_1e^{\sqrt{\frac{1}{2}}\varepsilon x-i(\varepsilon^2 a\tau-\sqrt{\frac{1}{2}}\varepsilon x)}\end{cases}$$

由于温度波是衰减的，故式中后两个解应舍掉，另外两个解相加时得到另一个特解

$$\theta(x,\tau)=e^{-\sqrt{\frac{1}{2}}\varepsilon x}[C_1e^{+i(\varepsilon^2 a\tau-\sqrt{\frac{1}{2}}\varepsilon x)}+C_2e^{-i(\varepsilon^2 a\tau-\sqrt{\frac{1}{2}}\varepsilon x)}]$$

欧拉公式展开，指数为虚数项约去得

$$\theta(x,\tau)=e^{-\sqrt{\frac{1}{2}}\varepsilon x}\left[A\cos\left(\varepsilon^2 a\tau-\sqrt{\frac{1}{2}}\varepsilon x\right)+B\sin\left(\varepsilon^2 a\tau-\sqrt{\frac{1}{2}}\varepsilon x\right)\right]$$

以相位角表示

$$\theta(x,\tau)=Ce^{-\sqrt{\frac{1}{2}}\varepsilon x}\cos\left(\varepsilon^2 a\tau-\sqrt{\frac{1}{2}}\varepsilon x-\varphi\right)$$

式中

$$\varphi=\tan^{-1}\frac{B}{A},C=\sqrt{A^2+B^2}$$

按照边界条件来确定式中的参数，$x=0$ 时，有

$$C=A_0,\varepsilon=\sqrt{\frac{\omega}{a}}$$

所以在周期性热作用条件下，半无限大物体的温度场为

$$\theta(x,\tau)=A_0e^{-\sqrt{\frac{\omega}{2a}}x}\cos(\omega\tau-\sqrt{\frac{\omega}{2a}}x-\varphi) \tag{6-10}$$

式（6-10）表达了周期性变化边界条件下的温度场，对公式逐项进行分析：

1. $A_0e^{-\sqrt{\frac{\omega}{2a}}x}$ 项

表示地面温度的最大波幅 A_0 随地层深度 x 的增加而逐渐衰减的规律，地面处：

$$x=0\text{时},A_0e^{-\sqrt{\frac{\omega}{2a}}x}=A_0$$

地面以下

$$x>0\text{时},e^{-\sqrt{\frac{\omega}{2a}}x}<1$$

地层 x 深处温度的波动幅度将小于地表面的温度波幅 A_0。可以看出，对一定的导温系数 a 和波动频率 ω，随着埋深 x 的增大，振幅是衰减的，达到一定深度后，温度波动的幅度将几乎衰减到 0，即一定深度以外将完全不受表面温度波的影响，这个深度就是表面周期性温度波的穿透深度，也是我们地下工程区别深埋工程和浅埋工程的依据。对有限厚的物体来说，只要其实际厚度大于这个值，就可以按照"半无限大"的规律来处理。振幅衰减的程度用衰减度来表示。

$$\nu=\frac{A_x}{A_0}=e^{-\sqrt{\frac{\omega}{2a}}x}$$

图 6-2 给出了某城市地面不同深度 x 处的年温度波动曲线，从图中可以看到，深度越深，振幅衰减越甚。影响温度波衰减的主要因素是物体的导温系数、波动周期和深度。导温系数大，温度波的影响越深入，波的衰减越缓慢；波动的周期越短，振幅衰减越快。所以日变化温度波比年变化温度波衰减得快很多，一般日变化温度波在深度为 1.5m 左右处就几乎消失了。

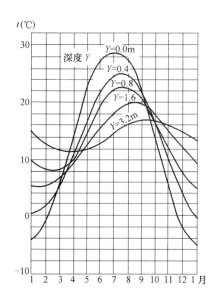

图 6-2 某市不同深度地层实测温度曲线

2. $\cos\left(\omega\tau-\sqrt{\dfrac{\omega}{2a}}x-\varPhi\right)$ 项

表示在一定的深度 x 处，土壤（或岩石）温度随时间变化的规律。在一定深度，因为 $\sqrt{\dfrac{\omega}{2a}}x$、$\varPhi$ 是常数，所以 $\cos\left(\omega\tau-\sqrt{\dfrac{\omega}{2a}}x-\varPhi\right)$ 是 τ 的单值函数，从公式中可以看出，任何深度 x 处温度波幅出现的时间比表面温度波幅出现的时间滞后一个相位角 φ。滞后的时间 $\Delta\tau$ 可用下面的公式来表示：

$$\Delta\tau=\dfrac{\varphi}{\omega}=\dfrac{\sqrt{\dfrac{\omega}{2a}}x+\varphi}{\omega}=\sqrt{\dfrac{1}{2a\omega}}x+\dfrac{\varphi}{\omega}$$

从公式可以看出，在一定的周期下，任何深度温度波幅的滞后时间 $\Delta\tau$ 与深度 x 是线性关系。图 6-3 给出了表面温度波与任意位置温度波随时间变化的曲线。

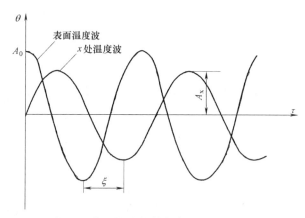

图 6-3 半无限大物体任意位置的温度波

从图 6-3 中可以看出，半无限大物体表面和不同深度 x 处的相对温度，随时间 τ 都是按一定周期的简谐波变化。若把同一时刻半无限大物体中不同地点的温度标绘在 θ-x 坐标中，它也是一个周期性变化的温度波。这个波的振幅是衰减的，并且按照一定的波长向无限大物体深度方向传播。这个波长就是同一时刻温度分布曲线上相角相同的两相邻平面之间的距离。相角相同的两相邻平面之间的相角差为 2π，可以由下面的公式表示：

$$\Delta\varphi=\sqrt{\frac{\omega}{2a}}\cdot\Delta x=2\pi$$

$$\Delta x=2\pi\sqrt{\frac{2a}{\omega}}$$

二、地温值的修正[326][328]

1. 地热梯度的影响

在地表活动层下面的等温层中,温度尽管不受地面温度波动的影响,但并非恒定,它受地壳内部的影响,地温随深度而增加[326,328]。所谓地热梯度 G 就是深度每增加 1m 所增加的温度。

$$G=\frac{q}{\lambda}\ \text{℃/m}$$

式中,G 为地热梯度;q 为地层中比热流,W/m^2;λ 为土壤或岩石的导热系数,$W/(m\cdot\text{℃})$。

假设地球为球形,在任何球面上所通过的热流量相等。在半径很大的地球壳层中,土壤温度 t_h 随深度 h 的变化关系如下:

$$t_h=t_p+Gh$$

式中 t_p 为地球表面年平均温度。

工程设计中,可取 $G=\frac{1}{30}$ ℃/m,即深度增加 30m,温度升高 1℃。

2. 海拔高度的影响

当工程所在地的海拔高度和当地气象台站的海拔高度不同时,工程所在地的土壤初始温度可按下式计算:

$$t_0=t_p-\frac{H_g-H_q}{M_g}$$

式中 t_0——土壤或岩石的初始温度,℃;

t_p——当地气象台站测定的历年中土壤表面年平均温度的平均值,℃;

H_g——工程口部的海拔高度,m;

H_q——当地气象台站的海拔高度,m;

M_g——高差空气温降系数,可取 200m/℃。

3. 地表性质的影响

地表植被和其他覆盖物对土壤温度的影响较大,具体数值见下表:

地表植被因素的修正　　　　表 6-1

地面性质	光秃地面	树木杂草	冬季积雪	长期积雪
修正值(℃)	0	1	1	2

4. 当进行人防工程设计时,有条件时应对工程所在地的土壤温度进行实测,或取得工程当地气象台站的地温资料(一般是各个深度的月平均温度),然后按《人民防空地下室设计规范》GB 50038—2005[329]条文说明中的方法确定工程计算所需的土壤初始温度。

三、周期性变化的热流波

半无限大物体周期性加热或冷却时,热量必然是周期性地从表面传入(或传出)。按傅里叶定律求出表面的传热量:[194]

$$q_{0,\tau}=-\lambda\left(\frac{\partial\theta}{\partial x}\right)_{0,\tau} \tag{6-11}$$

式中,$q_{0,\tau}$ 为 τ 时刻表面的热流量,$\left(\frac{\partial\theta}{\partial x}\right)_{0,\tau}$ 为 τ 时刻物体表面的温度梯度。

根据(6-10)式可得:

$$\left(\frac{\partial\theta}{\partial x}\right)_{x,\tau}=A_0 e^{-\sqrt{\frac{\omega}{2a}}x}\left[\cos\left(\omega\tau-\sqrt{\frac{\omega}{2a}}x\right)\right]'+A_0\left(-\sqrt{\frac{\omega}{2a}}\right)e^{-\sqrt{\frac{\omega}{2a}}x}\cos\left(\omega\tau-\sqrt{\frac{\omega}{2a}}x\right) \tag{6-12}$$

当 $x=0$ 时

$$\left(\frac{\partial\theta}{\partial x}\right)_{0,\tau}=A_0\sqrt{\frac{\omega}{2a}}\sin\omega\tau-A_0\sqrt{\frac{\omega}{2a}}\cos\omega\tau=-A_0\sqrt{\frac{\omega}{a}}\sin\left(\frac{\pi}{4}-\omega\tau\right) \tag{6-13}$$

把式(6-13)代入式(6-11)中可得:

$$q_{0,\tau}=\lambda A_0\sqrt{\frac{\omega}{a}}\sin\left(\frac{\pi}{4}-\omega\tau\right)=\lambda A_0\sqrt{\frac{\omega}{a}}\cos\left(\omega\tau+\frac{\pi}{4}\right) \tag{6-14}$$

表面的热流波幅为:

$$A_q=A_0\lambda\sqrt{\frac{\omega}{a}}$$

所以

$$q_{0,\tau}=A_q\cos\left(\omega\tau+\frac{\pi}{4}\right)$$

由上式可以看出,物体表面的热流通量 $q_{0,\tau}$ 也是按简谐波规律变化,而表面热流通量波比温度波提前了一个相位,即相当于 1/8 个周期,以天为周期计算,共 24h,所以每天地表面的最大热流波比最大温度波出现时间要大约提前 3h。

表面热流通量与其振幅的比值 S 可由下式来表示:

$$S=\frac{A_q}{A_0}=\lambda\sqrt{\frac{\omega}{a}}=\sqrt{\frac{2\pi\rho c\lambda}{T}}$$

S 称为材料的蓄热系数,表示当物体表面温度波振幅为 1℃时,导入物体的最大热流流通量。S 的数值与材料的热物性以及波动的周期有关。

从以上分析过程可知,由于浅埋地下工程传热过程受许多因素影响,传热计算变得复杂。

根据使用情况,浅埋地下工程可以分为恒温建筑、通风建筑和封闭建筑。在地下建筑热工计算中,夏季和冬季的计算是主要的。当夏季和冬季满足热工要求,春秋季也就满足了。

第二节 浅埋地下工程冬季供暖时的传热量近似计算

北方严寒、寒冷及夏热冬冷地区的浅埋地下工程在冬季供暖时,可以将其视作恒热流边界条件下的传热问题[194]。

一、土壤初始温度 t_0 的确定

对浅埋地下工程，不同埋深的土壤初始温度 t_0 按式（6-10）计算。当计算冬季采暖负荷时，由于地温随埋深变化比较大，因而对工程的顶板、侧墙和底板应采用不同的土壤计算温度。

根据加热深度 δ_j 和工程覆盖层厚度 h_d 的关系，式（6-10）中关于工程埋深的取值分两种情况。

1. 被覆层大于加热层厚度：$h_d \geqslant \delta_j$（图 6-4a）

计算顶板传热量的土壤计算温度 t_{d1} 的埋深 $H_1 = h_d - \delta_j$

计算侧墙传热量的土壤计算温度 t_c 的埋深 $H_2 = h_d + h_i/3$

计算底板传热量的土壤计算温度 t_{d2} 的埋深 $H_3 = h_d + h_i$

2. 被覆层小于加热层厚度：$h_d < \delta_j$（图 6-4b）

计算顶板传热量的土壤计算温度 t_{d1} 的埋深 $H_1 = 0$

计算侧墙上部传热量的土壤计算温度 t_{c1} 的埋深 $H_2 = h_d + (\delta_j - h_d)/3$

计算侧墙下部传热量的土壤计算温度 t_{c2} 的埋深 $H_3 = \delta_j + (h_d + h_i - \delta_j)/3$

计算底板传热量的土壤计算温度 t_{d2} 的埋深 $H_4 = h_d + h_i$

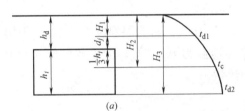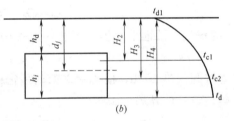

图 6-4 $h_d \geqslant \delta_j$ 时土壤计算温度图

式中，$\delta_j = 1.13 R_0 \sqrt{F_0} = 1.13 \sqrt{a\tau}$（$R_0$ 为工程的当量半径，Fo 为工程预热期傅立叶准则，详见第三章第一节），m；h_d 为地下工程的被覆层厚度，m；h_i 为工程内部净高，m。

二、恒热流边界条件下传热量的近似计算

1. 被覆层大于加热层厚度：$h_d \geqslant \delta_j$（见图 6-4a）

$$Q_d = k(t_{nc} - t_{d1})F_{d1}$$
$$Q_c = k(t_{nc} - t_c)F_c$$
$$Q_d = k(t_{nc} - t_{d2})F_{d2}$$

总传热量：$\qquad Q = Q_d + Q_c + Q_d$

式中，k 为传热系数，W/(m²·℃)，计算见式（3-13）；t_{nc} 为工程内部空气温度，℃；F_{d1}、F_c、F_{d2} 分别为顶盖、侧墙、地板的内表面积。

2. 被覆层小于加热层厚度：$h_d < \delta_j$（见图 6-4b）

1）传热系数的计算

顶盖：
$$k_1 = \frac{1}{\frac{1}{h} + \frac{h_{d1}}{\beta\lambda}}$$

侧墙上部：
$$k_2 = \frac{1}{\frac{1}{h} + \frac{\frac{1}{3}(\delta_j + 2h_{d1})}{\beta\lambda}}$$

侧墙下部及地板：
$$k_3 = \frac{1}{\frac{1}{h} + \frac{\delta_j}{\beta\lambda}}$$

2) 传热量的计算
$$Q_d = k_1(t_{nc} - t_{d1})F_{d1}$$
$$Q_{c1} = k_2(t_{nc} - t_{c1})F_{c1}$$
$$Q_{c2} = k_3(t_{nc} - t_{c2})F_{c2}$$
$$Q_d = k_3(t_{nc} - t_{d2})F_{d2}$$

总传热量：
$$Q = Q_{d1} + Q_{c1} + Q_{c2} + Q_{d2}$$

【例 6-1】 某地下工程长×宽×高 $= 10 \times 20 \times 3$ (m³)，覆盖层厚度 $h_d = 2$m，土壤 $a = 1 \times 10^{-6}$ m²/s，$\lambda = 1.74$ W/(m·℃)，地表年平均地温为 $t_p = 6$℃，温度年波幅 $\theta_d = 10$℃。求冬季房间预热 100h，使 $t_n = 20$℃ 时所需的加热量。

解：(1) 计算加热层厚度
$$\delta_j = 1.13\sqrt{a\tau} = 1.13\sqrt{1 \times 10^{-6} \times 100 \times 3600} = 0.68\text{m}$$

得出：$h_d > \delta_j$

(2) 计算工程各部分的土壤深度
$$t_h = t_p - A_0 e^{-\sqrt{\frac{\omega}{2a}}H} = 6 - 10 e^{-\sqrt{\frac{\pi}{1 \times 10^{-6} \times 8760 \times 3600}}H} = 6 - 10 e^{-\frac{H}{3.16}}$$

顶盖 $\quad H_1 = h_d - \delta = 2 - 0.68 = 1.32$m
$$t_{d1} = 6 - 10 e^{-\frac{1.23}{3.16}} = -0.5℃$$

侧墙 $\quad H_2 = h_d + h_i/3 = 2 + 3 \times (1/3) = 3$m
$$t_c = 6 - 10 e^{-\frac{3}{3.16}} = 2℃$$

地板 $\quad H_3 = h_d + h_i = 5$m
$$t_{d2} = 6 - 10 e^{-\frac{5}{3.16}} = 4℃$$

(3) 求传热系数

$l \leq \frac{1}{2(b+h)}$，可按球体计算

$$\beta = 1 + \sqrt{Fo}$$
$$R = 0.62\sqrt[3]{V} = 0.62\sqrt[3]{20 \times 10 \times 3} = 0.62 \times 8.44 = 5.23\text{m}$$

$$Fo = \frac{a\tau}{R^2} = \frac{1 \times 10^{-6} \times 100 \times 3600}{5.23^2} = 0.132$$

得出 $\beta = 1 + 0.115 = 1.115$

$$k = \frac{1}{\frac{1}{a} + \frac{1.13\sqrt{a\tau}}{\beta\lambda}} = 1.90$$

（4）求散热量

$$Q_{d1} = 1.90 \times (20 + 0.5) \times 200 = 7790\text{W}$$
$$Q_c = 1.90 \times (20 - 2) \times 180 = 6156\text{W}$$
$$Q_{d2} = 1.90 \times (20 - 4) \times 200 = 6080\text{W}$$
$$Q = Q_{d1} + Q_c + Q_{d2} = 20026\text{W}$$

【例 6-2】 将上例中预热时间为 2500h 达到 $t_m = 20$℃。求房间总的传热量。

解：（1）计算加热层厚度 δ_j

$$\delta_j = 1.13\sqrt{a\tau} = 1.13 \times \sqrt{1 \times 10^{-6} \times 2500 \times 3600} = 3.4\text{m}$$

得出：$h_d < \delta_j$

（2）传热系数

$$Fo = \frac{1 \times 10^{-6} \times 2500 \times 3600}{5.23^2} = 0.33$$
$$\beta = 1 + 0.574 = 1.574$$
$$k_1 = \frac{1}{\frac{1}{a} + \frac{\delta_j}{\beta\lambda}} = 1.1078$$
$$(2h_d + \delta_j)/3 = (2 \times 2 + 3.4)/3 = 2.47\text{m}$$
$$k_2 = 0.928$$
$$k_3 = \frac{1}{\frac{1}{a} + \frac{\delta_j}{\beta\lambda}} = 0.7076$$

（3）土壤温度计算

$$t = t_p - A_0 e^{-\frac{H}{3.16}}$$
$$H_1 = 0\text{m}$$
$$t_1 = 6 - 10 = -4℃$$
$$H_2 = (2h_d + \delta_j)/3 = (2 \times 2 + 3.4)/3 = 2.47\text{m}$$
$$t_2 = 6 - 10e^{-\frac{2.47}{3.16}} = 1.5$$
$$H_3 = \delta + (h_d + h_j - \delta_j)/3 = 3.4 + (2 + 3 - 3.4) = 3.93\text{m}$$
$$t_3 = 6 - 10e^{-\frac{3.93}{3.16}} = 3.3℃$$
$$H_4 = h_d + h_i = 5\text{m}$$
$$t_4 = 6 - 10e^{-\frac{5}{3.16}} = 5℃$$

（4）散热量计算

$$Q_{d1} = k_1(t_n - t_1)F_{d1} = 1.1078 \times [20 - (-4)] \times 200 = 5317.44\text{W}$$
$$Q_{c1} = k_2(t_n - t_2)F_{c1} = 0.928 \times (20 - 1.5) \times 60 \times 1.4 = 1442.112\text{W}$$

$$Q_{c2}=k_3(t_n-t_3)F_{c2}=0.7076\times(20-3.3)60\times1.6=1134.48$$
$$Q_{d2}=k_3(t_n-t_4)F_{d2}=0.7076\times(20-5)200=2122.8\text{W}$$
$$Q=Q_{d1}+Q_{c1}+Q_{c2}+Q_{d2}=10016.832\text{W}$$

第三节 浅埋地下工程夏季空调工况时的传热量计算[264][330][331]

浅埋地下工程在空调工况下，可将其作为恒温边界条件下的传热问题处理。在空调工况下，建筑的室内温度是不随时间变化的，但室温的控制要受到地表温度的年周期波动（简称年波动）的影响，因而浅埋地下工程在空调工况时室温恒定，但其传热量是变化的。

一、单建式

单建式恒温地下工程壁面传热量 Q_1，等于室内的年平均空气温度 t_{nc} 与围护结构初始计算温度 t_0 之差引起的壁面传热和地表面温度年波动引起的壁面传热量 Q_s 叠加求得，即

$$Q_1=(t_{nc}-t_0)N+Q_s \quad \text{W} \tag{6-15}$$
$$N=2hl(h_i+b)(1-T_{pb}) \quad \text{W/℃} \tag{6-16}$$
$$Q_s=\pm hl\theta_d(b\Theta_{db1}+2h_y\Theta_{db2}) \quad \text{W} \tag{6-17}$$

式中 Q_1——恒温地下建筑壁面总传热量，W；

N——壁面年平均传热计算参数，W/℃；

l——建筑物长度，m；

b——建筑物宽度，m；

h_i——建筑物高度，m；

t_{nc}——地下建筑室内空气温度，℃；

t_0——围护结构初始温度，℃，取值方法如上节所述；

h——室内空气与壁面之间的热交换系数，W/(m²·℃)；

Q_s——地表面温度年周期性波动引起的壁面传热量，W；夏季由壁面向洞内放热，Q_s 为"一"，冬季由洞室向壁面传热，Q_s 为"+"；

θ_d——地表面温度年波幅，℃，由当地气象资料查出；

h_y——计算侧墙表面传热面积的参数，m，当 $h_d+h_i\leqslant 6\text{m}$，$h_y=h_d$；当 $h_d+h_i>6\text{m}$，$h_y=6-h_d$；h_d 为覆盖层厚度，m；

T_{pb}——年平均温度参数，由下式确定：

$$T_{pb}=\frac{K_p Bi}{1+K_p Bi} \tag{6-18}$$

式（6-18）中：

准则数 $Bi=hr_0/\lambda$

K_p 根据 H 值从图 6-5 查得，图中曲线

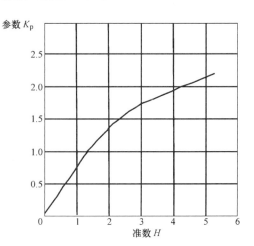

图 6-5 参数 K_p 与 H 值的关系

是根据计算结果绘制的。

为此，应按下式求 H 值，即

$$H=\frac{0.5h_i+h_d}{r_0}$$

式中

r_0——当量半径，m，$r_0=(l+h)/\pi$；

h_d——覆盖层厚度，m；

h_i——建筑物高度，m；

Θ_{db1}，Θ_{db2}——年周期室内表面的温度波动参数，Θ_{db1} 是建筑顶层的上表面（顶棚）Θ_{db} 值按面积的平均值，Θ_{db2} 是侧面的墙表面 Θ_{db} 值按面积的平均值。

【**例 6-3**】 某单建式浅埋恒温建筑长 $l=100$m，宽 $b=12$m，高 $h_i=4$m，覆土厚度 $h_d=2$m，墙壁为 0.4m 厚钢筋混凝土衬砌，导热系数 $\lambda_b=1.51$W/(m·℃)，导温系数 $a_b=8.33\times10^{-7}$m²/s，建筑物周围为土壤介质，其 λ 为 1.51W/(m·℃)，a 为 5.56×10^{-7}m²/s；地表温度年波幅 $\theta_d=18$℃，年平均地温为 $t_0=14$℃；室内温度 $t_c=22$℃，热交换系数 $h=8.14$W/(m²·℃)。根据以上条件，计算冬夏季壁面传热量 Q_1 值。

解： 确定温度参数 T_{pb}、Θ_{db1} 和 Θ_{db2} 值：

$$r_0=\frac{h_i+b}{\pi}=\frac{4+12}{3.1416}=5.09\text{m};$$

求 H 值：

$$H=\frac{0.5h_i+h_d}{r_0}=\frac{2+2}{5.09}=0.79$$

求 Bi 值：

$$Bi=\frac{hr_0}{\lambda}=\frac{8.14\times5.09}{1.51}=27.44$$

根据 H 值，由图 6-5 查得 $K_p=0.6$，则温度 T_{pb} 为：

$$T_{pb}=\frac{K_pBi}{1+K_pBi}=\frac{0.6\times27.44}{1+0.6\times27.44}=0.943$$

根据导热系数 λ、导温系数 a 和地下建筑深埋 h_d 值，查表 6-2、表 6-3，分别得到：

$$\Theta_{db1}=0.0793 \quad \Theta_{db2}=0.174$$

因 $6-h_d=4$m$=h_i$，则 $h_y=h_i=4$m。

按照式（6-16）求得 N：

$$N=2hl(b+h_i)(1-T_{pb})=1541\text{W}\cdot\text{℃}$$

按照式（6-17），求得 Q_s 等于：

$$Q_s=\pm hl\theta_d(b\Theta_{db1}+2h_y\Theta_{db2})=\pm16053.24\text{W}$$

最后按式（6-15）求得夏季围护结构壁面传热量 Q_1 如下：

$$Q_1=(t_{nc}-t_0)N+Q_s=(22-14)\times1541+(-16053.24)=-0.373\times10^4\text{W}$$

冬季围护结构壁面传热量 Q_1' 如下：

$$Q_1'=(t_{nc}-t_0)N-Q_s=(22-14)\times1541+16053.24=2.838\times10^4\text{W}$$

上面所求结果表明，夏季壁面向洞放热 3.73kW，冬季洞室向壁面传热 28.38kW。

单建式 Θ_{db1} 值（顶层上表面的平均值） 表 6-2

$\lambda(W/(m \cdot ℃))$	$a \times 10^7$ (m^2/s)	覆盖层厚度 $h_d(m)$					
		1	2	3	4	5	6
1.16	2.78	0.1250	0.0540	0.0175	−0.0020	−0.0040	−0.0060
	4.44	0.1260	0.0623	0.0311	0.0109	0.0025	−0.0059
	5.56	0.1380	0.0621	0.0368	0.0171	0.0070	−0.0030
	6.94	0.1550	0.0660	0.0390	0.0227	0.0128	0.0028
1.51	2.78	0.1570	0.0687	0.0222	−0.0030	−0.0054	−0.0077
	4.44	0.1580	0.0792	0.0389	0.0138	0.0031	−0.0076
	5.56	0.1610	0.0793	0.0488	0.0218	0.0089	−0.0039
	6.94	0.1850	0.0865	0.0530	0.0286	0.0145	−0.0004
1.74	2.78	0.1760	−0.0775	0.0252	−0.0033	−0.0060	−0.0088
	4.44	0.1780	0.0900	0.0451	0.0160	0.0037	−0.0086
	5.56	0.1800	0.0900	0.0537	0.0250	0.0103	−0.0045
	6.94	0.1970	0.0950	0.0570	0.0330	0.0145	−0.0041

单建式 Θ_{db2} 值（侧壁面平均值） 表 6-3

$\lambda(W/(m \cdot ℃))$	$a \times 10^7$ (m^2/s)	覆盖层厚度 $h_d(m)$					
		1	2	3	4	5	6
1.16	2.78	0.0250	0.0055	0.0006	−0.0043	−0.0055	−0.0066
	4.44	0.0260	0.0114	0.0052	−0.0011	−0.0046	−0.0080
	5.56	0.0283	0.0139	0.0078	0.0016	−0.0023	−0.0062
	6.94	0.0304	0.0164	0.0108	0.0051	0.0011	−0.0030
1.51	2.78	0.0263	0.0068	0.0005	−0.0058	−0.0071	−0.0084
	4.44	0.0324	0.0144	0.0059	−0.0026	−0.0018	−0.0010
	5.56	0.0351	0.0174	0.0078	−0.0019	−0.0048	−0.0077
	6.94	0.0378	0.0207	0.0135	0.0062	0.0013	−0.0036
1.74	2.78	0.0294	0.0077	0.0006	−0.0065	−0.0080	−0.0094
	4.44	0.0362	0.0163	0.0075	−0.0017	−0.0064	−0.0110
	5.56	0.0395	0.0198	0.0088	−0.0012	−0.0055	−0.0088
	6.94	0.0425	0.0235	0.0151	0.0067	0.0013	−0.0041

二、附建式

附建式浅埋地下建筑典型如地下室，其壁面传热量 Q_1 为三部分之和：一是室内空气年平均温度与年平均地温之差引起的壁面传热量；二是地面建筑与地下室温差引起的，通过楼板传递量（见式（6-19）等号右边第一项）；三是地表面温度年周期性波动通过建筑外侧墙壁传递的热量（见式（6-19）等号右边第二项），即

$$Q_1 = (t_{nc} - t_0)N + Q_s \quad W \tag{6-19}$$

$$N = hl(b + 2h_i)(1 - T_{pb}) \quad W/℃ \tag{6-20}$$

$$Q_s = blk(t_{nc} - t'_{np})m2hh_i l\theta_d \Theta_{db} \quad W \tag{6-21}$$

式中 N——壁面年平均传热计算参数，$W/℃$；

T_{pb}——平均温度参数，根据基岩（或土壤）的导热系数 λ，建筑物宽度 b 和高度 h_i 值，查图 6-6；

Q_s——壁面传热量第二部分与第三部分之和,W;

k——楼板传热系数,$k=\dfrac{1}{\dfrac{1}{h_\text{上}}+\dfrac{\delta}{\lambda_b}+\dfrac{1}{h_\text{下}}}$,W/(m²·℃)。

如果地面建筑与地下室的换热系数 $h_\text{上}$ 和 $h_\text{下}$ 相等,令它们等于 h,则系数 k 可写成:

$$k=\frac{h\lambda_b}{h\delta+2\lambda_b}\quad \text{W/(m}^2\cdot\text{℃)}$$

式中 δ——地下室与地面建筑之间楼板的厚度,m;

λ_b——楼板材料的导热系数,W/(m·℃);

t'_{np}——地面建筑空气日平均温度,℃;

t_{nc}——浅埋地下建筑内空气恒定控制温度,℃;

Θ_{db}——地表面温度年周期性波动时,引起的侧壁面温度参数,根据基岩(或土壤)的 λ 和 a 及建筑物高度查表6-4。

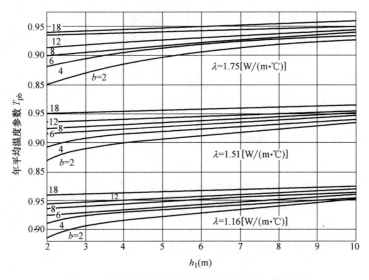

图6-6 浅埋地下室年平均温度参数 T_{pb} 值曲线

Θ_{db} 值(侧壁平均)　　　　　　　　表6-4

λ[W/(m·℃)]	$a\times 10^7$ (m²/s)	覆盖层厚度 h_d(m)					
		1	2	3	4	5	6
1.16	2.78	0.1395	0.0900	0.0623	0.0464	0.0365	0.0298
	4.44	0.1435	0.0921	0.0659	0.0502	0.0398	0.0328
	5.56	0.1457	0.0965	0.0700	0.0537	0.0430	0.0355
	6.94	0.1466	0.0976	0.0716	0.0556	0.0447	0.0371
1.51	2.78	0.1710	0.1111	0.0770	0.0574	0.0451	0.0369
	4.44	0.1765	0.1173	0.0839	0.0638	0.0507	0.0418
	5.56	0.1790	0.1196	0.0870	0.0670	0.0535	0.0443
	6.94	0.1803	0.1211	0.0890	0.0693	0.0557	0.0462
1.75	2.78	0.1910	0.1246	0.0865	0.0643	0.0506	0.0413
	4.44	0.1965	0.1313	0.0940	0.0716	0.0569	0.0468
	5.56	0.1990	0.1338	0.0975	0.0749	0.0598	0.0494
	6.94	0.1992	0.1349	0.1030	0.0774	0.0622	0.0517

【例 6-4】 某恒温浅埋地下建筑，长 l 为 190m，宽 b 为 12m，高 h_i 为 4m，楼板和侧墙分别为 200mm 和 400mm 厚度的钢筋混凝土，其 λ_b 为 1.51W/(m·℃)，a_b 为 8.33×10^{-7}m²/s；建筑物周围为土壤介质，λ 为 1.5W/(m·℃)，a 为 5.56×10^{-7}m²/s；年平均地温 t_0 为 14℃，地表面温度年波幅 θ_d 为 18℃，地面建筑内空气日平均温度 t'_{np}，夏季为 28℃，冬季为 16℃；设地面建筑与地下室换热系数 h 均为 8.0W/(m²·℃)。地下室恒温温度 t_{nc} 为 22℃。求地下室冬夏季壁面传热量。

解： 根据土壤的 $\lambda=1.51$W/m·℃，$a=5.56\times10^{-7}$m²/s 和建筑物高度 $h_i=4$m，查表 6-4 得 $\Theta_{db}=0.067$；查图 6-6 得 $T_{pb}=0.941$。

楼板传热系数 K 为：

$$K=\frac{h\lambda_b}{h\delta+2\lambda_b}=\frac{8.0\times1.5}{8.0\times0.2+2\times1.5}=2.61\text{W/(m}^2\cdot\text{℃)}$$

根据式（6-20）和式（6-21）计算参数 N 和 Q_s：

$$N=hl(b+2h_i)(1-T_{pb})$$
$$=8.0\times190\times(12+2\times4)\times(1-0.941)=1793.6\text{W/℃}$$

夏季：

$$Q_s=blk(t_{nc}-t'_{np})-2hh_il\theta_d\Theta_{db}$$
$$=12\times190\times2.61\times(22-28)-2\times8.0\times4\times190\times18\times0.067$$
$$=-50369\text{W}$$

冬季：

$$Q_s=blk(t_{nc}-t'_{np})+2hh_il\theta_d\Theta_{db}$$
$$=12\times190\times2.61\times(22-16)+2\times8.0\times4\times190\times18\times0.067$$
$$=50369\text{W}$$

按式（6-19）计算夏季和冬季的壁面传热量：

夏季：

$$Q_1=(t_{nc}-t_0)N+Q_s$$
$$=(22-14)\times1793.6-50369$$
$$=-36020\text{W}=-36.02\text{kW}$$

冬季：

$$Q'_1=(t_{nc}-t_0)N+Q_s$$
$$=(22-14)\times1793.6+50369=64718\text{W}=64.72\text{kW}$$

计算结果表明，夏季壁面向室内放热为 36.02kW；冬季壁面吸热为 64.72kW。

第四节 浅埋地下工程在一般通风工况时的传热量计算[330][331]

一般通风浅埋地下建筑的室内温度是随室外空气温度年周期性波动而波动的，因而其围护结构内表面的传热量也是周期性波动的。这样，地下建筑围护结构内表面日平均传热量就等于传热量 Q_1 与年波动传热量 Q_2 之和。传热量 Q_1 的确定分别选择式（6-15）（单建式）或式（6-19）（附建式）计算即可。Q_2 值的计算方法如下。

一、单建式

$$Q_2 = \pm M\theta_{n1} \tag{6-22}$$
$$M = 2hl(b+h_i)(1-\Theta_{nb}) \tag{6-23}$$

式中 θ_{n1}——通风地下建筑室内温度年波幅（℃），$\theta_{n1} = t_{np} - t_{nc}$，℃；

t_{np}——夏季浅埋地下建筑内部空气日平均温度，℃；

t_{nc}——浅埋地下建筑内部空气年平均温度，℃；

M——壁面年周期性波动传热计算参数，W/℃；

Θ_{nb}——单建式浅埋地下建筑内部空气温度年周期波动的温度参数，根据 λ、a、h_d 求得。当 $(0.5b+h)<10$m，查表 6-5，当 $(0.5b+h)\geqslant 10$m，查表 6-6。

单建式 Θ_{nb} 值 [使用条件：$(0.5b+h_i)<10$]　　　　　　表 6-5

$\lambda[W/(m\cdot℃)]$	$a\times 10^7$ (m^2/s)	覆盖层厚度 h_d(m)					
		1	2	3	4	5	6
1.16	2.78	0.8597	0.9064	0.9071	0.9049	0.9046	0.9046
	4.44	0.9080	0.9250	0.9265	0.9260	0.9250	0.9230
	5.56	0.9118	0.9296	0.9308	0.9308	0.9293	0.9290
	6.94	0.9159	0.9345	0.9366	0.9373	0.9358	0.9352
1.51	2.78	0.8674	0.8827	0.8814	0.8783	0.8779	0.8780
	4.44	0.8827	0.9024	0.9060	0.9015	0.9000	0.8999
	5.56	0.8900	0.9110	0.9151	0.9150	0.9120	0.9100
	6.94	0.8940	0.9161	0.9200	0.9192	0.9173	0.9166
1.74	2.78	0.8498	0.8660	0.8648	0.8610	0.8607	0.8608
	4.44	0.8672	0.8885	0.8930	0.8872	0.8856	0.8855
	5.56	0.8740	0.8969	0.8979	0.8979	0.8958	0.8955
	6.94	0.8790	0.9030	0.9076	0.9090	0.9060	0.9020

单建式 Θ_{nb} 值 [使用条件：$(0.5b+h_i)\geqslant 10$]　　　　　　表 6-6

$\lambda[W/(m\cdot℃)]$	$a\times 10^7$ (m^2/s)	覆盖层厚度 h_d(m)					
		1	2	3	4	5	6
1.16	2.78	0.8982	0.9117	0.9098	0.9079	0.9076	0.9072
	4.44	0.9110	0.9280	0.9290	0.9300	0.9270	0.9260
	5.56	0.9154	0.9331	0.9337	0.9343	0.9327	0.9322
	6.94	0.9197	0.9381	0.9495	0.9409	0.9394	0.9385
1.51	2.78	0.8711	0.8867	0.8843	0.8818	0.8815	0.8811
	4.44	0.8869	0.9066	0.9061	0.9056	0.9040	0.9036
	5.56	0.8940	0.9160	0.9180	0.9200	0.9150	0.9140
	6.94	0.8987	0.9206	0.9222	0.9238	0.9218	0.9208
1.74	2.78	0.8539	0.8704	0.8675	0.8646	0.8645	0.8642
	4.44	0.8719	0.8932	0.8925	0.8918	0.8899	0.8896
	5.56	0.8790	0.9017	0.9023	0.9028	0.9005	0.8999
	6.94	0.8850	0.9089	0.9110	0.9140	0.9090	0.9070

【例 6-5】 某单建式浅埋地下建筑，其尺寸构造同【例 6-3】。室内年平均温度 $t_{nc}=22$℃，室内温度年波幅 θ_{n1} 为 5℃，其余计算参数同【例 6-3】。根据上述条件求冬夏季壁

面日平均传热量 Q_b。

解： 该建筑空气年平均温度 t_{nc} 和其他计算参数同【例 6-3】，所以恒温壁面传热量直接采用【例 6-3】的计算结果，即夏季 $Q_1 = -0.373 \times 10^4 \text{W}$，冬季 $Q_1' = 2838 \times 10^4 \text{W}$

$$0.5b + h_i = 0.5 \times 12 + 4 = 10 \text{m}$$

根据土壤的 $\lambda = 1.51 \text{W/(m·℃)}$，$a = 5.56 \times 10^{-7} \text{m}^2/\text{s}$ 及建筑物高度 $h_i = 4\text{m}$，查表 6-6 得到 $\Theta_{nb} = 0.916$。

按照式 6-22、式 6-23 计算壁面传热量 Q_2：

$$M = 2hl(b+h_i)(1-\Theta_{nb}) = 2 \times 8.14 \times 100 \times (12+4)(1-0.916) = 1900 \text{W/℃}$$

$$Q_2 = \pm\theta_{n1}M = 5 \times 1900 = \pm 9500 \text{W}$$

夏季壁面日平均传热量 Q_b 为：

$$Q_b = Q_1 + Q_2 = -3725 + 9500 = 0.578 \times 10^4 \text{W}$$

冬季壁面日平均传热量 Q_b' 为：

$$Q_b' = Q_1' + Q_2 = 28381.24 - 9500 = 1.888 \times 10^4 \text{W}$$

计算结果表明，冬夏季洞室内均向壁面传热，冬季大于夏季。

二、附建式

附建式浅埋地下建筑的年波动传热量 Q_2 计算式如下：

$$Q_2 = \pm\theta_{n1}M \tag{6-24}$$

$$M = hl\left[(2h_i+b)(1-\Theta_{nb}) + \frac{bK}{h}\right] \tag{6-25}$$

式中，Θ_{nb} 为浅埋地下建筑室温周期性年波动的温度参数，根据岩土的 λ、a 及 $(0.5b+h_i)$ 值查表 6-7。

其余符号意义同前。

Θ_{nb} 值　　　　　　表 6-7

$\lambda[\text{W/(m·℃)}]$	$a \times 10^7$ (m^2/s)	$0.5b+h_i(\text{m})$				
		8	12	18	20	24
1.16	2.78	0.8899	0.8974	0.9014	0.9038	0.9050
	4.44	0.9033	0.9116	0.9160	0.9188	0.9202
	5.56	0.9112	0.9199	0.9247	0.9276	0.9292
	6.94	0.9166	0.9255	0.9306	0.9337	0.9352
1.51	2.78	0.8620	0.8703	0.8748	0.8772	0.8790
	4.44	0.8791	0.8882	0.8934	0.8961	0.8981
	5.56	0.8891	0.8988	0.9044	0.9073	0.9096
	6.94	0.8960	0.9060	0.9119	0.9149	0.9173
1.75	2.78	0.8443	0.8530	0.8576	0.8603	0.8621
	4.44	0.8636	0.8732	0.8788	0.8816	0.8838
	5.56	0.8751	0.8853	0.8913	0.8944	0.8968
	6.94	0.8829	0.8934	0.8999	0.9031	0.9057

【例 6-6】 某浅埋地下建筑，长 l 为 190m，宽 b 为 12m，高 h_i 为 4m，地下建筑室内空气年平均温度 t_{nc} 为 22℃，室内温度年波幅 θ_{n1} 为 5℃，其余参数同［例 6-4］。计算地下建筑冬夏季壁面日平均传热量 Q_b。

解：该地下建筑空气年平均温度 t_{nc} 和其余计算参数同例 6-4，所以楼板传热系数 K 为 $2.61W/(m^2 \cdot ℃)$，夏季 Q_1 为 $-36.02kW$，冬季 Q_1' 为 $64.72kW$。

根据 $\lambda = 1.51W/(m \cdot ℃)$，$a = 5.56 \times 10^{-7} m^2/s$ 和 $0.5b + h_i = 10m$，查表 6.7 得 $\Theta_{nb} = 0.894$。

按式（6-24）、式（6-25）计算壁面波动传热量 Q_2：

$$M = hl\left[(2h_i+b)(1-\Theta_{db}) + \frac{bK}{h}\right]$$
$$= 8 \times 190 \times \left[(2 \times 4 + 12)(1-0.894) + \frac{12 \times 2.61}{8}\right]$$
$$= 9173 W/℃$$
$$Q_2 = \pm \theta_{n1} M = \pm 5 \times 9173$$
$$W = \pm 45.87 kW$$

夏季壁面日平均传热量 Q_b 为：
$$Q_b = Q_1 + Q_2 = -36.02 + 45.87 = 9.85 kW$$

冬季壁面日平均传热量 Q_b' 为：
$$Q_b' = Q_1' + Q_2 = 64.72 - 45.87 = 18.85 kW$$

第七章 新风在地下风道中的传热问题

第一节 温度周期性波动的新风在地下风道中的传热计算

在夏季,新风进入地下风道,由于热湿交换的结果,空气被冷却降温。当风道较短时,温降较小,风道壁面不结露,空气按等湿降温过程变化;当风道较长时,随着空气温度的持续降低,相对湿度升至饱和线,风道壁面开始结露,此时空气按减焓降湿过程变化。在冬季,工程外空气进入风道后,岩壁对新风加热、加湿,使空气温度升高,含湿量增加。增减的幅度,有时完全改变了工程外空气的原始参数。

假设进入风道的空气温度呈简谐波动,即:

$$t_w = t_m + A_0 \cos\omega\tau \tag{7-1}$$

式中 t_w——进入风道的空气温度,℃;

t_m——进入风道的空气年平均温度,℃;

A_0——进入风道空气温度波幅,℃;

ω——空气温度变化频率,rad/h;

τ——由最高温度时算起的小时数。

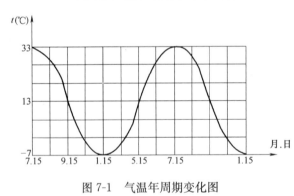

图 7-1 气温年周期变化图

【例 7-1】[194] 某工程外空气历年最热月温度 $t_{max}=33℃$,最冷月温度 $t_{min}=-7℃$,如图 7-1 所示。

则
$$t_m = (t_{max}+t_{min})/2 = 13℃$$
$$A_0 = (t_{max}-t_{min})/2 ℃$$

当 $\cos\omega\tau=0$ 所以 $\omega\tau=1$

$$\tau = \frac{8760}{2\pi} = 1400\text{h}$$

$$n = \frac{1400}{24} = 58\text{d}$$

所以,若全年中 7 月 15 日出现最高气温 $t_H=33℃$,则出现 $t_H=t_m=13℃$ 的时间为 9 月 15 日。

当 $\cos\omega\tau=-1$ 时,$\omega\tau=\pi$

$$\tau = \frac{8760}{2\pi}\pi = 4380\text{h}$$

$$n = \frac{4380}{24} = 180\text{d}$$

所以,若全年中 7 月 15 日出现最高温度 $t_H=33℃$,则出现 $t_H=-7℃$ 的时间为 1 月 15 日。

圆柱体风道模型分析

设风道长度为 L,断面为半径是 R 的圆柱体,如图 7-2 所示。

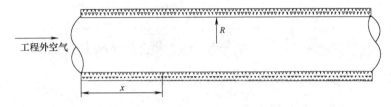

图 7-2 圆柱体风道模型

空气在 x 断面处的温度为

$$\theta_x = f(x) \cdot e^{i\omega\tau} \tag{7-2}$$

在 x 断面处岩壁的温度为

$$\theta_{x,r} = f(r) \cdot e^{i\omega\tau} \tag{7-3}$$

把式(7-3)代入空气圆柱体岩壁导热微分方程

$$\frac{\partial \theta}{\partial \tau} = a\left(\frac{\partial^2 \theta}{\partial r^2} + \frac{1}{r}\frac{\partial \theta}{\partial r}\right) \tag{7-4}$$

得

$$f''(r) + \frac{1}{r}f'(r) - \frac{i\omega f(r)}{a} = 0 \tag{7-5}$$

式(7-5)的解为

$$f(r) = BK_0\left(\sqrt{\frac{i\omega}{a}}r\right) \tag{7-6}$$

其边界条件为

$$-\lambda\left(\frac{\partial \theta_{x,r}}{\partial r}\right)_{r=R} = h(A_{0,x}\cos\omega\tau - \theta_{x,R}) \tag{7-7}$$

将式(7-6)代入式(7-7),有

$$-\lambda BK_0'\left(\sqrt{\frac{i\omega}{a}}R\right) \cdot \sqrt{\frac{i\omega}{a}}e^{i\omega\tau} = h\left[A_{0,x}e^{i\omega\tau} - BK_0\left(\sqrt{\frac{i\omega}{a}}R\right)e^{i\omega\tau}\right] \tag{7-8}$$

所以

$$B = \frac{hA_{0,x}}{-\lambda\sqrt{\frac{i\omega}{a}}K_0'\left(\sqrt{\frac{i\omega}{a}}R\right) + hK_0\left(\sqrt{\frac{i\omega}{a}}R\right)}$$

$$\theta_{x,r} = \frac{hA_{0,x}K_0\left(\sqrt{\frac{i\omega}{a}}r\right)e^{i\omega\tau}}{\lambda\sqrt{\frac{i\omega}{a}}K_1\left(\sqrt{\frac{i\omega}{a}}R\right) + hK_0\left(\sqrt{\frac{i\omega}{a}}R\right)}$$

则

$$\left(\frac{\partial \theta_{x,r}}{\partial r}\right)_{r=R}=\frac{-hA_{0,x}\sqrt{\frac{i\omega}{a}}K_1\cdot\left(\sqrt{\frac{i\omega}{a}}R\right)e^{i\omega\tau}}{\lambda\sqrt{\frac{i\omega}{a}}K_1\cdot\left(\sqrt{\frac{i\omega}{a}}R\right)+hK_0\left(\sqrt{\frac{i\omega}{a}}R\right)}$$

$$-\left(\frac{\partial \theta_{x,r}}{\partial r}\right)_{r=R}=\frac{h\theta_x\sqrt{\frac{i\omega}{a}}K_1\cdot\left(\sqrt{\frac{i\omega}{a}}R\right)}{\lambda\sqrt{\frac{i\omega}{a}}K_1\cdot\left(\sqrt{\frac{i\omega}{a}}R\right)+hK_0\left(\sqrt{\frac{i\omega}{a}}R\right)}$$

将公式右边分子分母同时乘以 R 并除以 h，再设：

$m=R\sqrt{\frac{\omega}{a}}$、$n=\frac{\lambda}{h}\sqrt{\frac{\omega}{a}}$，代入有：

$$-\left(\frac{\partial \theta_{x,r}}{\partial r}\right)_{r=R}=\frac{\theta_x R\sqrt{\frac{\omega}{a}}\sqrt{i}K_1\cdot(m\sqrt{i})}{R[n\sqrt{i}K_1\cdot(m\sqrt{i})+K_0(m\sqrt{i})]} \tag{7-9}$$

因为

$$K_0(m\sqrt{i})=N_0(m)e^{i\varphi_0(m)},\sqrt{i}K_1(m\sqrt{i})=N_1(m)e^{i\left[\varphi_1(m)+\frac{3}{4}\pi\right]}$$

所以

$$-\left(\frac{\partial \theta_{x,r}}{\partial r}\right)_{r=R}=\frac{\theta_x\cdot m\cdot N_1(m)e^{i\left[\varphi_1(m)+\frac{3}{4}\pi\right]}}{R\left[N_0(m)e^{i\varphi_0(m)}+\frac{\lambda}{h}\sqrt{\frac{\omega}{a}}N_1(m)e^{i\varphi_1\left[\tau+\frac{3}{4}\pi\right]}\right]}$$

$$-\lambda\left(\frac{\partial \theta_{x,r}}{\partial r}\right)_{r=R}=\frac{\lambda\theta_x}{2\pi R}(A+iB) \tag{7-10}$$

其中

$$A=m\frac{N_1^2(m)-N_1(m)N_0(m)\sin\left[\varphi_1(m)+\frac{\pi}{4}-\varphi_0(m)\right]}{N_0^2(m)+n^2N_1^2(m)-2nN_1(m)N_0(m)\sin\left[\varphi_1(m)+\frac{\pi}{4}-\varphi_0(m)\right]}$$

$$B=m\frac{N_1(m)N_0(m)\cos\left[\varphi_1(m)+\frac{\pi}{4}-\varphi_0(m)\right]}{N_0^2(m)+n^2N_1^2(m)-2nN_1(m)N_0(m)\sin\left[\varphi_1(m)+\frac{\pi}{4}-\varphi_0(m)\right]}$$

为了确定距空气进口 x 处的空气温度，在 x 点写出空气的热平衡式

$$Mc\cdot\frac{d\theta_x}{d\tau}+Mc\cdot v\frac{d\theta_x}{dx}+h(\theta_x-\theta_{x,R})=0 \tag{7-11}$$

式中，M 为空气的质量流量，kg/s；c 为空气比热，J/(kg·℃)；v 为空气的流速，m/s。

而

$$h(\theta_x-\theta_{x,R})=-\lambda\left(\frac{\partial \theta_{x,r}}{\partial r}\right)_{r=R}=\lambda\frac{\theta_x}{2\pi R}(A+iB) \tag{7-12}$$

将式（7-12）代入式（7-11）

$$\frac{d\theta_x}{vd\tau}+\frac{d\theta_x}{dx}+\frac{\lambda\theta_x}{McR}(A+iB)=0$$

因为
$$\theta_x = f(x)e^{i\omega\tau}$$

所以
$$\frac{i\omega f(x)}{v}e^{i\omega\tau} + f'(x)e^{i\omega\tau} + \frac{\lambda f x e^{i\omega\tau}}{2\pi M c v R}(A+iB) = 0$$

即
$$f'(x) + \frac{i\omega}{v}f(x) + \frac{\lambda f x}{2\pi M c v R}(A+iB) = 0 \tag{7-13}$$

其解为
$$f(x) = (A_0 + \theta_m \cdot e^{-i\omega\tau})e^{-\frac{i\omega x}{v} - D(A+iB)} \tag{7-14}$$

式中，$\theta_m = t_m - t_0$，$D = \frac{\lambda}{2\pi M c v R}x = \frac{\lambda}{Gc}x$，而 $\theta_x = f(x)e^{i\omega\tau}$

所以
$$\theta_x = e^{-2\pi AD}\left[A_0\cos\left(\omega\tau - \frac{\omega x}{v}2\pi DB\right) + \theta_m\cos\left(\frac{\omega x}{v} + 2\pi DB\right)\right]$$

忽略 $\omega x/v$ 项，得
$$\theta_x = e^{-2\pi A\frac{\lambda x}{Gc}}\left[A_0\cos\left(\omega\tau - 2\pi\frac{\lambda x}{Gc}B\right) + \theta_m\cos\left(2\pi\frac{\lambda x}{Gc}B\right)\right] \tag{7-15}$$

式中 A、B 值见附录表 7-1～表 7-2。

【例 7-2】 长 $L=1400\mathrm{m}$，半径为 $R=5\mathrm{m}$ 的进风道，周围岩石为花岗岩（$\lambda=2.6\mathrm{W/(m\cdot°C)}$，$a=1.25\times10^{-6}\mathrm{m^2/s}=0.0045\mathrm{m^2/h}$），风量 $G=80000\mathrm{kg/h}$，空气与风道的对流换热系数为 $7\mathrm{W/(m^2\cdot°C)}$。求：(1) 夏、冬季工程外空气经风道后的温湿度。(2) 空气在进风道末端的温度年波幅出现的时间，比工程外空气温度年波幅出现的时间滞后多少小时？

近期十年工程外最热月平均气温和相对湿度分别为：$t_{w1}=29°C$，$\varphi_{w1}=60\%$；近期十年工程外最冷月平均气温和相对湿度分别为：$t_{w2}=-3°C$，$\varphi_{w2}=80\%$；岩石初始温度 $t_0=13°C$。

解：

1. 工程外年平均气温和波幅
$$t_m = \frac{1}{2}(t_{w1}+t_{w2}) = \frac{1}{2}(29-3) = 13°C$$
$$A_0 = \frac{1}{2}(t_{w1}-t_{w2}) = \frac{1}{2}(29+3) = 16°C$$

2. 求 m、n、D

自夏季最高温到冬季最低温间隔 4380h，所以空气温度变化频率 ω 为：
$$\omega = \frac{2\pi}{4380} = 0.000717\mathrm{rad/h}$$

$$m = R\sqrt{\frac{\omega}{a}} = 5\sqrt{\frac{0.000717}{0.0045}} = 2$$

$$n = \frac{\lambda}{h}\sqrt{\frac{\omega}{a}} = \frac{2.6}{7}\sqrt{\frac{0.000717}{0.0045}} = 0.15$$

$$D=\frac{\lambda L}{Gc}=\frac{2.6\times 1400}{80000\times 0.24}=0.19$$

3. 计算 $L=1400\mathrm{m}$ 处空气温度波幅 θ_x

根据附录表 7-2 有，$m=2$，$n=0.15$ 查得 $A=1.75$，$B=1.1$

$$\theta_x=\pm A_0 e^{-2\pi AD}\cos(\omega\tau-2\pi DB)$$

最大波幅：　　　　$\cos(\omega\tau-2\pi DB)=1$　　$A_{0,x}=\pm A_0 e^{-2\pi AD}$

$$A_{0,x}=\pm 16e^{-2\pi\times 0.19\times 1.75}=\pm 1.98℃$$

夏季　　　　　　　　$A_{0,x}=1.98℃$

冬季　　　　　　　　$A_{0,x}=-1.98℃$

所以夏冬两季空气经风道后气温的日平均温度为：

夏季　　　　　　$t_x=t_m+1.98=13+1.98=14.98℃$

冬季　　　　　　$t_x=t_m-1.98=13-1.98=11.02℃$

可见，空气经 $L=1400\mathrm{m}$ 长的地下风道后，空气参数发生了很大的变化，夏季日平均温度由 29℃ 降到 14.76℃，壁面产生结露，相对湿度由 60% 上升到 100%。

第二节　恒定温度的空气经地下风道时参数变化计算方法

根据中国建筑科学研究院等单位开展的地道风换热实验表明[74]，空气沿岩石通道流动时，空气状态的变化过程是一个降焓过程。而降焓过程的各个阶段所表现的形式也不同。在起始段由于空气散失的显热多于潜热，因此空气的降温很明显，基本上以等湿降温的形式出现；当空气的相对湿度达到 90% 以后，由于空气和岩石的温差减少，空气散失的显热减少，空气降温就越来越小。与此同时，由于空气的相对湿度大，空气散热伴随着产生大量的凝结水，所以空气散失的潜热增加，此时降焓过程又以降湿的形式表现出来。

基于以上分析，把整个过程分为等湿降温和降温除湿两段计算，等湿降温段的终点可取等湿线与相对湿度为 90%~95% 的曲线的交点，交点之前按等湿降温计算，交点之后按降温除湿计算[332,333]。

设恒定温度的工程外空气经地下风道 x 距离后的温度变化 t_x（如图 7-3 所示），按热平衡可写出下列关系式：

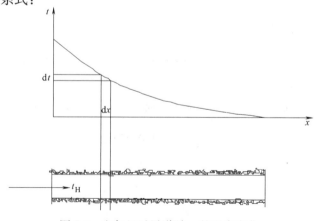

图 7-3　空气经过风道随 x 的温度变化

空气流经单位长管道的散热量＝单位长度管道内空气向岩石的传热量

$$-Gc\mathrm{d}t_\mathrm{x}=K(t_\mathrm{x}-t_0)S\cdot \mathrm{d}x \tag{7-16}$$

式中　G——空气流量，kg/s；
　　　C——空气的比热，J/(kg·℃)；
　　$\mathrm{d}t_\mathrm{x}$——在 $\mathrm{d}x$ 风道内的空气温度变化，℃；
　　　t_x——x 断面处的空气温度，℃；
　　　t_0——风道周围岩石的初始温度，℃；
　　　S——风道断面周长，m；
　　　K——传热系数，W/(m²·℃)。

经整理后，积分可得

$$Gc\int_{t_\mathrm{W}}^{t_\mathrm{x}}\frac{\mathrm{d}t_\mathrm{x}}{t_\mathrm{x}-t_0}=\int_0^x KS\mathrm{d}x$$

$$Gc\ln\frac{t_\mathrm{W}-t_0}{t_\mathrm{x}-t_0}=-KSx$$

$$t_\mathrm{x}=t_0+(t_\mathrm{W}-t_0)\mathrm{e}^{-\frac{KS}{Gc}x}$$

即

$$Gc(t_\mathrm{W}-t_\mathrm{x})=K\frac{t_\mathrm{W}-t_\mathrm{x}}{\ln\frac{t_\mathrm{W}-t_0}{t_\mathrm{x}-t_0}}Sx \tag{7-17}$$

1. 传热系数 K 的确定

按圆管壁传热计算公式可写出风道单位表面积的传热计算公式：

$$K=\frac{1}{\frac{1}{h}+\frac{d}{2\lambda}\ln\left(\frac{d+2\delta_\mathrm{x}}{d}\right)}$$

式中　h——空气与管道壁面的对流换热系数，$h=2.4+12\sqrt{v}$ （W/m²·℃），v 为空气的断面平均流速的数值；
　　　d——风道的当量直径 $d=4F/S$，m；
　　　F——风道的断面积，m²；
　　　S——风道的断面周长，m；
　　　λ——风道周围岩石的导热系数，W/(m²·℃)；
　　　σ_x——风道周围岩石加热层厚度，m。

2. 风道周围岩石加热层厚度的计算

根据热平衡：空气在 τ 时间内传入岩体的热量＝τ 时间终了时岩石内储存的热量

即：$Q_传=Q_蓄$

$$Q_传=\frac{t_\mathrm{R}-t_0}{\frac{1}{2\pi\lambda}\ln\frac{d+2\delta_\mathrm{x}}{d}}\tau$$

$$Q_蓄=\left[\frac{1}{4}\pi(d+2\delta_\mathrm{x})^2-\frac{1}{4}\pi d^2\right]\rho c\left(\frac{t_\mathrm{R}+t_0}{2}-t_0\right)=\pi\delta_\mathrm{x}(d+\delta_\mathrm{x})\rho c\left(\frac{t_\mathrm{R}+t_0}{2}-t_0\right)$$

则

$$\frac{t_R-t_0}{\frac{1}{2\pi\lambda}\ln\frac{d+2\delta_x}{d}}\tau=\pi\delta_x(d+\delta_x)\rho c\left(\frac{t_R-t_0}{2}\right)$$

$$4a\tau=\delta_x(d+\delta_x)\ln\left(1+\frac{2\delta_x}{d}\right)$$

所以

$$\delta_x=f(a\tau,d) \tag{7-18}$$

σ_x 见附录 7-3。

3. 等湿降温段的热工计算

等湿降温段的终点温度是等湿线与相对湿度为 90%～95% 的曲线交点所对应的温度 t'_x，将 t'_x 代入公式（7-17），有

$$t_x=t_0+(t_W-t_0)e^{-\frac{KS}{Gc}x} \tag{7-19}$$

即可求出等湿降温段的长度 $L_{等}$。

当 $L_{等}>L$（管道实际长度），说明空气在整个管道内只能降温。此时将管道实际长度带入（7-19）式，所求 t'_x 即为空气经管道冷却后的实际温度。

4. 降温除湿段的热工计算

当 $L_{等}>L$ 时，说明管道不仅是等湿降温，而且还会出现降温除湿段。

对降温除湿段，热平衡式可写为：

$$G(i_W-i_x)=K\frac{t_W-t_x}{\ln\frac{t_W-t_0}{t_x-t_0}}Sx \tag{7-20}$$

析湿系数

$$\xi=\frac{i_W-i_x}{c(t_W-t_x)} \tag{7-21}$$

所以

$$i_W-i_x=c\xi(t_W-t_x)$$

代入式（7-20）得

$$Gc\xi(t_W-t_x)=K\frac{t_W-t_x}{\ln\frac{t_W-t_0}{t_x-t_0}}Sx$$

$$t_x=t_0+(t_W-t_0)e^{-\frac{KS}{\xi Gc}x} \tag{7-22}$$

从上式可见，当 $\xi=1$ 时，即为等湿冷却时的计算公式。

【例 7-3】 某地下工程的进风道长度 $L=100\text{m}$，直径 $d=1.5\text{m}$，周围岩石 $\lambda=3.05\text{W}/(\text{m}\cdot\text{℃})$，$a=1.25\times10^{-6}\text{m}^2/\text{s}$，初始温度 $t_0=16\text{℃}$，工程外空气温度 $t_W=35\text{℃}$，相对湿度为 $\varphi=60\%$，通风量 $G=20000\text{kg/h}$。求通风 $\tau=100\text{h}$、1200h 后在风道末端处的空气温度。

解：

$$t_x=t_0+(t_W-t_0)e^{-\frac{KS}{Gc}x}$$

$$\frac{KS}{Gc}x=\ln\frac{t_W-t_0}{t_x-t_0} \tag{7-23}$$

1. 求加热层厚度 δ_x（查附录 7-3）

$\tau=100$h 时，$a\tau=0.45$ $\delta_x=0.924$m

$\tau=1200$h 时，$a\tau=5.4$ $\delta_x=3$m

2. 求传热系数 K

空气流速：

$$v=\frac{G}{\frac{1}{4}\pi d^2 \times \rho \cdot 3600}=\frac{20000}{\frac{1}{4}\pi\times 1.5^2\times 1.2\times 3600}=2.62\text{m/s}$$

空气与岩壁对流换热系数：

$$h=(2.4+12\times\sqrt{v})=21.8\text{W/(m}^2\cdot\text{℃)}$$

传热系数：

$$K_{100}=\frac{1}{\frac{1}{h}+\frac{d}{2\lambda}\ln\frac{d+2\delta_x}{d}}=\frac{1}{\frac{1}{21.8}+\frac{1.5}{2\times 3.05}\ln\frac{1.5+1.848}{1.5}}=4.01\text{W/(m}^2\cdot\text{℃)}$$

$$K_{1200}=\frac{1}{\frac{1}{21.8}+\frac{1.5}{2\times 3.05}\ln\frac{1.5+6}{1.5}}=2.25\text{W/(m}^2\cdot\text{℃)}$$

3. 求等湿降温段长度 $L_{等}$

如图 7-4 所示，在焓湿图上查得 $t'_x=26.8$℃，$i'_x=19.3$kJ/kg。

$\tau=100$h 时，利用公式（7-23）有

$$x=\frac{Gc}{KS}\ln\frac{t_W-t_0}{t'_x-t_0}=\frac{20000\times 0.28}{4.01\times\pi\times 1.5}\ln\frac{35-16}{26.8-16}=166.8\text{m}$$

$\tau=1200$h 时，有

$$x=\frac{Gc}{KS}\ln\frac{t_W-t_0}{t'_x-t_0}=\frac{20000\times 0.28}{2.25\times\pi\times 1.5}\ln\frac{35-16}{26.8-16}=301\text{m}$$

所以均在等湿降温段内。

4. 求管道端点处的空气温度

$$t_{x(100)}=t_0+(t_W-t_0)e^{-\frac{KS}{Gc}x}=16+(35-16)e^{-\frac{4.01\times\pi\times 1.5}{20000\times 0.28}\times 100}=29.5\text{℃}$$

$$t_{x(1200)}=t_0+(t_W-t_0)e^{-\frac{KS}{Gc}x}=31.7\text{℃}$$

【例 7-4】 同上例，空气量 $G=5000$kg/h。求通风 100h 后管道末端处的空气温度。

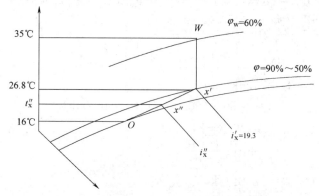

图 7-4 风道中的空气状态在焓湿图上的变化

1. 求传热系数 K

空气流速
$$v = 0.655 \text{m/s}$$
$$h = (2.4 + 12 \times \sqrt{v}) = 12 \text{W/(m}^2 \cdot \text{℃)}$$

传热系数
$$K_{100} = \frac{1}{\frac{1}{h} + \frac{d}{2\lambda} \ln \frac{d + 2\delta_x}{d}} = 3.21 \text{W/(m}^2 \cdot \text{℃)}$$

2. 求等湿降温段长度 $l_{等}$

$\tau = 100\text{h}$ 时，利用公式（7-23）有
$$l_{等} = \frac{Gc}{KS} \ln \frac{t_H - t_0}{t'_x - t_0} = \frac{5000 \times 0.28}{3.21 \times \pi \times 1.5} \ln \frac{35 - 16}{26.8 - 16} = 47.6 \text{m}$$

即等湿降温段的长度为 47.6m，降温除湿段的长度
$$\Delta l = 100 - 47.6 = 52.4 \text{m}$$

3. 求管道端点处的空气温度

在等湿降温段的终点 $l_{等} = 47.6\text{m}$ 处空气温度 $t'_x = 26.8℃$，$i'_x = 19.3\text{kJ/kg}$。在降温除湿段，利用热平衡公式（7-20）有：
$$G(i_W - i''_x) = K \frac{t_W - t''_x}{\ln \frac{t_W - t_0}{t''_x - t_0}} Sx$$

查焓湿图，$i_W = 80.9\text{kJ/kg}$。计算时先假设 t''_x 及对应的 i''_x，分别代入等式左右，左右两式分别作出一条曲线，两条曲线的交点所对应的 t''_x 即为所求管道的终点温度。可以设：

等式左边
$$Q_{左} = G(i_W - i''_x)$$

等式右边
$$Q_{右} = K \frac{t_W + t''_x}{\ln \frac{t_W - t_0}{t''_x - t_0}} Sx$$

(1) 设 $t''_x = 25℃$，$i''_x = 74.6\text{kJ/kg}$
$$Q_{左} = G(i_W - i''_x) = 5000(80.9 - 74.6) = 31500 \text{kJ/h}$$
$$Q_{右} = K \frac{t_W - t''_x}{\ln \frac{t_W - t_0}{t''_x - t_0}} S \cdot x = 3.21 \times \frac{26.8 - 25}{\ln \frac{26.8 - 16}{25 - 16}} \pi \times 1.5 \times 52.4 = 30877 \text{kJ/h}$$

(2) 设 $t''_x = 24℃$，$i''_x = 71.6\text{kJ/kg}$
$$Q_{左} = 5000(80.9 - 71.6) = 46500 \text{kJ/h}$$
$$Q_{右} = 3.21 \times 3.6 \times \frac{26.8 - 24}{\ln \frac{26.8 - 16}{24 - 16}} \times \pi \times 1.5 \times 52.4 = 8094 \text{W} = 29139 \text{kJ/h}$$

(3) 设 $t''_x = 26℃$，$i''_x = 78.0\text{kJ/kg}$
$$Q_{左} = 5000(80.9 - 78.0) = 14500 \text{kJ/h}$$

$$Q_{右}=3.21\times\frac{26.8-26}{\ln\dfrac{26.8-16}{26-16}}\times\pi\times1.5\times52.4=9010\text{W}=32437\text{kJ/h}$$

根据作图如 7-5，管道末端空气参数 $t''_x=25.05℃$，$i''_x=74.58\text{kJ/kg}$

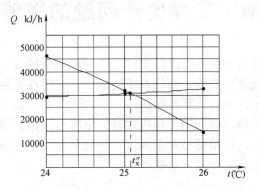

图 7-5 作图法确定管道末端的空气状态

第八章 地下工程传热问题的数值计算方法

要研究一个系统，常需对此系统进行实验，以便测定系统的各种特性。显然，在系统未建成时，不可能对系统进行实验。即使系统建成了，有时在实际系统上进行实验也是不经济的，甚至是不允许的。随着计算机的迅速发展，十分复杂的系统运动状态也能在计算机上复现，实现计算机模拟，即利用计算机对研究系统的结构、功能和行为进行动态性的较逼真的模仿，利用建立的模拟模型对系统进行研究和分析，并将系统过程演示出来。进行一次完整的计算机模拟，需要以下步骤[334]：

1. 系统定义

根据模拟的目的，确定所研究系统的边界及约束条件。

2. 建立数学模型

将实际系统抽象成数学表达式。即根据研究目的、系统的先验知识以及实验观测的数据等建立系统的数学模型。

3. 准备模拟模型

根据原始数学模型形式以及模拟目的，将数学模型转变成计算机能接受的表达形式。

4. 设计实现模拟模型的流程图，并用通用语言编制计算机程序

5. 验证和确认模型

若模拟结果与数学模型所得的结果基本一致或误差在允许范围内，则可确认模拟模型可用。然后还需进一步验证模拟结果与实际系统是否一致，以确认数学模型的正确性。

6. 运行模拟模型

实验不同初始条件和参数下系统的响应，或预测各种决策变量的响应。最后，按实验要求整理成报告并输出。对计算机数值模拟来说，因为这些工作都是软件完成的，因此这一阶段的技术常称为模拟软件技术。

以上各步骤可以由图 8-1 表示。

图 8-1 数值模拟步骤

第一节 数值模拟的理论

一、系统定义与分析

系统是科学研究中最为广泛使用的概念。所谓系统，是由相互作用和相互依存的元素

结合而成的具有特定功能的整体。系统是由部件或子系统组成，子系统由更小的子系统或元件组成。当一个系统未满足客观要求和人们对它的期望时，就存在着系统问题，即系统达不到预期的结果时，就要求人们去改进系统的内部结构或外部环境，即所谓的系统分析。

在自然界存在着各种系统，有的完全是由自然界的自然物构成，有的则是由人工制造的各种物体所组成，在研究某一系统时必须根据研究的目标确定哪些属于系统的内部因素，哪些属于系统的外界环境。研究的目的不同，从实际中概括出来的系统结构和环境也不同。因此研究系统时，首先要根据研究目标，确定系统及其环境之间的边界。

二、建立数学模型

系统模拟是基于系统模型的操作过程。系统模型应是系统本质的描述。模型的详细程度和精确度必须与研究目的相匹配。对于同一个系统，当研究目的不同时，所要求收集的与系统有关的信息也不同，对同一系统可能建立不同的模型。因此模型的建立应按下列步骤：

1. 问题的提出

提出问题是解决问题的关键一步，这说明提出问题的重要性。问题的提出是在面对实际的研究对象时，能够很快弄清问题的来龙去脉，抓住问题的本质，弄清问题的层次及问题的主要部分和次要部分，确定问题的已知条件和目标。问题的提出又是一个将实际问题翻译成数学问题的过程。还要说明的一点是，在提出问题时，要将问题加以分解，分成几个层次或部分。先对每个层次或部分进行研究，然后再统一进行整体研究，以把握全局，将问题研究清楚。

2. 量的分析

我们接触的研究对象不管复杂还是简单，都必然有量的表现，包括常量和变量。数学的一项主要任务就是研究量之间的关系，数学建模过程首先就要搞清这些量之间的关系。量的分析就是先将我们研究的对象所涉及到的量尽可能都找出来，然后根据建模的目的和采用方法的需要，分清哪些是主要的，哪些是次要的。

3. 模型假设

模型假设是由问题的提出和量的分析得出来的，是由建模目的决定的，是配合建模所用数学工具和相关知识的应用而确定的。模型假设是建立数学模型的前提和已知条件。现实问题往往是复杂且具体的，这样的原型如果不对其进行抽象和简化，则认识它是困难的，也无法准确把握它的本质属性。必须将问题理想化、简单化，抓住问题的本质和主要因素，暂时不考虑次要因素。模型假设起着承上启下的关键作用，是直接为下一步模型建立服务的。有什么样的假设就将有什么样的模型，模型假设必须符合实际，模型假设错了，所建的模型一定会错，所以模型假设是建立较好的数学模型的基础、前提和准备。确定模型假设要遵循以下简化原则：

（1）目的性原则。从建模目的出发，在原型中抽象出与建模有关的主要因素，简化那些与建模目的关系不大的次要因素。

（2）合理性原则。数学模型是实际对象的数学描述，进行抽象和简化时一定要注意到模型假设的合理性，即假设一定要符合研究对象的实际，不可脱离实际。合理性还要求所给出的假设带来的误差能满足建模目的允许的误差要求。另一方面，各假设之间不应互相矛盾。

（3）适应性原则。所给出的假设一定要准确和适应于模型建立、求解、检验、应用过程。

（4）全面性原则。就是要注意到假设的无偏性，还要给出原型所处的环境条件。

4. 模型建立

在前三步的基础上，根据所研究对象本身的特点和内在规律，依据模型假设，利用适当的数学工具和相关领域的知识，通过联想和创造性的发挥及严密的推理，最终形成描述所研究对象的数学结构。建立数学模型要注意以下几点：

（1）在模型假设的基础上，进一步分析模型假设的各条款，确定各种变量所处的地位、作用和它们之间的关系，将其写成代数式的形式。

（2）在构造数学模型时究竟采用什么数学工具，要根据问题的特征、建模的目的、要求及建模人的数学特长而定。

（3）在构造数学模型时采用什么方法，要根据实际问题的性质和建模假设所给出的建模信息而定。

（4）根据建模的对象、目的，抓住问题的本质、简化变量之间的关系。如果模型过于复杂，则求解困难或无法求解，因此应尽量用简单的模型来描述客观实际。

（5）建立模型时要有严密的数学推理。建模要有足够的精度，即把问题本质的东西和关系反映出来，把非本质的东西去掉，同时注意要不影响反映问题的真实程度。

三、实现模拟模型

模拟模型也就是能够在计算机上进行运算的模型。因为在许多情况下，不能直接将数学模型进行模拟运行，而是需要应用一些数值计算的方法把它们转化成模拟模型。数值计算方法也就是把原来在空间和时间坐标中连续的物理量的场（如速度场、温度场等），用一系列有限个离散点上的值的集合来代替，通过一定的原则建立起这些离散点上变量值之间关系的代数方程（也称为离散方程），求解所建立起来的代数方程以获得所求解变量的近似值。对于一个复杂的问题，数值计算的计算量很大，但随着计算机技术的迅速发展，很大程度上解决了这一问题，促进了数值计算方法的发展。在流体与传热计算中应用较广泛的数值计算方法是有限差分法、有限元法、边界元法、有限分析法及有限容积法。在这里主要介绍一下有限差分法，对有限元法作简单的介绍。

1. 有限差分法

有限差分法对于简单几何形状中的流动和换热问题是一种最容易实施的数值计算方法。其基本思想是：将求解区域用与坐标轴平行的一系列网格线的交点所组成的点的集合来代替，在每个节点上，将控制方程中每一个导数用相应的差分表达式来代替，从而在每个节点上形成一个代数方程，每个方程中包括了本节点及其附近一些节点上的未知值，求解这些代数方程就获得了所需的数值解。有限差分法的求解步骤如图 8-2 所示，最重要的是区域离散化和建立离散方程，下面对求解步骤进行介绍[335]。

1）区域和时间的离散化[307][331]

所谓区域离散化实质上就是用一组有限个离散的点来代替原来的连续空间。一般的实

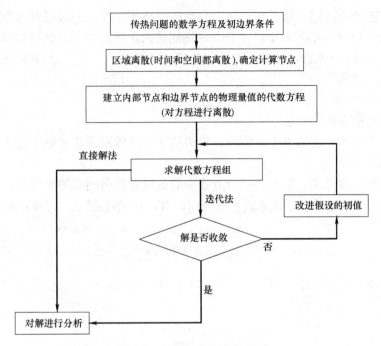

图 8-2 有限差分法求解步骤

施过程是：把所计算的区域划分成许多个互不重叠的子区域，确定每个子区域中的节点位置及该节点所代表的控制容积。对于稳态问题，只需要对空间区域离散，对于非稳态问题则还需要对时间区域离散。例如对于二维导热问题，沿着 x 方向和沿着 y 方向分别按间距 Δx 和 Δy，用一系列与坐标轴平行的网格线，把求解区域分割成许多小的矩形网格，称为子区域。网格线的交点称为节点，各节点的位置用 $p(i, j)$ 表示，i 表示沿 x 方向节点的顺序号，j 表示沿 y 方向节点的顺序号。相邻两节点的距离，即 Δx 或 Δy，称为步长。图 8-3（a）所示的网格沿 x 和 y 方向各自是等步长的，称为均匀网格。实际上，根据需要网格可以是不均匀的。网格线与物体边界的交点则称为边界节点。

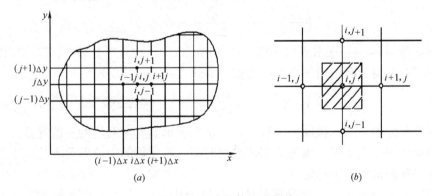

图 8-3 二维物体中的网格

每一个节点都可以看做是以它为中心的一个小区域的代表，如图 8-3（b）所示，这个小区域称为微元体。每一个节点的温度就代表了它所在的微元体的温度。用这种方法求得的温度只是各节点的温度值，在空间上是不连续的。

对于非稳态导热问题，除了在空间上分割成网格单元外，还要把时间分割成许多间隔 $\Delta\tau$，时间间隔的顺序号用 k 表示。非稳态导热问题的求解过程就是从初始时间 $\tau=0$ 出发，依次求得 $\Delta\tau$，$2\Delta\tau$，…$k\Delta\tau$，…时刻物体中各节点的温度值。可见这样所得到的温度分布在时间上是不连续的。

2）建立离散方程的方法

（1）建立离散方程的方法

建立离散方程的方法基本上有两种，它们是泰勒级数展开法和热平衡法。

① 泰勒级数展开法

应用泰勒级数展开式，把导热微分方程中的各阶导数用相应的差分表达式来代替。例如，用节点 (i,j) 的温度参数来表示节点 $(i+1,j)$ 的温度 $t_{i+1,j}$ 时，根据泰勒级数展开式

$$t_{i+1,j}=t_{i,j}+\left(\frac{\partial t}{\partial x}\right)_{i,j}\Delta x+\left(\frac{\partial^2 t}{\partial x^2}\right)_{i,j}\frac{\Delta x^2}{2!}+\left(\frac{\partial^3 t}{\partial x^3}\right)_{i,j}\frac{\Delta x^3}{3!}+\cdots \tag{8-1}$$

舍去上式中右边第三项及以后的各个尾项，移项整理，可以得到节点 (i,j) 的温度对 x 的一阶导数

$$\left(\frac{\partial t}{\partial x}\right)_{i,j}=\frac{t_{i+1,j}-t_{i,j}}{\Delta x}+0(\Delta x) \tag{8-2}$$

式中，$0(\Delta x)$ 表示了二阶导数和更高阶导数项之和，称为截断误差。它表示随着 Δx 的趋近于零，用 $(t_{i+1,j}-t_{i,j})/\Delta x$ 来代替 $(\partial t/\partial x)_{i,j}$ 时，截断误差小于或等于 $c|\Delta x|$，c 是与 Δx 无关的正实数。符号 $0(\Delta x)$ 并未给出截断误差的准确值，只是告诉我们截断误差是如何随 Δx 趋近于零而变小的。如果另一个表达式的截断误差为 $0(\Delta x^2)$，则可以预期，当 Δx 足够小时，后一表达式比前一表达式更准确。

式（8-2）中，$t_{i+1,j}$ 代表了函数 $t(x,y)$ 在节点 $(i+1,j)$ 处的精确值。在进行有限差分数值计算时，这一精确值是未知的，只能用其近似值来代替。因此 $(\partial t/\partial x)_{i,j}$ 就可以用下列具有一阶精度的差分表达式来近似的代替：

式（8-2）称为 $(\partial t/\partial x)_{i,j}$ 的向前差分表达式。类似地，向后差分表达式为：

$$\left(\frac{\partial t}{\partial x}\right)_{i,j}=\frac{t_{i,j}-t_{i-1,j}}{\Delta x}+0(\Delta x) \tag{8-3}$$

如果把函数 $t(x,y)$ 在节点 $(i+1,j)$ 和节点 $(i-1,j)$ 上对点 (i,j) 作泰勒展开，然后相减，可得具有二阶精度的中心差分表达式：

$$\left(\frac{\partial^2 t}{\partial x^2}\right)_{i,j}=\frac{t_{i+1,j}-2t_{i,j}+t_{i-1,j}}{\Delta x^2}+0(\Delta x^2) \tag{8-4}$$

尽管中心差分表达式的截断差分较小，但是在表示温度对时间的一阶导数时，仍然只采用向前或向后差分表达式，因为应用温度对时间一阶导数的中心差分表达式求解非稳态导热问题将导致数值解的不稳定。

有了导数的差分表达式，就很容易建立离散方程。以常物性无热源二维稳态导热为例，根据导热微分方程式，可以直接写出节点 (i,j) 温度的离散方程：

$$\frac{t_{i+1,j}-2t_{i,j}+t_{i-1,j}}{\Delta x^2}+\frac{t_{i,j+1}-2t_{i,j}+t_{i,j-1}}{\Delta y^2}=0 \tag{8-5}$$

② 热平衡法

对节点 $E(i,j)$ 所表示的微元体（图 8-4），在 x 方向和 y 方向与节点 $E(i,j)$ 相邻的节点分别为 $A(i,j)$, $B(i,j)$, $C(i,j)$ 和 $D(i,j)$。由于节点之间的距离较小，可认为相邻节点间的温度分布是线性的。于是节点 E 周围各点向 E 点的导热量，可根据傅里叶定律直接写为

$$\phi_{AE}=\lambda\frac{t_{i-1,j}-t_{i,j}}{\Delta x}\Delta y\times 1 \quad \phi_{CE}=\lambda\frac{t_{i+1,j}-t_{i,j}}{\Delta x}\Delta y\times 1$$

$$\phi_{BE}=\lambda\frac{t_{i,j+1}-t_{i,j}}{\Delta y}\Delta x\times 1 \quad \phi_{DE}=\lambda\frac{t_{i,j-1}-t_{i,j}}{\Delta y}\Delta x\times 1$$

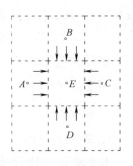

图 8-4 二维网格单元的能量平衡

以常物性无内热源二维导热为例，对节点 E 所表示的微元体写热平衡式，即可得节点 E 温度的离散方程

$$\phi_{AE}+\phi_{BE}+\phi_{CE}+\phi_{DE}=0$$

$$\lambda\frac{\Delta y}{\Delta x}(t_{i+1,j}-2t_{i,j}+t_{i-1,j})+\lambda\frac{\Delta x}{\Delta y}(t_{i,j+1}-2t_{i,j}+t_{i,j-1})=0 \tag{8-6}$$

式（8-5）与式（8-6）完全一致。

(2) 非稳态导热问题方程离散的两种差分格式

以一维常物性无内热源的非稳态导热问题为例进行介绍。

① 显式差分格式

一维常物性无内热源的非稳态导热微分方程式为

$$\frac{\partial t}{\partial \tau}=a\frac{\partial^2 t}{\partial x^2} \tag{8-7}$$

上式对物体中任意位置都是正确的。若将物体沿 x 方向按间距 Δx 分割为 n 段，时间从 $\tau=0$ 开始，按 $\Delta\tau$ 分割为 k 段（如图 8-5 所示）。若 i 表示内节点位置，k 表示 $k\Delta\tau$ 时刻，针对内节点 (i,k) 写出它的节点离散方程。这时，温度对 x 的二阶导数，采用中心差分表达式为：

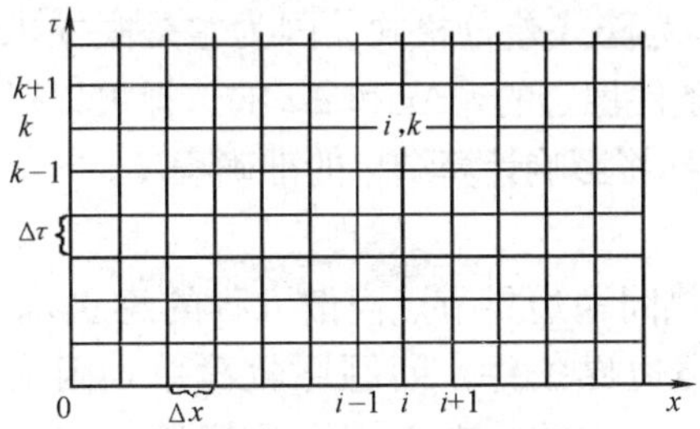

$$\left(\frac{\partial^2 t}{\partial x^2}\right)_{i,k}=\frac{t_{i-1}^k-2t_i^k+t_{i+1}^k}{\Delta x^2} \tag{8-8}$$

温度对时间的一阶导数，若采用向前差分，则

$$\left(\frac{\partial t}{\partial \tau}\right)_{i,k}=\frac{t_i^{k+1}-t_i^k}{\Delta\tau} \tag{8-9}$$

图 8-5 一维非稳态导热问题的空间和时间划分

将式（8-8）和式（8-9）代入式（8-7）可得内节点 (i,k) 的节点离散方程：

$$\frac{t_i^{k+1}-t_i^k}{\Delta\tau}=a\frac{t_{i-1}^k-2t_i^k+t_{i+1}^k}{\Delta x^2}$$

经整理得：

$$t_i^{k+1}=\frac{a\Delta\tau}{\Delta x^2}(t_{i-1}^k+t_{i+1}^k)+\left(1-2\frac{a\Delta\tau}{\Delta x^2}\right)t_i^k$$

即

$$t_i^{k+1}=F_0(t_{i-1}^k+t_{i+1}^k)+(1-2F_0)t_i^k \tag{8-10}$$

从式（8-10）可以看出，只要知道 $k\Delta\tau$ 时刻各节点的温度就可以利用式（8-10）计算

$(k+1)\Delta\tau$ 时刻各节点的温度。因为节点温度 t_i^{k+1} 可以直接利用先前的温度 t_i^k、t_{i-1}^k 和 t_{i+1}^k 以显函数的形式表示,所以式 (8-10) 称为显式差分格式。

在显式差分格式中,$\Delta\tau$ 和 Δx 必须满足一定的关系,因为式 (8-10) 中 t_i^k 的系数必须大于等于零,即

$$\frac{a\Delta\tau}{\Delta x^2} \leqslant \frac{1}{2} \quad 或 \quad F_0 \leqslant \frac{1}{2} \tag{8-11}$$

② 隐式差分格式

对于前面讲到的问题,若温度对时间的一阶导数采用向后差分,则

$$\left(\frac{\partial t}{\partial \tau}\right)_{i,k} = \frac{t_i^k - t_i^{k-1}}{\Delta\tau} \tag{8-12}$$

将式 (8-8) 和式 (8-12) 代入式 (8-7) 可得内节点 (i, k) 的节点离散方程的另一种表达式:

$$\frac{t_i^k - t_i^{k-1}}{\Delta\tau} = a\frac{t_{i-1}^k - 2t_i^k + t_{i+1}^k}{\Delta x^2}$$

将上式整理后得

$$\left(1 + 2\frac{a\Delta\tau}{\Delta x^2}\right)t_i^k = \frac{a\Delta\tau}{\Delta x^2}(t_{i-1}^k + t_{i+1}^k) + t_i^{k-1}$$

即

$$(1 + 2F_0)t_i^k = F_0(t_{i-1}^k + t_{i+1}^k) + t_i^{k-1} \tag{8-13}$$

从上式看出,式 (8-13) 并不能直接根据 $(k-1)\Delta\tau$ 时刻的温度分布计算 $k\Delta\tau$ 时刻的温度分布,因为式中等号右边还包括待求的 $k\Delta\tau$ 时刻的节点温度。只有在已知 $(k-1)\Delta\tau$ 时刻的各节点温度情形下,列出 $k\Delta\tau$ 时刻各节点的离散方程,联立求解节点离散方程组才能得出 $k\Delta\tau$ 时刻各节点的温度。这种差分格式称为隐式差分格式。因为它是联立求解节点离散方程组得出各节点温度,所以这种计算是无条件稳定的,$\Delta\tau$ 和 Δx 的选择可以任意独立地选取而不受限制。但是,不同的 $\Delta\tau$ 和 Δx 的选择将影响计算结果的准确程度。

(3) 边界节点离散方程的建立

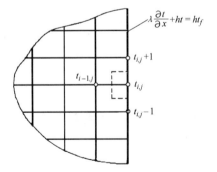

图 8-6 边界节点的网格单元点

① 稳态导热问题边界节点离散方程的建立

对于第一类边界条件,问题比较简单,因为边界节点的温度是给定的,它直接以数值的形式参加到与边界节点相邻的内节点的离散方程中。对于第二类或第三类边界条件,则应根据给定的具体条件,针对边界节点所在的网格单元写出热平衡关系式,建立起边界节点的温度离散方程。

对于第二类边界条件,参看图 8-6 的边界节点 (i, j),温度为 $t_{i,j}$。注意图中边界节点 (i, j) 所代表的网格单元与内节点是不一样的。设边界的热流密度为 q_w,则针对边界网格单元写出热平衡关系式,得:

$$\lambda\frac{t_{i-1,j} - t_{i,j}}{\Delta x}\Delta y + \lambda\frac{t_{i,j-1} - t_{i,j}}{\Delta y}\frac{\Delta x}{2} + \lambda\frac{t_{i,j+1} - t_{i,j}}{\Delta y}\frac{\Delta x}{2} + q_w\Delta y = 0$$

当 $\Delta x = \Delta y$ 时,上式可以简化为:

$$t_{i,j} = \frac{1}{4}\left(2t_{i-1,j} + t_{i,j-1} + t_{i,j+1} + \frac{2\Delta x q_\mathrm{w}}{\lambda}\right) \tag{8-14a}$$

上式就是图 8-6 所示的平直边界节点在第二类边界条件下的温度离散方程。当 $q_\mathrm{w}=0$ 时，就是绝热边界条件下的平直边界节点温度离散方程。

对于第三类边界条件，已知对流换热的表面传热系数 h 和周围流体的温度 t_f，这时
$$q_\mathrm{w} = h(t_\mathrm{f} - t_{i,j})$$
将上式代入式 (8-14a)，经过整理，可得

$$(2t_{i-1,j} + t_{i,j-1} + t_{i,j+1}) - \left(4 + 2\frac{h\Delta x}{\lambda}\right)t_{i,j} + 2\frac{h\Delta x}{\lambda}t_\mathrm{f} = 0 \tag{8-14b}$$

式 (8-14b) 就是针对图 8-6 所示的边界节点 (i, j) 的温度离散方程。

内节点和边界节点的离散方程　　　　　　　　　　　　表 8-1

序号	节点特征	节点方程式（$\Delta x = \Delta y$）
1	内部节点	$t_{i-1} + t_{i+1,j} + t_{i,j-1} + t_{i,j+1} - 4t_{i,j} = 0$
2	对流边界节点	$(2t_{i-1,j} + t_{i,j-1} + t_{i,j+1}) - \left(4 + 2\frac{h\Delta x}{\lambda}\right)t_{i,j} + 2\frac{h\Delta x}{\lambda}t_\mathrm{f} = 0$
3	对流边界外部拐角节点	$(t_{i-1,j} + t_{i,j-1}) - \left(2 + 2\frac{h\Delta x}{\lambda}\right)t_{i,j} + 2\frac{h\Delta x}{\lambda}t_\mathrm{f} = 0$
4	对流边界内部拐角节点	$(t_{i,j-1} + t_{i+1,j}) + 2(t_{i-1,j} + t_{i,j+1}) - \left(6 + 2\frac{h\Delta x}{\lambda}\right) \times t_{i,j} + 2\frac{h\Delta x}{\lambda}t_\mathrm{f} = 0$

按照同样的方法，可以建立各种具体条件下边界节点的离散方程，表 8-1 汇总了各种情况下内节点和边界节点的离散节点的离散方程。

② 非稳态导热问题边界节点离散方程的建立[307]

与稳态导热边界节点离散方程的建立一样，只需要对第二类或第三类边界条件通过热平衡法建立边界节点离散方程。边界节点离散方程也分显式格式和隐式格式两种。

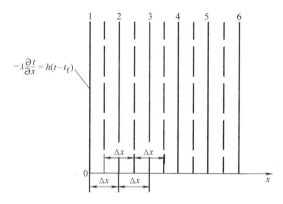

图 8-7 非稳态导热第三类边界条件的显式差分格式

如图 8-7 所示的第三类边界条件，针对边界节点 1，应用热平衡法写出显式差分格式，即

$$h(t_f - t_1^k) - \lambda \frac{t_1^k - t_2^k}{\Delta x} = \rho c \frac{t_1^{k+1} - t_1^k}{\Delta \tau} \cdot \frac{\Delta x}{2}$$

整理上式，可得

$$t_2^k - t_1^k + \frac{h\Delta x}{\lambda}(t_f - t_1^k) = \frac{1}{2} \frac{\rho c \Delta x^2}{\lambda \Delta \tau}(t_1^{k+1} - t_1^k)$$

上式中

$$\frac{h\Delta x}{\lambda} = Bi, \quad \frac{\rho c \Delta x^2}{\lambda \Delta \tau} = \frac{1}{Fo}$$

于是

$$t_2^k - t_1^k + Bi(t_f - t_1^k) = \frac{1}{2Fo}(t_1^{k+1} - t_1^k)$$

移项并整理，得到 t_1^{k+1} 的显式差分表达式，即

$$t_1^{k+1} = 2Fo(t_2^k + Bit_f) + (1 - 2BiFo - 2Fo)t_1^k \tag{8-15}$$

类似于对内节点显式差分格式的稳定性分析一样，上式中 t_1^k 的系数也必须大于或至少等于零，否则数值解是不稳定的，于是

$$1 - 2BiFo - 2Fo \geqslant 0$$

亦即

$$Fo \leqslant \frac{1}{2Bi + 2} \tag{8-16}$$

当选择了 Δx 以后，应用式（8-16）和式（8-11）分别计算稳定性条件所允许选择的 $\Delta \tau$，显然式（8-16）给出的 $\Delta \tau$ 较小。由于边界节点与内节点的离散方程必须选择相同的 $\Delta \tau$，所以对于第三类边界条件，应用显式差分求数值解时，它的稳定性条件是式（8-16），这一点也是第三类边界条件与第一类边界条件不同之处。对于第一类边界条件，显式差分格式的稳定性条件仍是式（8-11）。

对于绝热边界条件，图 8-7 所示的边界面对流换热量为零，所以它的节点离散方程为

$$t_1^{k+1} = 2Fot_2^k + (1 - 2Fo)t_1^k \tag{8-17}$$

其他任何条件下的边界节点离散方程均可应用热平衡法写出。

同理可以证明，在第三类边界条件下，二维非稳态导热均匀网格的显式差分格式，其稳定性条件为

$$Fo \leqslant \frac{1}{2Bi + 2} \tag{8-18}$$

现在，针对图 8-7 所示的第三类边界条件，写出边界节点的隐式差分格式，得

$$h(t_f - t_1^{k+1}) - \lambda \frac{t_1^{k+1} - t_2^{k+1}}{\Delta x} = \rho c \frac{t_1^{k+1} - t_1^k}{\Delta \tau} \frac{\Delta x}{2}$$

整理上式可得 t_1^{k+1} 的隐式差分格式

$$(1 + 2BiFo + 2Fo)t_1^{k+1} = 2Fo(t_2^{k+1} + Bit_f) + t_1^k \tag{8-19}$$

隐式差分格式是无条件稳定的。

2. 有限元法

由于篇幅的限制，对有限元法我们仅仅介绍有限元法求解实际工程问题的步骤，对有限元法想进一步研究的，可以参考文献[204][337]。

有限元法分析和计算工程问题一般分为六步：

1) 求解区域离散化。用网格将求解区域（或结构）分为若干小块，即分成有限个单元。部分逼近是有限元法的基本概念。

2) 选择插值函数（或称为位移模式）。对单元中的位移分布做出一定假设，也就是假定位移是坐标的某种简单函数，这种函数称为插值函数或位移模式。通常选择多项式作为场变量的插值函数，因为多项式易于积分或微分。

有限元法采用分片近似，只需对一个单元选择一个近似位移函数，而不必对整个求解区域选择函数。有限元法开始则不必考虑边界条件，只需考虑单元之间位移连续就可以了，这样比在整个区域中选取连续函数要简单的多。

3) 分析单元的特征。应用物理直接法、变分原理和加权余数法中任一种，来确定单元特性的矩阵方程（单元刚度矩阵）。单元刚度矩阵是单元特性分析的核心内容。

4) 集合所有单元的平衡方程，以建立整个求解问题（系统）的平衡方程组。这个集合过程包括两方面内容：一是将各个单元的刚度矩阵集合成整个系统的刚度矩阵；二是将作用于各单元的等效节点力矩阵，集合成总体载荷矩阵。

在求解这些系统方程组前，必须考虑边界条件，故需对它们加以修正，才能求出未知的物理量。

5) 求解系统的总体方程组。

6) 根据需要进行附加计算。

四、线性代数方程组的求解方法

通过前一小节的介绍，我们已经知道如何将数学模型转换为模拟模型，但是为了使讨论具有普遍性，将线性代数方程组表示为式（B）。此类方程组的求解方法可以用直接法，也可以用迭代法。

$$(B) \begin{cases} a_{11}t_1 + a_{12}t_2 + \cdots + a_{1j}t_j + \cdots + a_{1n}t_n = b_1 & (1) \\ a_{21}t_1 + a_{22}t_2 + \cdots + a_{2j}t_j + \cdots + a_{2n}t_n = b_2 & (2) \\ \cdots\cdots\cdots\cdots\cdots\cdots\cdots\cdots\cdots\cdots\cdots\cdots & \cdots \\ a_{i1}t_1 + a_{i2}t_2 + \cdots + a_{ij}t_j + \cdots + a_{in}t_n = b_i & (i) \\ \cdots\cdots\cdots\cdots\cdots\cdots\cdots\cdots\cdots\cdots\cdots\cdots & \cdots \\ a_{n1}t_1 + a_{n2}t_2 + \cdots + a_{nj}t_j + \cdots + a_{nn}t_n = b_n & (n) \end{cases} \tag{8-20}$$

1. 直接求解法

常用的直接求解法有高斯消元法及矩阵求逆法。

1) 高斯消元法

首先让式（B）中式（1）保持不动，消去其余各式中含节点温度 t_1 的项。采用的方法是：

$$式(i) - 式(1) \times \frac{a_{i1}}{a_{11}} \quad i=2,3,\cdots\cdots,n$$

这样就得到一组与式（B）等价的新方程组（B'）

$$(B') \begin{cases} a_{11}t_1 + a_{12}t_2 + \cdots + a_{1j}t_j + \cdots + a_{1n}t_n = b_1 & (1') \\ a'_{22}t_2 + \cdots + a'_{2j}t_j + \cdots + a'_{2n}t_n = b_2 & (2') \\ \quad \cdots\cdots \quad\quad\quad\quad\quad\quad\quad\quad\quad \cdots\cdots & \\ a'_{i2}t_2 + \cdots + a'_{ij}t_j + \cdots + a'_{in}t_n = b_i & (i') \\ \quad \cdots\cdots \quad\quad\quad\quad\quad\quad\quad\quad\quad \cdots\cdots & \\ a'_{n2}t_2 + \cdots + a'_{nj}t_j + \cdots + a'_{nn}t_n = b_n & (n') \end{cases} \quad (8\text{-}21)$$

式中，$a'_{ij} = a_{1j} - \dfrac{a_{i1} \cdot a_{1j}}{a_{11}} \quad i=2,3\cdots n, \ j=2,3\cdots n$

$b'_i = b_j - \dfrac{a_{i1} \cdot b_1}{a_{11}} \quad i=2,3\cdots n, \ j=2,3\cdots n$

可以看出，第一次消元后式（B'）中除式（$1'$）外，其余各式均消去了含 t_1 的项。类似地作第二次消元，（$1'$）式和（$2'$）式保持不变，消去其余各式中含 t_2 的项。如此进行下去，到第 $n-1$ 次消元时，可得如下方程

$$(B^{n-1}) \begin{cases} a_{11}t_1 + a_{12}t_2 + \cdots + a_{1j}t_j + \cdots + a_{1n}t_n = b_1 & (1^{n-1}) \\ a_{22}^{(1)}t_2 + \cdots + a_{2j}^{(1)}t_j + \cdots + a_{2n}^{(1)}t_n = b_2^{(1)} & (2^{n-1}) \\ \quad \cdots\cdots \quad\quad\quad\quad\quad\quad\quad\quad\quad \cdots\cdots & \\ a_{jj}^{(j-1)}t_j + \cdots + a_{jn}^{(j-1)}t_n = b_j^{(j-1)} & (j^{n-1}) \\ \quad \cdots\cdots \quad\quad\quad\quad\quad\quad\quad\quad\quad \cdots\cdots & \\ a_{n-1,n-1}^{(n-2)}t_{n-1} + a_{n-1,n}^{(n-2)}t_n = b_{n-1}^{(n-2)} & ((n-1)^{n-1}) \\ a_{nn}^{(n-1)}t_n = b_n^{(n-1)} & (n^{n-1}) \end{cases} \quad (8\text{-}22)$$

以上全部过程称为消元过程。消元过程结束时所得到的式（B^{n-1}）中已给出了 t_n 之值，即由（n^{n-1}）式可得

$$t_n = b_n^{n-1} / a_{nn}^{n-1} \quad (8\text{-}23)$$

回代过程：t_n 后其余的节点温度通过下式用回代方法求出。

$$t_r = \frac{b_r - \sum\limits_{i=r+1}^{n} a_{ri}t_i}{a_{rr}} \quad r = n-1, n-2\cdots, 1 \quad (8\text{-}24)$$

整个高斯消元法就是消元过程与回代过程的结合。应该注意的是，在消元过程中系数 a_{11}，$a_{22}^{(1)}$，$\cdots$，$a_{n-1,n-1}^{(n-2)}$ 都不能等于零，因为消元过程中是以这些数作为除数的。由于温度的编号是人为的，所以我们可以把系数最大的那个节点的温度放在第一列，这样就不会出现系数 a_{11}，$a_{22}^{(1)}$，$\cdots$，$a_{n-1,n-1}^{(n-2)}$ 等于零的情况。这种方法在线性代数中称为列主元消去法。

2) 矩阵求逆法

将代数方程组（B）表示为矩阵形式：

$$[A]\cdot[T]=[B]$$

$$[A]=\begin{bmatrix} a_{11} & a_{12} & \cdots & a_{1j} & \cdots & a_{1n} \\ a_{21} & a_{22} & \cdots & a_{2j} & \cdots & a_{1n} \\ \cdots & \cdots & \cdots & \cdots & \cdots & \cdots \\ a_{i1} & a_{i2} & \cdots & a_{ij} & \cdots & a_{in} \\ \cdots & \cdots & \cdots & \cdots & \cdots & \cdots \\ a_{n1} & a_{n2} & \cdots & a_{nj} & \cdots & a_{nn} \end{bmatrix}$$

$$[T]=\begin{bmatrix} t_1 \\ t_2 \\ \vdots \\ t_i \\ \vdots \\ t_n \end{bmatrix} \qquad [B]=\begin{bmatrix} b_1 \\ b_2 \\ \vdots \\ b_i \\ \vdots \\ b_n \end{bmatrix}$$

其中，$[A]$、$[T]$ 和 $[B]$ 分别为系数矩阵、温度列矩阵和常数项列矩阵。根据矩阵求逆，求解的温度列矩阵可表示为：

$$[T]=[A]^{-1}\cdot[B] \tag{8-25}$$

式中 $[A]^{-1}$ 为矩阵 $[A]$ 的逆矩阵。$[A]^{-1}$ 可由行列式 $[A]$ 的伴随矩阵除以行列式 $\det(A)$ 的值得到，即

$$[A]^{-1}=\frac{A^*}{\det(A)} \tag{8-26}$$

由于求逆矩阵 $[A]^{-1}$ 时，要计算 n^2 个 $(n-1)$ 阶行列式和一个 n 阶行列式，其工作量相当大，故当节点数目较多时，要求计算机的内存很大。

2. 迭代法

对于节点数目不多的问题，直接法不失为一种有效的方法。但是，对于节点数目较多的问题，不仅运算工作量大而且要求计算机内存很大。迭代法则可以克服这些缺点。

迭代法的基本思想是寻找一个由 $(t_1, t_2, \cdots\cdots, t_n)^T$ 组成的向量，使其收敛于某个极限向量 $(t_1^*, t_2^*, \cdots\cdots, t_n^*)^T$，而且 $(t_1^*, t_2^*, \cdots\cdots, t_n^*)^T$ 就是线性代数方程组（B）的精确解。目前常用的迭代法有高斯-赛德尔迭代法和超松弛迭代法。

当线性代数方程组（B）的系数满足 $a_{ii}\neq 0$ $(i=1, 2, \cdots, n)$，可将式（8-20）改写为

$$\begin{cases} t_1=(b_1-a_{12}t_2-a_{13}t_3-\cdots-a_{1n}t_n)/a_{11} \\ t_2=(b_2-a_{21}t_1-a_{23}t_3-\cdots-a_{2n}t_n)/a_{22} \\ \cdots\cdots\cdots\cdots\cdots\cdots\cdots\cdots\cdots\cdots \\ t_n=(b_n-a_{n1}t_1-a_{n2}t_2-\cdots-a_{n-1}t_{n-1})/a_{nn} \end{cases} \tag{8-27}$$

以上各式可用一通式表示为：

$$t_i=\left(b_i-\sum_{j=1,j\neq i}^{n}a_{ij}t_j\right)/a_{ii} \quad (i=1,2,\cdots,n) \tag{8-28}$$

迭代法求解的步骤是：合理地假设节点的初始温度 t_i，并将其作为第零次近似解，记

为 t_i^0 ($i=1,2,\cdots,n$)。将 t_i^0 代入式（8-28）的右端。得到第一次的近似值，记为 t_i^1，将 t_i^1 再代入式（8-28）的右端。得到第二次的近似值，如此反复进行。对足够大的 k，两次相邻的近似解 $t_i^{(k+1)}$ 与 $t_i^{(k)}$ ($i=1,2,\cdots,n$) 之间的偏差小于预先给定的小量 ε 时，即满足

$$|t_i^{(k+1)} - t_i^{(k)}| < \varepsilon \quad (i=1,2,\cdots,n) \tag{8-29}$$

或

$$\left|\frac{t_i^{(k+1)} - t_i^{(k)}}{t_i^k}\right| < \varepsilon \quad (i=1,2,\cdots,n) \tag{8-30}$$

则解 $[t_1^k, t_2^k, \cdots, t_n^k]$ 已足够精确地接近方程组（8-27）的解，下面分别介绍高斯-塞德尔迭代法与超松弛迭代法。

1) 高斯-塞德尔迭代法

对于 n 元线性代数方程组，其通式为

$$t_i^{(k+1)} = \left[b_i - \sum_{j=1}^{i-1} a_{ij} t_j^{(k+1)} - \sum_{j=i+1}^{n} a_{ij} t_j^{(k)}\right] \bigg/ a_{ii} \quad (i=1,2,\cdots,n) \tag{8-31}$$

2) 超松弛迭代法

实际计算表明，当节点数目较多时，高斯-塞德尔迭代法的收敛速度仍显得太慢。这样就提出了超松弛迭代法，以提高收敛速度。超松弛迭代仍假定各节点的零次近似值 t_i^0 ($i=1,2,\cdots,n$)，只是在求第一次近似值 t_i^1 ($i=1,2,\cdots,n$) 时需分两步进行，第一步用高斯-塞德尔迭代法计算中间值。

$$V_i^{(1)} = \left[b_i - \sum_{j=1}^{i-1} a_{ij} t_j^{(1)} - \sum_{j=i+1}^{n} a_{ij} t_j^{(0)}\right] \bigg/ a_{ii} \quad (i=1,2,\cdots,n) \tag{8-32}$$

第二步对 $V_i^{(1)}$ 进行改善，求出第一次近似值

$$t_i^{(1)} = t_i^{(0)} + \bar{\omega}[V_i^{(1)} - V_i^{(0)}]$$

或

$$t_i^{(1)} = (1-\bar{\omega})t_i^{(0)} + \bar{\omega}V_i^{(1)} \quad (i=1,2,\cdots,n) \tag{8-33}$$

式中，$\bar{\omega}$ 是适当选择的一个常数，称为松弛因子。从以上两式中消去 $V_i^{(1)}$，可得由 t_i^0 ($i=1,2,\cdots,n$) 直接计算 t_i^1 ($i=1,2,\cdots,n$) 的公式

$$t_i^{(k+1)} = (1-\bar{\omega})t_i^{(k)} + \bar{\omega}\left[b_i - \sum_{j=1}^{i-1} a_{ij} t_j^{(k+1)} - \sum_{j=i+1}^{n} a_{ij} t_j^{(k)}\right] \bigg/ a_{ii} \quad (i=1,2,\cdots,n)$$

$$\tag{8-34}$$

也就是超松弛迭代法的计算通式。当 $\bar{\omega}=1$ 时，式（8-34）就简化为高斯-塞德尔迭代法的计算式（8-31）。选择的 $\bar{\omega}$ 值不同时，超松弛迭代法的收敛速度是不同的。可以找出一个使得收敛速度最快的 $\bar{\omega}$，称为最佳超松弛因子，记为 $\bar{\omega}^*$。一般 $1 < \bar{\omega}^* < 2$。

针对本小节所讲内容，现举两个算例，以便大家更好的理解数值计算的方法步骤。

【例 8-1】 一矩形的二维导热区域，长为 $L_x=0.1\mathrm{m}$，宽为 $L_y=0.1\mathrm{m}$，左边界维持均匀的温度 $t_{LB}=300°C$，右边界绝热，上下边界面上有温度为 $t_\infty=80°C$ 的流体流过。流体与表面之间的对流换热系数 $h=450\mathrm{W}/(\mathrm{m}^2\cdot°C)$。导热物体的导热系数 $\lambda=450\mathrm{W}/$

($m^2 \cdot ℃$)。试计算区域内的温度分布。

解： 1. 题意分析：此题属于具有多种边界条件的二维稳态导热问题，其中左边界属于第一类边界条件，右边界属于第二类边界条件，上下边界则为第三类边界条件。于是写出此题的数学模型为

$$\begin{cases} \dfrac{\partial^2 t}{\partial x^2} + \dfrac{\partial^2 t}{\partial y^2} = 0 \\ t_{LB} = 300℃ \\ t_\infty \mid_{y=0, y=0.1} = 80℃ \\ \dfrac{\partial t}{\partial x} \mid_{x=0.1} = 0 \end{cases}$$

2. 区域离散化：用步长 Δx 和 Δy（$\Delta x = \Delta y$）将区域划分为 $n \times m$ 个小区域，若将边界节点包含在内，应有 $(n+1) \times (m+1)$ 个节点（见图 8-8）。

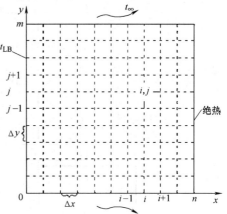

图 8-8 例题 8-1 的网格图

3. 节点差分方程的建立：共有四种类型的边界节点，相应的差分方程为

内节点

$$t_{i,j} = \frac{1}{4}(t_{i-1,j} + t_{i+1,j} + t_{i,j-1} + t_{i,j+1}) \quad i=1,2,3,\cdots\cdots,n; j=1,2,3,\cdots\cdots,m$$

平直对流边界节点

$$t_{i,0} = (2Bi \cdot t_\infty + 2t_{i,1} + t_{i-1,0} + t_{i+1,0})/(4+2Bi)$$
$$t_{i,m} = (2Bi \cdot t_\infty + 2t_{i,m-1} + t_{i-1,m} + t_{i+1,m})/(4+2Bi)$$
$$i = 1,2,3\cdots\cdots,n-1$$

平直绝热边界节点

$$t_{n,j} = \frac{2t_{n-1,j} + t_{n,j-1} + t_{n,j+1}}{4} \quad j = 1,2,3\cdots\cdots,n-1$$

凸角边界节点

$$t_{n,m} = (Bi \cdot t_\infty + t_{n,m-1} + t_{n-1,m})/(2+Bi)$$
$$t_{n,0} = (Bi \cdot t_\infty + t_{n,1} + t_{n-1,0})/(2+Bi)$$

以上各式中

$$Bi = \frac{h \Delta x}{\lambda}$$

4. 差分方程组的求解：采用高斯-塞德尔迭代法编制的程序框图见图 8-9，程序的标识符号见表 8-2。

程序是这样编制的，首先输入已知值 N、M、EPS、K、TLB、TI、Lx、Ly、h、t_∞ 和 λ。然后赋值，除左边界节点赋给定的温度值 TLB 外，其余节点均赋初始温度 TI。赋值完毕后开始迭代计算。当区域中所有相邻节点两次迭代的最大偏差均小于控制精度的小量时，迭代结束，输出结果，计算结束。有兴趣的读者可以按照程序框图自己编写这个程序，因为篇幅的限制在这里程序就不列出了。

5. 计算结果分析

通过输入不同的 N、M、EPS、K、TLB、TI、Lx、Ly、h、t_∞ 和 λ，即得到不同的

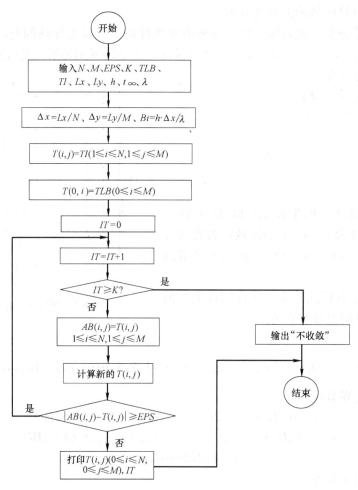

图 8-9 例题 8-1 的程序框图

计算结果。

程序的标识符说明 表 8-2

标识符	定 义	标识符	定 义
h	对流换热系数	N, M	x, y 方向的等分区间个数 n, m
Bi	毕渥数 $Bi = h\Delta x/\lambda$	t_∞	流过上下边界面的流体温度
EPS	精度控制量	$T(i,j)$	节点 (i,j) 的温度
IT	迭代次数	TI	选定的初始迭代温度
K	允许的最大迭代次数	TLB	左边界的温度
Lx, Ly	矩形区域 x, y 方向的边长	λ	导热系数

【**例 8-2**】 一厚度为 0.12m 的无限大平板,初始温度为 $t_0 = 20℃$。两侧表面同时受到温度为 $t_\infty = 150℃$ 的流体加热。流体与表面之间的对流换热系数为 $h = 24\text{W}/(\text{m}^2 \cdot ℃)$。平板材料的导热系数为 $\lambda = 0.24\text{W}/(\text{m}^2 \cdot ℃)$,导温系数为 $a = 0.147 \times 10^{-6}\text{m}^2/\text{s}$。试计算温度分布随时间的变化。

解:1. 题意分析:

由于平板为无限大物体,所以这是一个一维非稳态导热问题。又由于平板对称受热,利用其温度场的对称性,只需要计算平板的一半。因此计算对象变为一侧表面对流换热,另一侧表面绝热的平板(如图 8-10)。此问题的数学模型可写为:

$$\begin{cases} \dfrac{\partial t}{\partial \tau}=\dfrac{\partial^2 t}{\partial x^2} \\ \dfrac{\partial t}{\partial x}\Big|_{x=0}=0 \\ t(x,0)\Big|_{0\leqslant x\leqslant 0.06}=t \\ -\lambda\dfrac{\partial t(x,\tau)}{\partial \tau}\Big|_{x=0.06}=h[t_\infty-t(0.06,\tau)] \end{cases}$$

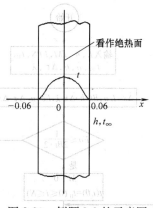

图 8-10 例题 8-2 的示意图

这个问题可以用显式格式的差分方程计算,也可以用隐式差分格式来计算。为了比较两者的差别,特给出了两种差分格式的程序框图。

2. 区域离散化:

用步长 Δx 和 $\Delta \tau$ 将空间和时间分别划分为 n 段和 k 段(见图 8-5)。

3. 节点差分方程的建立:

(1) 显式格式:

内节点:

$$t_i^{k+1}=Fo(t_{i-1}^k+t_{i+1}^k)+(1-2Fo)t_i^k$$

绝热边界节点:

$$t_0^{k+1}=2Fot_1^k+(1-2Fo)t_0^k$$

对流换热边界节点:

$$t_n^{k+1}=2Fo(t_{n-1}^k+Bit_\infty)+(1-2BiFo-2Fo)t_n^k$$

(2) 隐式格式:

内节点:

$$(1+2Fo)t_i^k=Fo(t_{i-1}^k+t_{i+1}^k)+t_i^{k-1}$$

绝热边界节点:

$$t_0^{k+1}=(2Fot_1^{k+1}+t_0^k)/(1+2Fo)$$

对流换热边界节点:

$$(1+2BiFo+2Fo)t_n^{k+1}=2Fo(t_{n-1}^{k+1}+Bit_\infty)+t_n^k$$

以上各式中:

$$Fo=a\Delta\tau/(\Delta x)^2,\ Bi=\alpha\Delta x/\lambda$$

4. 差分方程组的求解:采用高斯-塞德尔迭代法编制的程序框图见图 8-11,程序的标识符号见表 8-3。读者可以参照计算程序框图,自己编写计算程序并进行计算。

程序的标识符说明　　　　　　　　　　　　表 8-3

标识符	定　义	标识符	定　义
EPS	精度控制量	t_∞	流过上下边界面的流体温度
M	时间间隔数目	$t(i,k)$	节点 i 处 k 时刻的温度
L	平板厚度的一半	TM	终止计算时间

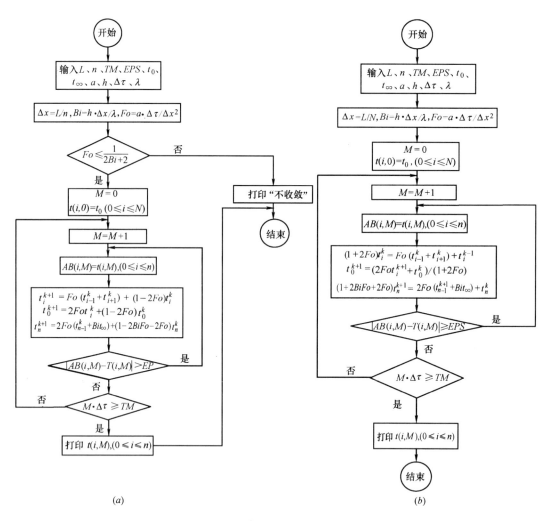

图 8-11 例题 8-2 的程序框图
(a) 显式格式；(b) 隐式格式

第二节 数值模拟在深埋地下工程中的应用[194][331]

为便于计算,按工程的埋深和几何形状可以进行分类简化。根据地表面温度周期性变化对地下建筑围护结构传热的影响,可以将地下建筑分为深埋和浅埋地下建筑。由于距地面 12m 处地温波幅可以忽略不计,故一般把工程的埋深在 12m 以下的工程称为深埋地下工程,12m 以上的称为浅埋地下工程。

根据工程几何尺寸,把长宽比大于 2 的工程称为无限长拱形断面工程,把长宽比小于 2 的工程称为有限长拱形断面工程。按此分类,分别用不同的传热数学模型来表示围护结构的传热规律。

由于篇幅所限,在这里只对数值计算较难的浅埋地下工程进行较为详细的介绍,对于深埋地下工程只对如何建立其数学模型进行介绍,其余的计算过程读者可以按照以上两道例题的方法步骤进行求解。

一、深埋地下工程预热期围护结构传热过程数值模拟

地下建筑竣工后，由于围护结构内部存在大量的施工水，致使室温和墙面温度较低、相对湿度过高，不宜投入使用，需要经过一段时间的预热，提高围护结构温度，并进行适当的通风带走由围护结构散发到工程内的水汽，使工程内空气温湿度达到使用要求。根据半无限大物体的定义，深埋地下工程可以看做是半无限大物体。

1. 无限长拱形断面地下建筑预热期围护结构传热过程数值模拟

首先假设在加热期内加热设备以满负荷连续运行，则加热期传热计算即是恒定热流边界条件下的传热问题。再把无限长拱形断面工程换算成等湿周长的无限长当量空气圆柱体（图 8-12），根据半无限大物体的定义，深埋地下工程可以看做是半无限大物体。根据等热流加热过程的边界条件和初始条件建立下列数学模型：

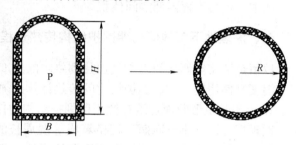

图 8-12　无限长深埋拱形断面地下工程简化模型

$$R=\frac{P}{2\pi}$$

$$\begin{cases} \dfrac{\partial t(r,t)}{\partial \tau}=a\,\dfrac{1}{r}\dfrac{\partial}{\partial r}\left[r\,\dfrac{\partial t(r,\tau)}{\partial r}\right] \\ -\lambda\,\dfrac{\partial t(r,\tau)}{\partial r}\bigg|_{r=R}=q_w=const. \\ t(r,0)=t_0 \\ t(\infty,\tau)=t_0 \end{cases} \quad (8\text{-}35)$$

式中　P——湿周长；

　　　t_0——围护结构表面和岩体的初始温度，℃；

　　　q_w——工程内壁面热流密度，W/m²；

　　　τ——模拟的时间，s；

　　　λ——岩体的导热系数，W/(m²·℃)；

　　　a——工程围护结构介质热扩散率，m²/s。

2. 有限长拱形断面地下建筑加热期围护结构传热过程模拟

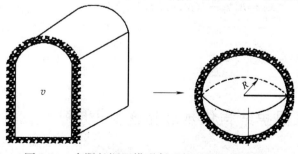

图 8-13　有限长深埋拱形断面地下工程简化模型

同上，首先假设在加热期内加热设备以满负荷连续运行，则加热期传热计算即是恒定热流边界条件下的传热问题。再把有限长拱形断面工程换算成等体积的当量空气球体（如图 8-13 所示），根据等热流加热过程的边界条件和初始条件建立下列数学模型：

$$R=0.62\sqrt[3]{V}\ (V\text{ 为体积})$$

$$\begin{cases}\dfrac{\partial t(r,t)}{\partial \tau}=a\dfrac{1}{r^2}\dfrac{\partial}{\partial r}\left[r^2\dfrac{\partial t(r,\tau)}{\partial r}\right]\\ -\lambda\left.\dfrac{\partial t(r,\tau)}{\partial r}\right|_{r=R}=q_{\mathrm{w}}=const\\ t(r,0)=t_0\\ t(\infty,\tau)=t_0\end{cases} \tag{8-36}$$

式中，V 为工程内部空间体积。

二、深埋地下工程使用期围护结构传热过程数值模拟

以恒热流将空调房间内空气加热到要求的温度后，工程进入恒温（有一定波动范围的基准温度）使用期。此时围护结构的传热计算必须用恒温边界条件的传热计算方法。

1. 无限长拱形断面建筑在使用期围护结构的传热计算

同理把无限长拱形断面工程换算成等湿周长的无限长当量空圆柱体（$R=p/2\pi$）。因为加热期传热过程的结束即恒温使用期的开始，所以要找到恒温边界条件下的传热规律，必须将等热流边界条件下传热过程结束时的温度分布，作为恒温使用期传热过程的初始条件。由于复杂的初始条件给求解带来困难，先将初始条件做出简化，假定空调房间达到要求的恒定温度后，围护结构表面或岩体内的温度仍处于岩体的初始温度即 $t(r,0)=t_0$。根据以上假设传热过程的数学模型为：

$$\begin{cases}\dfrac{\partial t(r,t)}{\partial \tau}=a\dfrac{1}{r}\dfrac{\partial}{\partial r}\left[r\dfrac{\partial t(r,\tau)}{\partial r}\right]\\ -\lambda\left.\dfrac{\partial t(r,\tau)}{\partial r}\right|_{r=R}=h[t_{\mathrm{n}}-t(R,\tau)]\\ t(r,0)=t_0\\ t(\infty,\tau)=t_0\end{cases} \tag{8-37}$$

式中，h 为工程外空气和内壁面之间的放热系数，$\mathrm{W/(m^2\cdot ℃)}$。

2. 有限长拱形断面建筑在使用期围护结构的传热计算

同理把有限长拱形断面工程换算成等体积的当量空气球体，空调房间达到要求的恒温后，表面或岩体内的温度仍处于岩体的初始温度即 $t(r,0)=t_0$。根据等温边界条件和简化初始条件建立下列方程：

$$\begin{cases}\dfrac{\partial t(r,t)}{\partial \tau}=a\dfrac{1}{r^2}\dfrac{\partial}{\partial r}\left[r^2\dfrac{\partial t(r,\tau)}{\partial r}\right]\\ -\lambda\left.\dfrac{\partial t(r,\tau)}{\partial r}\right|_{r=R}=h[t_{\mathrm{n}}-t(R,\tau)]\\ t(r,0)=t_0\\ t(\infty,\tau)=t_0\end{cases} \tag{8-38}$$

式中，t_{n} 为工程内空气基准温度，℃。

第三节　浅埋地下工程围护结构传热过程模拟[194][333]

深埋地下建筑传热问题，由于地表温度变化对工程围护结构的影响比较小，理论和实际结合得到比较满意的结果。而对于浅埋地下建筑,由于地面气象条件直接影响围护结构的传热过程,因此要实现传热过程的动态模拟,必须首先提供逐时的工程外气象参数。同时围护结构的热特性(热扩散率和导热系数等)直接影响传热过程动态模拟的准确性,而地下建筑周围的土壤或岩石的热特性通常是未知的,很大程度上取决于岩土的类别及其热湿状态。现假设已实现地面气象参数模拟及用传热反问题方法在围护结构原件上预测岩土热特性。

一、建立数学模型

浅埋地下建筑其围护结构的温度场为 $t(x, y, \tau)$,在地面温度波作用下,随时间及埋深变化。设地下建筑拱形结构按断面等周长简化为矩形(如图 8-14),其长度与断面的宽度、高度相比视为无限长,因此传热模型可简化为二维非稳态传热问题。围护结构内土壤或岩石的热特性参数视为常数,可从被模拟的实际工程原型上获取有关信息,通过传热反问题进行预测,从而建立下列方程组。

围护结构内温度场的二维导热微分方程式为:

$$\frac{\partial t(x,y,\tau)}{\partial \tau} = a\left(\frac{\partial^2 t(x,y,\tau)}{\partial x^2} + \frac{\partial^2 t(x,y,\tau)}{\partial y^2}\right) \tag{8-39}$$

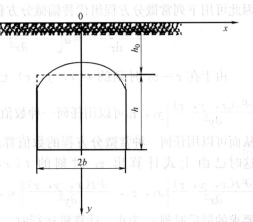

图 8-14 浅埋拱形断面地下工程简化模型

根据地下建筑通风空调系统的运行特点建立内外边界条件和初始条件:

1. 内边界条件:

1)加热期

$$-\lambda \frac{\partial t(x,y,\tau)}{\partial x}\bigg|_{x=b} = q_w = const \tag{8-40}$$

2)使用期

$$-\lambda \frac{\partial t(x,y,\tau)}{\partial x}\bigg|_{x=b} + h_1[t_n - t(x,y,\tau)|_{x=b}] = 0 \tag{8-41}$$

$$-\lambda \frac{\partial t(x,y,\tau)}{\partial y}\bigg|_{y=h_0, h_0+h} + h_1[t_n - t(x,y,\tau)|_{y=h_0, h_0+h}] = 0 \tag{8-42}$$

2. 外边界条件:

$$-\lambda \frac{\partial t(x,y,\tau)}{\partial y}\bigg|_{y=0} + h_2[t_n - t_e(t)] = 0 \tag{8-43}$$

$$t(x, \infty, \tau) = t_0 \tag{8-44}$$

3. 初始条件:

$$t(x, y, 0) = t_0 + A_0 \exp\left(-y\sqrt{\frac{\omega}{2a}}\right) \cos\left(-y\sqrt{\frac{\omega}{2a}}\right) \tag{8-45}$$

式中 t_n——工程内空气基准温度,℃;

$t_e(t)$——由气象模型模拟产生的工程外逐时空气温度，℃；

t_0，A_0——地面空气年平均温度及波幅，℃；

ω——温度波动频率，$2\pi/8760$；

h——工程内空气和内壁面之间的放热系数，$W/(m^2 \cdot ℃)$；

h_2——工程外空气与地表面之间的放热系数，$W/(m^2 \cdot ℃)$；

a——工程围护结构介质热扩散率，m^2/s。

上述偏微分方程组很难用分析方法求解。这里采用线上求解法作为模拟的基本手段。线上求解法是一种分布参数系统数字模拟技术。式中 $t(x, y, \tau)$ 为三维函数，但在 (x_1, y_1)、(x_2, y_2)、……(x_n, y_n) 等固定位置处，$t(x, y, \tau)$ 将仅是时间 τ 的函数。因此可用下列常微分方程组代替偏微分方程组

$$\frac{dt(x,y,\tau)}{d\tau} = a\left[\frac{\partial^2 t(x,y,\tau)}{\partial x^2}\bigg|x_i, \tau + \frac{\partial^2 t(x,y,\tau)}{\partial y^2}\bigg|y_i, \tau\right]$$

由于在 $\tau=\tau_0$ 时刻的 $t(x, y, \tau)$ 已给出初始条件，所以 $\frac{\partial^2 t(x, y, \tau)}{\partial x^2}\bigg|x_i, \tau_0$，$\frac{\partial^2 t(x, y, \tau)}{\partial y^2}\bigg|y_i, \tau_0$ 可以用任何一种数值求导的方法求出，因此方程右端的值可以算出，从而可以用任何一种常微分方程的数值算法求解。经过一个时间步长 $\delta\tau$ 后，$\tau=\tau_0+\delta\tau$，这时已由上式计算出 τ_1 时刻的 $t(x, y, \tau)$，故仍可用数值求导的方法计算 $\frac{\partial^2 t(x, y, \tau)}{\partial x^2}\bigg|x_i, \tau_0$，$\frac{\partial^2 t(x, y, \tau)}{\partial y^2}\bigg|y_i, \tau_0$，从而继续向前求解常微分方程组，直到所要求的最后时刻 t_n 为止。计算机运行时，输入下列数据，即可获得围护结构表面逐时的温度和热流分布。

（1）地下建筑的埋深、及长、宽、高（m）。

（2）围护结构中所取网格数及间隔。

（3）模拟开始的年、月、日。

（4）预热负荷大小 $Q=const(W/m^2)$

（5）室内基准温度 $T_n(℃)$。

二、建立模拟模型

对以上建立的数学模型通过有限差分法使其变为模拟模型。

1. 区域和时间的离散化

由于工程具有对称性，所以在进行区域离散时只要把建筑从中部的对称中线分开，对右侧进行离散即可。如图 8-15，为便于计算，现采用不均匀分割法，首先对 y 轴方向进行离散，对工程顶部被覆层部分，即地表面与工程顶部之间的部分，定义步长 Δy 为 $\Delta y = H_1/N_1 = m_1$，H_1 为埋深，N_1 为该部分的网格划分总数；对工程幅员部分，即工程顶部与工程底部之间的部分，定义步长 Δy 为 $\Delta y = H_2/N_2 = m_2$，H_2 为工程幅员高度；N_2 为该部分的网格划分总数，把工程底部以下的部分的步长 Δy 划分为 $\Delta y = m_1$。再对 x 轴方向进行离散，取步长 $\Delta x = b/N_3 = m_3$，N_3 为此部分网格总数。把时间 τ 分割成 $\Delta \tau$。标示时 y 轴方向从上到下依次标示，x 轴方向从左向右依次标示。

2. 建立离散方程

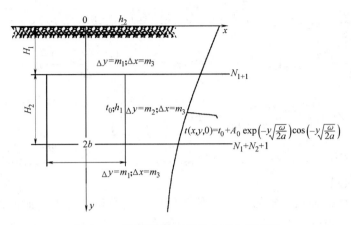

图 8-15 浅埋地下工程节点划分示意图

1) 内部节点的离散方程

(1) $\Delta y = m_1$ 的节点

温度对 x 轴和 y 轴的二阶导数采用中心差分法，温度对时间的一阶导数采用向后差分法。求出节点 (i, j, k) 的离散方程：

$$\frac{t_{i,j}^k - t_{i,j}^{k-1}}{\Delta \tau} = a\left(\frac{t_{i-1,j}^k - 2t_{i,j}^k + t_{i+1,j}^k}{\Delta x^2} + \frac{t_{i,j-1}^k - 2t_{i,j}^k + t_{i,j+1}^k}{\Delta y^2}\right)$$

经整理后得

$$(1 + 2Fo_1 + 2Fo_3)t_{i,j}^k = Fo_1(t_{i,j-1}^k + t_{i,j+1}^k) + Fo_3(t_{i-1,j}^k + t_{i+1,j}^k) + t_{i,j}^{k-1}$$

其中：$Fo_1 = a \cdot \Delta \tau / m_1^2$，$Fo_3 = a \cdot \Delta \tau / m_3^2$

(2) $\Delta y = m_2$ 的节点

同上，温度对 x 轴和 y 轴的二阶导数采用中心差分法，温度对时间的一阶导数采用向后差分法。求出节点 (i, j, k) 的离散方程：

$$(1 + 2Fo_2 + 2Fo_3)t_{i,j}^k = Fo_2(t_{i,j-1}^k + t_{i,j+1}^k) + Fo_3(t_{i-1,j}^k + t_{i+1,j}^k) + t_{i,j}^{k-1}$$

其中 $Fo_2 = a \cdot \Delta \tau / m_2^2$

(3) 上部 $\Delta y = m_1$ 和 $\Delta y = m_2$ 的分界处的节点

根据热平衡法

$$\lambda \frac{t_{i-1,j}^k - t_{i,j}^k}{m_3}(m_1/2 + m_2/2) \times 1 + \lambda \frac{t_{i+1,j}^k - t_{i,j}^k}{m_3}(m_1/2 + m_2/2) \times 1$$
$$+ \lambda \frac{t_{i,j-1}^k - t_{i,j}^k}{m_1}m_3 \times 1 + \lambda \frac{t_{i,j+1}^k - t_{i,j}^k}{m_2}m_3 \times 1 = \rho c \frac{(t_{i,j}^k - t_{i,j}^{k-1})}{\Delta \tau}(m_1/2 + m_2/2)m_3 \times 1$$

经整理得

$$\left(1 + 2Fo_3 + 2Fo_1 \frac{m_1}{m_1 + m_2} + 2Fo_2 \frac{m_2}{m_1 + m_2}\right)t_{i,j}^k$$
$$= Fo_3 t_{i-1,j}^k + Fo_3 t_{i+1,j}^k + 2Fo_1 \frac{m_1}{m_1 + m_2}t_{i,j-1}^k + 2Fo_2 \frac{m_2}{m_1 + m_2}t_{i,j+1}^k + t_{i,j}^{k-1}$$

(4) 下部 $\Delta y = m_2$ 和 $\Delta y = m_1$ 的分界处的节点

根据热平衡法同理可得

$$\lambda \frac{t_{i-1,j}^k - t_{i,j}^k}{m_3}(m_2/2 + m_1/2) \times 1 + \lambda \frac{t_{i+1,j}^k - t_{i,j}^k}{m_3}(m_2/2 + m_1/2) \times 1$$

$$+ \lambda \frac{t_{i,j-1}^k - t_{i,j}^k}{m_2} m_3 \times 1 + \lambda \frac{t_{i,j+1}^k - t_{i,j}^k}{m_1} m_3 \times 1 = \rho c \frac{(t_{i,j}^k - t_{i,j}^{k-1})}{\Delta \tau}(m_2/2 + m_1/2) m_3 \times 1$$

经整理得

$$\left(1 + 2Fo_3 + 2Fo_1 \frac{m_1}{m_1 + m_2} + 2Fo_2 \frac{m_2}{m_1 + m_2}\right) t_{i,j}^k$$

$$= Fo_3 t_{i-1,j}^k + Fo_3 t_{i+1,j}^k + 2Fo_1 \frac{m_1}{m_1 + m_2} t_{i,j+1}^k + 2Fo_2 \frac{m_2}{m_1 + m_2} t_{i,j-1}^k + t_{i,j}^{k-1}$$

(5) 对称中心节点

同样，温度对 x 轴和 y 轴的二阶导数采用中心差分法，温度对时间的一阶导数采用向后差分法。只是假设节点（1，j，k）的左侧存在一列节点（0，j，k），$t_{0,j}^k = t_{2,j}^k$ 求出节点（1，j，k）的离散方程：

$$\frac{t_{i,j}^k - t_{i,j}^{k-1}}{\Delta \tau} = a \left(\frac{t_{0,j}^k - 2t_{1,j}^k + t_{2,j}^k}{m_3^2} + \frac{t_{1,j-1}^k - 2t_{1,j}^k + t_{1,j+1}^k}{m_1^2} \right)$$

经整理得

$$(1 + 2Fo_1 + 2Fo_3) t_{i,j}^k = Fo_1 (t_{i,j-1}^k + t_{i,j+1}^k) + 2Fo_3 t_{i+1,j}^k + t_{i,j}^{k-1}$$

2) 工程顶部内边界墙角节点

(1) 等热流边界条件

根据热平衡法

$$\lambda \frac{t_{i-1,j}^k - t_{i,j}^k}{m_3} \frac{m_1}{2} \times 1 + \lambda \frac{t_{i+1,j}^k - t_{i,j}^k}{m_3}(m_2/2 + m_1/2) \times 1 + \lambda \frac{t_{i,j-1}^k - t_{i,j}^k}{m_1} m_3 \times 1$$

$$+ \lambda \frac{t_{i,j+1}^k - t_{i,j}^k}{m_2} \frac{m_3}{2} \times 1 + q_w (m_2/2 + m_3/2) \times 1 = \rho c \frac{(t_{i,j}^k - t_{i,j}^{k-1})}{\Delta \tau}(m_2/4 + m_1/2) m_3 \times 1$$

经整理得

$$\left(1 + 2Fo_3 + 4 \frac{m_1}{2m_1 + m_2} Fo_1 + 2 \frac{m_2}{2m_1 + m_2} Fo_2\right) t_{i,j}^k = 2 \frac{m_1}{2m_1 + m_2} Fo_1 t_{i-1,j}^k + 2 \frac{m_1 + m_2}{2m_1 + m_2}$$

$$\times Fo_3 t_{i+1,j}^k + 4 \frac{m_1}{2m_1 + m_2} Fo_1 t_{i,j-1}^k + 2 \frac{m_2}{2m_1 + m_2} Fo_2 t_{i,j+1}^k + 2 \frac{q_w}{\lambda} \frac{(m_2 + m_3) m_3}{2m_1 + m_2} Fo_3 + t_{i,j}^{k-1}$$

(2) 恒温边界条件

根据热平衡法

$$\lambda \frac{t_{i-1,j}^k - t_{i,j}^k}{m_3} \frac{m_1}{2} \times 1 + \lambda \frac{t_{i+1,j}^k - t_{i,j}^k}{m_3}(m_2/2 + m_1/2) \times 1 + \lambda \frac{t_{i,j-1}^k - t_{i,j}^k}{m_1} m_3 \times 1$$

$$+ \lambda \frac{t_{i,j+1}^k - t_{i,j}^k}{m_2} \frac{m_3}{2} \times 1 + h_1 (t_n - t_{i,j}^k)(m_2/2 + m_3/2) \times 1 = \rho c \frac{(t_{i,j}^k - t_{i,j}^{k-1})}{\Delta \tau}(m_2/4 + m_1/2) m_3 \times 1$$

经整理得

$$\left(1 + 2Fo_3 + 4 \frac{m_1}{2m_1 + m_2} Fo_1 + 2 \frac{m_2}{2m_1 + m_2} Fo_2 + 2 \frac{h_1}{\lambda} \frac{(m_2 + m_3) m_3}{2m_1 + m_2} Fo_3 \right) t_{i,j}^k = 2 \frac{m_1}{2m_1 + m_2}$$

$$\times Fo_1 t_{i-1,j}^k + 2 \frac{m_1 + m_2}{2m_1 + m_2} Fo_3 t_{i+1,j}^k + 4 \frac{m_1}{2m_1 + m_2} Fo_1 t_{i,j-1}^k + 2 \frac{m_2}{2m_1 + m_2} Fo_2 t_{i,j+1}^k$$

$$+ 2 \frac{h_1 t_n}{\lambda} \frac{(m_2 + m_3) m_3}{2m_1 + m_2} Fo_3 + t_{i,j}^{k-1}$$

3) 工程底部内边界墙角节点

(1) 等热流边界条件

根据热平衡法

$$\lambda \frac{t_{i-1,j}^k - t_{i,j}^k}{m_3} \frac{m_1}{2} \times 1 + \lambda \frac{t_{i+1,j}^k - t_{i,j}^k}{m_3}(m_2/2 + m_1/2) \times 1 + \lambda \frac{t_{i,j-1}^k - t_{i,j}^k}{m_2} \frac{m_3}{2} \times 1$$
$$+ \lambda \frac{t_{i,j+1}^k - t_{i,j}^k}{m_1} m_3 \times 1 + q_w(m_2/2 + m_3/2) \times 1 = \rho c \frac{(t_{i,j}^k - t_{i,j}^{k-1})}{\Delta \tau}(m_2/4 + m_1/2)m_3 \times 1$$

经整理得

$$\left(1 + 2Fo_3 + 4\frac{m_1}{2m_1 + m_2}Fo_1 + 2\frac{m_2}{2m_1 + m_2}Fo_2\right)t_{i,j}^k = 2\frac{m_1}{2m_1 + m_2}Fo_1 t_{i-1,j}^k + 2\frac{m_1 + m_2}{2m_1 + m_2}$$
$$\times Fo_3 t_{i+1,j}^k + 2\frac{m_2}{2m_1 + m_2}Fo_2 t_{i,j-1}^k + 4Fo_1 \frac{m_1}{2m_1 + m_2}t_{i,j+1}^k + 2\frac{q_w}{\lambda}\frac{(m_2 + m_3)m_3}{2m_1 + m_2}Fo_3 + t_{i,j}^{k-1}$$

(2) 恒温边界条件

根据热平衡法

$$\lambda \frac{t_{i-1,j}^k - t_{i,j}^k}{m_3} \frac{m_1}{2} \times 1 + \lambda \frac{t_{i+1,j}^k - t_{i,j}^k}{m_3}(m_2/2 + m_1/2) \times 1 + \lambda \frac{t_{i,j-1}^k - t_{i,j}^k}{m_2} \frac{m_3}{2} \times 1$$
$$+ \lambda \frac{t_{i,j+1}^k - t_{i,j}^k}{m_1} m_3 \times 1 + h_1(t_n - t_{i,j}^k)(m_2/2 + m_3/2) \times 1 = \rho c \frac{(t_{i,j}^k - t_{i,j}^{k-1})}{\Delta \tau}(m_2/4 + m_1/2)m_3 \times 1$$

经整理得

$$\left(1 + 2Fo_3 + 4\frac{m_1}{2m_1 + m_2}Fo_1 + 2\frac{m_2}{2m_1 + m_2}Fo_2 + 2\frac{h_1}{\lambda}\frac{(m_2 + m_3)m_3}{2m_1 + m_2}Fo_3\right)t_{i,j}^k$$
$$= 2\frac{m_1}{2m_1 + m_2}Fo_1 t_{i-1,j}^k + 2\frac{m_1 + m_2}{2m_1 + m_2}Fo_3 t_{i+1,j}^k + 4\frac{m_1}{2m_1 + m_2}Fo_1 t_{i,j+1}^k$$
$$+ 2\frac{m_2}{2m_1 + m_2}Fo_2 t_{i,j-1}^k + 2\frac{h_1 t_n}{\lambda}\frac{(m_2 + m_3)m_3}{2m_1 + m_2}Fo_3 + t_{i,j}^{k-1}$$

4) 内边界表面节点

根据热平衡法

(1) 等热流条件

顶部表面节点

$$\lambda \frac{t_{i-1,j}^k - t_{i,j}^k}{m_3} \frac{m_1}{2} \times 1 + \lambda \frac{t_{i+1,j}^k - t_{i,j}^k}{m_3} \frac{m_1}{2} \times 1 + \lambda \frac{t_{i,j-1}^k - t_{i,j}^k}{m_1} m_3 \times 1 + q_w m_3 \times 1$$
$$= \rho c \frac{(t_{i,j}^k - t_{i,j}^{k-1})}{\Delta \tau} \frac{m_1}{2} m_3 \times 1$$

经整理得

$$(1 + 2Fo_1 + 2Fo_3)t_{i,j}^k = Fo_3 t_{i-1,j}^k + Fo_3 t_{i+1,j}^k + 2Fo_1 t_{i,j-1}^k + 2m_1 \frac{q_w}{\lambda}Fo_1 + t_{i,j}^{k-1}$$

顶部表面与对称中线的交点

$$(1 + 2Fo_1 + 2Fo_3)t_{i,j}^k = 2Fo_3 t_{i+1,j}^k + 2Fo_1 t_{i,j-1}^k + 2m_1 \frac{q_w}{\lambda}Fo_1 + t_{i,j}^{k-1}$$

底部表面节点

$$(1+2Fo_1+2Fo_3)t_{i,j}^k = Fo_3 t_{i-1,j}^k + Fo_3 t_{i+1,j}^k + 2Fo_1 t_{i,j+1}^k + 2m_1\frac{q_w}{\lambda}Fo_1 + t_{i,j}^{k-1}$$

底部表面与对称中线的交点

$$(1+2Fo_1+2Fo_3)t_{i,j}^k = 2Fo_3 t_{i+1,j}^k + 2Fo_1 t_{i,j+1}^k + 2m_1\frac{q_w}{\lambda}Fo_1 + t_{i,j}^{k-1}$$

垂直表面节点

$$\lambda\frac{t_{i,j-1}^k - t_{i,j}^k}{m_2}\frac{m_3}{2}\times 1 + \lambda\frac{t_{i,j+1}^k - t_{i,j}^k}{m_2}\frac{m_3}{2}\times 1 + \lambda\frac{t_{i+1,j}^k - t_{i,j}^k}{m_3}m_2\times 1 + q_w m_2\times 1$$
$$= \rho c\frac{(t_{i,j}^k - t_{i,j}^{k-1})}{\Delta\tau}\frac{m_3}{2}m_2\times 1$$

经整理得

$$(1+2Fo_2+2Fo_3)t_{i,j}^k = Fo_2 t_{i,j-1}^k + Fo_2 t_{i,j+1}^k + 2Fo_3 t_{i+1,j}^k + 2m_3\frac{q_w}{\lambda}Fo_3 + t_{i,j}^{k-1}$$

(2) 恒温边界条件

顶部表面节点

$$\lambda\frac{t_{i-1,j}^k - t_{i,j}^k}{m_3}\frac{m_1}{2}\times 1 + \lambda\frac{t_{i+1,j}^k - t_{i,j}^k}{m_3}\frac{m_1}{2}\times 1 + \lambda\frac{t_{i,j-1}^k - t_{i,j}^k}{m_1}m_3\times 1 + h_1(t_n - t_{i,j}^k)m_3\times 1$$
$$= \rho c\frac{(t_{i,j}^k - t_{i,j}^{k-1})}{\Delta\tau}\frac{m_1}{2}m_3\times 1$$

经整理得

$$\left(1+2Fo_1+2Fo_3+2\frac{h_1}{\lambda}m_1 Fo_1\right)t_{i,j}^k = Fo_3 t_{i-1,j}^k + Fo_3 t_{i+1,j}^k + 2Fo_1 t_{i,j-1}^k + 2m_1\frac{h_1}{\lambda}Fo_1 t_n + t_{i,j}^{k-1}$$

顶部表面与对称中线的交点

$$\left(1+2Fo_1+2Fo_3+2\frac{h_1}{\lambda}m_1 Fo_1\right)t_{i,j}^k = 2Fo_3 t_{i+1,j}^k + 2Fo_1 t_{i,j-1}^k + 2m_1\frac{h_1}{\lambda}Fo_1 t_n + t_{i,j}^{k-1}$$

底部表面节点

$$\left(1+2Fo_1+2Fo_3+2\frac{h_1}{\lambda}m_1 Fo_1\right)t_{i,j}^k = Fo_3 t_{i-1,j}^k + Fo_3 t_{i+1,j}^k + 2Fo_1 t_{i,j+1}^k + 2m_1\frac{h_1}{\lambda}Fo_1 t_n + t_{i,j}^{k-1}$$

底部表面与对称中线的交点

$$\left(1+2Fo_1+2Fo_3+2\frac{h_1}{\lambda}m_1 Fo_1\right)t_{i,j}^k = 2Fo_3 t_{i+1,j}^k + 2Fo_1 t_{i,j+1}^k + 2m_1\frac{h_1}{\lambda}Fo_1 t_n + t_{i,j}^{k-1}$$

垂直表面节点

$$\lambda\frac{t_{i,j-1}^k - t_{i,j}^k}{m_2}\frac{m_3}{2}\times 1 + \lambda\frac{t_{i,j+1}^k - t_{i,j}^k}{m_2}\frac{m_3}{2}\times 1 + \lambda\frac{t_{i+1,j}^k - t_{i,j}^k}{m_3}m_2\times 1 + h_1(t_n - t_{i,j}^k)m_2\times 1$$
$$= \rho c\frac{(t_{i,j}^k - t_{i,j}^{k-1})}{\Delta\tau}\frac{m_3}{2}m_2\times 1$$

经整理得

$$\left(1+2Fo_2+2Fo_3+2\frac{h_1}{\lambda}m_3 Fo_3\right)t_{i,j}^k = Fo_2 t_{i,j-1}^k + Fo_2 t_{i,j+1}^k + 2Fo_3 t_{i+1,j}^k + 2\frac{h_1}{\lambda}m_3 Fo_3 t_n + t_{i,j}^{k-1}$$

5) 外边界节点

(1) 外边界与对称中心线的交点即（$i=1$，$j=1$）节点：

同样，在节点（1,1）的左侧假设存在一点（0,0），根据对称性 $t_{0,0}^k = t_{1,2}^k$，根据热平衡法可得：

$$\left(1+2Fo_1+2Fo_3+2\frac{h_2}{\lambda}m_1Fo_1\right)t_{1,1}^k = 2Fo_3 t_{2,2}^k + 2Fo_1 t_{1,2}^k + 2\frac{h_2}{\lambda}m_1 Fo_1 t_e(t) + t_{1,1}^{k-1}$$

(2) $i \geqslant 2$ 节点

根据热平衡法

$$\lambda \frac{t_{i-1,j}^k - t_{i,j}^k}{m_3} \frac{m_1}{2} \times 1 + \lambda \frac{t_{i+1,j}^k - t_{i,j}^k}{m_3} \frac{m_1}{2} \times 1 + \lambda \frac{t_{i,j+1}^k - t_{i,j}^k}{m_1} m_3 \times 1 + h_2[t_e(t) - t_{i,j}^k] m_3 \times 1$$

$$= \rho c \frac{(t_{i,j}^k - t_{i,j}^{k-1}) m_1}{\Delta \tau} \frac{m_1}{2} m_3 \times 1$$

经整理得

$$\left(1+2Fo_1+2Fo_3+2\frac{h_2}{\lambda}m_1Fo_1\right)t_{i,j}^k = Fo_3 t_{i-1,j}^k + Fo_3 t_{i+1,j}^k + 2Fo_1 t_{i,j+1}^k + 2\frac{h_2}{\lambda}m_1 Fo_1 t_e(t) + t_{i,j}^{k-1}$$

3. 围护结构中温度场线性代数方程组的建立

根据上列各节点的温度关系式写出浅埋工程围护结构内温度场的线性代数方程组

1) 外边界温度场的线性代数方程组

$j=1$：

$i=1$：

$$\left(1+2Fo_1+2Fo_3+2\frac{h_2}{\lambda}m_1Fo_1\right)t_{1,1}^k = 2Fo_3 t_{2,2}^k + 2Fo_1 t_{1,2}^k + 2\frac{h_2}{\lambda}m_1 Fo_1 t_e(t) + t_{1,1}^{k-1}$$

$2 \leqslant i \leqslant n_2$：

$$\left(1+2Fo_1+2Fo_3+2\frac{h_2}{\lambda}m_1Fo_1\right)t_{i,j}^k = Fo_3 t_{i-1,j}^k + Fo_3 t_{i+1,j}^k + 2Fo_1 t_{i,j+1}^k + 2\frac{h_2}{\lambda}m_1 Fo_1 t_e(t) + t_{i,j}^{k-1}$$

2) 被覆层内温度场的线性代数方程组

$2 \leqslant j \leqslant n_1$：

$i=1$：$(1+2Fo_1+2Fo_3)t_{i,j}^k = Fo_1(t_{i,j-1}^k + t_{i,j+1}^k) + 2Fo_3 t_{i+1,j}^k + t_{i,j}^{k-1}$

$2 \leqslant i \leqslant n_2$：$(1+2Fo_1+2Fo_3)t_{i,j}^k = Fo_1(t_{i,j-1}^k + t_{i,j+1}^k) + Fo_3(t_{i-1,j}^k + t_{i+1,j}^k) + t_{i,j}^{k-1}$

3) 内边界顶部表面温度场的线性代数方程组

$j=n_1+1$：

(1) 等热流边界条件

$i=1$：$(1+2Fo_1+2Fo_3)t_{i,j}^k = 2Fo_3 t_{i+1,j}^k + 2Fo_1 t_{i,j-1}^k + 2m_1 \frac{q_w}{\lambda} Fo_1 + t_{i,j}^{k-1}$

$2 \leqslant i \leqslant n_3$：$(1+2Fo_1+2Fo_3)t_{i,j}^k = Fo_3 t_{i-1,j}^k + Fo_3 t_{i+1,j}^k + 2Fo_1 t_{i,j-1}^k + 2m_1 \frac{q_w}{\lambda} Fo_1 + t_{i,j}^{k-1}$

$i=n_3+1$：

$$\left(1+2Fo_3+4\frac{m_1}{2m_1+m_2}Fo_1+2\frac{m_2}{2m_1+m_2}Fo_2\right)t_{i,j}^k = 2\frac{m_1}{2m_1+m_2}Fo_1 t_{i-1,j}^k + 2\frac{m_1+m_2}{2m_1+m_2}$$

$$\times Fo_3 t_{i+1,j}^k + 4\frac{m_1}{2m_1+m_2}Fo_1 t_{i,j-1}^k + 2\frac{m_2}{2m_1+m_2}Fo_2 t_{i,j+1}^k + 2\frac{q_w}{\lambda}\frac{(m_2+m_3)m_3}{2m_1+m_2}Fo_3 + t_{i,j}^{k-1}$$

$n_3+1 < i \leqslant n_2$：

$$\left(1+2Fo_3+2Fo_1\frac{m_1}{m_1+m_2}+2Fo_2\frac{m_2}{m_1+m_2}\right)t_{i,j}^k=$$
$$Fo_3 t_{i-1,j}^k+Fo_3 t_{i+1,j}^k+2Fo_1\frac{m_1}{m_1+m_2}t_{i,j-1}^k+2Fo_2\frac{m_2}{m_1+m_2}t_{i,j+1}^k+t_{i,j}^{k-1}$$

（2）恒温边界条件

$i=1$：$\left(1+2Fo_1+2Fo_3+2\frac{h_1}{\lambda}m_1 Fo_1\right)t_{i,j}^k=2Fo_3 t_{i+1,j}^k+2Fo_1 t_{i,j-1}^k+2m_1\frac{h_1}{\lambda}Fo_1 t_n+t_{i,j}^{k-1}$

$2 \leqslant i \leqslant n_3$：

$$\left(1+2Fo_1+2Fo_3+2\frac{h_1}{\lambda}m_1 Fo_1\right)t_{i,j}^k=Fo_3 t_{i-1,j}^k+Fo_3 t_{i+1,j}^k+2Fo_1 t_{i,j-1}^k+2m_1\frac{h_1}{\lambda}Fo_1 t_n+t_{i,j}^{k-1}$$

$i=n_3+1$：

$$\left(1+2Fo_3+4\frac{m_1}{2m_1+m_2}Fo_1+2\frac{m_2}{2m_1+m_2}Fo_2+2\frac{h_1}{\lambda}\frac{(m_2+m_3)m_3}{2m_1+m_2}Fo_3\right)t_{i,j}^k=2\frac{m_1}{2m_1+m_2}Fo_1 t_{i-1,j}^k$$
$$+2\frac{m_1+m_2}{2m_1+m_2}Fo_3 t_{i+1,j}^k+4\frac{m_1}{2m_1+m_2}Fo_1 t_{i,j-1}^k+2\frac{m_2}{2m_1+m_2}Fo_2 t_{i,j+1}^k+2\frac{h_1 t_n}{\lambda}\frac{(m_2+m_3)m_3}{2m_1+m_2}Fo_3+t_{i,j}^{k-1}$$

$n_3+1 < i \leqslant n_2$：

$$\left(1+2Fo_3+2Fo_1\frac{m_1}{m_1+m_2}+2Fo_2\frac{m_2}{m_1+m_2}\right)t_{i,j}^k$$
$$=Fo_3 t_{i-1,j}^k+Fo_3 t_{i+1,j}^k+2Fo_1\frac{m_1}{m_1+m_2}t_{i,j-1}^k+2Fo_2\frac{m_2}{m_1+m_2}t_{i,j+1}^k+t_{i,j}^{k-1}$$

4）工程幅员高度内的温度场的线性代数方程组

$N_1+1 < j \leqslant N_1+N_2$：

（1）等热流边界条件

$i=n_3+1$：

$$(1+2Fo_2+2Fo_3)t_{i,j}^k=Fo_2 t_{i,j-1}^k+Fo_2 t_{i,j+1}^k+2Fo_3 t_{i+1,j}^k+2m_3\frac{q_w}{\lambda}Fo_3+t_{i,j}^{k-1}$$

$n_3+1 < i \leqslant n_2$：

$$(1+2Fo_2+2Fo_3)t_{i,j}^k=Fo_2(t_{i,j-1}^k+t_{i,j+1}^k)+Fo_3(t_{i-1,j}^k+t_{i+1,j}^k)+t_{i,j}^{k-1}$$

（2）恒温边界条件

$i=n_3+1$：

$$\left(1+2Fo_2+2Fo_3+2\frac{h_1}{\lambda}m_3 Fo_3\right)t_{i,j}^k=Fo_2 t_{i,j-1}^k+Fo_2 t_{i,j+1}^k 2Fo_3 t_{i+1,j}^k+2\frac{h_1}{\lambda}m_3 Fo_3 t_n+t_{i,j}^{k-1}$$

$n_3+1 < i \leqslant n_2$：

$$(1+2Fo_2+2Fo_3)t_{i,j}^k=Fo_2(t_{i,j-1}^k+t_{i,j+1}^k)+Fo_3(t_{i-1,j}^k+t_{i+1,j}^k)+t_{i,j}^{k-1}$$

5）内边界底部表面温度场的线性代数方程组

$j=n_1+n_2+1$：

（1）等热流边界条件

$i=1$：

$$(1+2Fo_1+2Fo_3)t_{i,j}^k=2Fo_3 t_{i+1,j}^k+2Fo_1 t_{i,j+1}^k+2m_1\frac{q_w}{\lambda}Fo_1+t_{i,j}^{k-1}$$

$2 \leqslant i \leqslant n_3$：

$$(1+2Fo_1+2Fo_3)t_{i,j}^k = Fo_3 t_{i-1,j}^k + Fo_3 t_{i+1,j}^k + 2Fo_1 t_{i,j+1}^k + 2m_1 \frac{q_w}{\lambda} Fo_1 + t_{i,j}^{k-1}$$

$i = n_3+1$：

$$\left(1+2Fo_3+4\frac{m_1}{2m_1+m_2}Fo_1+2\frac{m_2}{2m_1+m_2}Fo_2\right)t_{i,j}^k = 2\frac{m_1}{2m_1+m_2}Fo_1 t_{i-1,j}^k + 2\frac{m_1+m_2}{2m_1+m_2}$$
$$Fo_3 t_{i+1,j}^k + 2\frac{m_2}{2m_1+m_2}Fo_2 t_{i,j-1}^k + 4Fo_1 \frac{m_1}{2m_1+m_2}t_{i,j+1}^k + 2\frac{q_w}{\lambda}\frac{(m_2+m_3)m_3}{2m_1+m_2}Fo_3 + t_{i,j}^{k-1}$$

$n_3+1 < i \leqslant n_2$：

$$\left(1+2Fo_3+2Fo_1\frac{m_1}{m_1+m_2}+2Fo_2\frac{m_2}{m_1+m_2}\right)t_{i,j}^k$$
$$= Fo_3 t_{i-1,j}^k + Fo_3 t_{i+1,j}^k + 2Fo_1 \frac{m_1}{m_1+m_2} t_{i,j+1}^k + 2Fo_2 \frac{m_2}{m_1+m_2} t_{i,j-1}^k + t_{i,j}^{k-1}$$

（2）恒温边界条件

$i=1$：

$$\left(1+2Fo_1+2Fo_3+2\frac{h_1}{\lambda}m_1 Fo_1\right)t_{i,j}^k = 2Fo_3 t_{i+1,j}^k + 2Fo_1 t_{i,j+1}^k + 2m_1 \frac{h_1}{\lambda}Fo_1 t_n + t_{i,j}^{k-1}$$

$2 \leqslant i \leqslant n_3$：

$$\left(1+2Fo_1+2Fo_3+2\frac{h_1}{\lambda}m_1 Fo_1\right)t_{i,j}^k = Fo_3 t_{i-1,j}^k + Fo_3 t_{i+1,j}^k + 2Fo_1 t_{i,j+1}^k + 2m_1 \frac{h_1}{\lambda}Fo_1 t_n + t_{i,j}^{k-1}$$

$i=n_3+1$：

$$\left(1+2Fo_3+4\frac{m_1}{2m_1+m_2}Fo_1+2\frac{m_2}{2m_1+m_2}Fo_2+2\frac{h_1}{\lambda}\frac{(m_2+m_3)m_3}{2m_1+m_2}Fo_3\right)t_{i,j}^k$$
$$= 2\frac{m_1}{2m_1+m_2}Fo_1 t_{i-1,j}^k + 2\frac{m_1+m_2}{2m_1+m_2}Fo_3 t_{i+1,j}^k + 4\frac{m_1}{2m_1+m_2}Fo_1 t_{i,j+1}^k$$
$$+ 2\frac{m_2}{2m_1+m_2}Fo_2 t_{i,j-1}^k + 2\frac{h_1 t_n}{\lambda}\frac{(m_2+m_3)m_3}{2m_1+m_2}Fo_3 + t_{i,j}^{k-1}$$

$n_3+1 < i \leqslant n_2$：

$$\left(1+2Fo_3+Fo_1\frac{m_1}{m_1+m_2}+2Fo_2\frac{m_2}{m_1+m_2}\right)t_{i,j}^k$$
$$= Fo_3 t_{i-1,j}^k + Fo_3 t_{i+1,j}^k + 2Fo_1 \frac{m_1}{m_1+m_2}t_{i,j+1}^k + 2Fo_2 \frac{m_2}{m_1+m_2}t_{i,j-1}^k + t_{i,j}^{k-1}$$

6) 内边界底部表面以下温度场的线性代数方程组

$n_1+n_2+1 < j \leqslant n_1$：

$i=1$：$(1+2Fo_1+2Fo_3)t_{i,j}^k = Fo_1(t_{i,j-1}^k + t_{i,j+1}^k) + 2Fo_3 t_{i+1,j}^k + t_{i,j}^{k-1}$

$2 \leqslant i \leqslant n_2$：$(1+2Fo_1+2Fo_3)t_{i,j}^k = Fo_1(t_{i,j-1}^k + t_{i,j+1}^k) + Fo_3(t_{i-1,j}^k + t_{i+1,j}^k) + t_{i,j}^{k-1}$

第四节 浅埋地下工程传热模型与试验示例

为了探索浅埋地下工程围护结构传热的动态变化规律，解放军理工大学选定了南京市两处地下建筑，进行现场实测和计算机跟踪模拟，以便检验浅埋地下工程围护结构传热模型及其计算机模拟的准确性。

一、某浅埋地下旅社的热工测试

地下旅社是早期的附建式人防工程,埋深为 1.5m,规模较小,使用面积约为 350m²,通风空调设备较简单,人防工程各房间为走廊单侧配置,如图 8-16 所示,人防工程外墙围护结构直接与岩土相接。试验中选定 104 号房间作为典型被测对象,其结构尺寸如图 8-16(a) 所示,地表层岩土分布如图 8-16(b) 所示,其热工参数为:$\lambda = 1.51$W/(m·℃),$a = 0.003$m²/h。

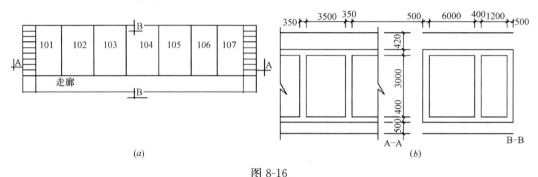

图 8-16
(a) 测试房间结构示意图;(b) 测试房间地表层岩土分布示意图

1. 测试原理

浅埋工程围护结构传热的影响因素较为复杂。主要有地表面空气温度、空气流动速度、围护结构及地表层岩土热工特性参数、工程内空气温度、气流速度等。通过测试 104 室内的空气环境变化,来观察围护结构热流变化情况。地表岩层结构如图 8-17 所示。最后,在某一特定条件下,通过比较实测热流量与计算机模拟热流量的曲线特征、概率拟合程度,判断模拟值能否反映实测值。

2. 测点布置

本测试的测点布置,可分为两大类,一类是工程内部测点,包括测量走廊内干湿球温度和风速的测点各一个、104 室的左右邻室 103 室和 105 室室内干湿球温度的测点各一个,104 室内围护结构表面温度和热流测点及室内空气温度的测点,详见图 8-18,其中 1、2、3、…、16,分别是表面温度测点,17 是室内空气测点,18、19 分别是深入围护结构内 5mm 的温度测点,(1)、(2)、…(8) 分别是表面热流测点;另一类是工程外部测点,包括测量浅埋地下工程顶部工程室内地表面温度和室内空气温度各两个测点、地表面空气干湿球温度和空气流动速度各一个测点、距工程围护结构 4m 处安排一组地温测点。

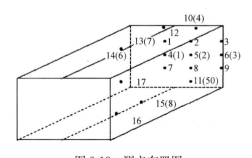

2.5m	人工填土,灰褐润湿, 夹碎石三合土较多
2.5~6.0m	淤泥质黏土,灰黑、 很湿,夹少量碎黏三合土
2.5~6.0m	轻质黏土

图 8-17 地表岩层结构

图 8-18 测点布置图

3. 测量仪器

本测试主要用了如下几种仪器：

（1）UJ33A 型携带式直流电位差计（温度范围是 -10℃~+50℃）用以测量地层各断面温度及附建式地面工程室内的地表面温度。

（2）DR20 自动数字记录仪，用镍铬-铑铜热电偶采集工程室内壁面各测点温度和室内干湿球温度、用热流片采集工程室内各点的热流毫伏值，由计算机定时采集并换算成对应的温度和热流值。

（3）自动温控（5kW）的电加热器一台。

（4）NKⅢ-200 型试件导热率测定装置两套。

整个测试的数据采用 DR20 自动数字记录仪和计算机定时采集记录，所有测量仪器均进行了确定和校正。

4. 影响因素分析

1）围护结构传热量的测试及影响因素分析

基本步骤是：根据工程具体情况，布置好各测点的位置，用给定的双面胶纸将热流探头紧贴于检测表面相应的测点位置，测出各测点的热流密度值随时间的变化规律，从而求出热流密度的空间分布及总热流量随时间的分布。

在测试中，采用热流片直接与 DR20 自动数字记录仪相接，自动记录热流片反映出的毫伏值，而热流值就等于毫伏值乘以热流常数（每片热流片均有给定的热流常数），这样就大大减少测试记录的工作量，下面就测试过程中，遇到的各种影响因素进行分析。

（1）热流计探头引线长度对热流精度影响

在热流测量过程中，由于测点位置不同，根据工作台同各测点的分布特点，将探头引线长度分别加长到 3m、5m、7m 和 9m 四种不同规格，以满足不同情况的实测需要，对不同引线长度的探头，进行同样环境条件下的测试，结果表明，在实验范围内，引线长度不同对热流测试精度没有明显影响。

（2）环境温度对热流测试影响

探头系数 C_{t_0} 是在温度 t_0 时标定的，当测试环境温度 t 改变时，探头系数并不为常数，设环境温度为 t 时，热流计探头系数为 C_t，则 C_t 与 t 的关系应满足下式

$$C_t = C_{t_0}[1 - \alpha(t - t_0)] \tag{8-46}$$

因此，由环境温度变化而引起的探头系数的相对误差为

$$\Delta = \frac{C_t - C_{t_0}}{C_{t_0}} = -\alpha(t - t_0) = \alpha \Delta t \tag{8-47}$$

本测试所用探头，$t_0 = 30℃$ 时，$\alpha = 0.0025/℃$。而南京地区浅埋地下工程岩土温度及环境温度均在 17~28℃，所以按（8-47）得到的相对误差大概在 0.5%~3.25%，一般情况下可以忽略不计，如有必要也可修正。

（3）探头安装热阻引起的误差

在测量热流时，必须注意探头的安装，对于热阻式热流探头，采用埋入式或表面式粘贴安装方法，在实际使用过程中，由于所处场合不同，即使同一种安装方式，也可能产生各种不同的测试误差。对于本测试中所用热流探头，其热阻所引起的相对误差，由计算可知不超过 3%。由于 $\alpha = 17.45 \text{W}/(\text{m}^2 \cdot ℃)$，$\alpha_2 = 5.82 \text{W}/(\text{m}^2 \cdot ℃)$，$\lambda = 1.51 \text{W}/$

$(m \cdot ℃)$,$δ=0.5m$,$δ'/λ'=0.0172 m^2 \cdot ℃/W$,$R=0.0043 m^2 \cdot ℃/W$。误差 $Δ=1-0.976=2.4\%<3\%$

(4) 探头响应时间对测量影响

对浅埋地下工程围护结构来说，由于长期使用，其外围护结构传热过程总是处于一种动态的准稳态。热流探头和外围护结构内表面的热量传递过渡状态是由物体焓的变化所引起的，也跟热流探头被加热或被冷却联系在一起的。原有的围护结构温度在传热动态准稳态时，其温度分布如图 8-19 中实线段所示。当热流探头粘贴到外围护结构内表面后，就破坏了被测表面原来的温度分布规律，最后达到新的动态准稳态，见图 8-19 虚线所示。图 8-19 中实线段和虚线段之间的点划线，表示了不同时刻下的过渡状态，也就是使用热流探头的传热过渡过程。

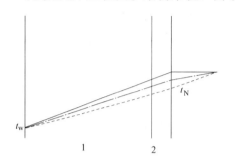

图 8-19 热流探头粘贴前后温度场变化过程
1—围护结构；2—热流探头
——未粘贴热流探头时的准稳压；- - - -粘贴热流探头后的准稳压；-·-·-过渡状态

在测试中，经过探头的热流变化见图 8-20。由图可以看出，探头刚粘贴后，热流流出工程围护结构的数量比较大，这主要是由在粘贴过程中，人手的温度影响所引起的。当 $τ=8min$ 时，热流密度已趋于稳定，其值为 $q=-4.8 kJ/(m^2 \cdot h)$，探头的实际稳定时间与理论计算值较为一致。

2）外围护结构内壁面壁温及工程内外温湿度的测量

外围护结构内壁面壁温的测量采用的是热电偶测温法。工程内外温湿度的测量采用干湿球温度仪，定时实测。

3）围护结构逐时总传热量的实测

在测试中实测的是各离散点的热流密度，测点 n 所对应的表面面积为 S_n。在 $τ_0$ 到 $τ$ 的时间间隔内测得的热流密度为 $q_n(τ)$，那么整个围护结构壁面在 $τ_0 \sim τ$ 时间内的总传热量为

$$Q(τ) = \sum_{n=1}^{N} q_n(τ)S_n \tag{8-48}$$

由式（8-48），根据热流密度实测值，编制程序计算出总传热量 $Q(τ)$，见图 8-20 所示。

5. 试验数据的整理

为了验证浅埋地下工程围护结构传热模型，可以通过地表各层温度分布测试数据、工程内围护结构壁面各层的温度分布和热流分布、工程内各外围护结构壁面平均热流随时间的分布三方面来考察，其中关键是工程内外围护结构壁面平均热流随时间分布规律。

图 8-21 是 2000 年 9 月 24 日 20 时 30

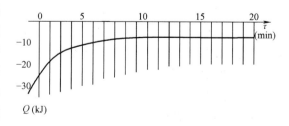

图 8-20 探头粘贴后的热流变化曲线
注：负值表示热流流出

分地表各层的温度分布曲线（地表面为Y=0m）。

图8-22是2000年9月24日20时30分工程内围护结构壁面各层的温度分布曲线（工程内顶部为Y=0）。

图8-23是2000年9月24日20时30分工程内围护结构壁面各层的热流分布曲线（工程内顶部为Y=0）。

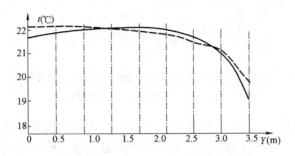

图8-21　2000年9月24日20时30分地表各层的温度分布曲线
注：——实测值；----模拟值

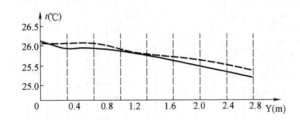

图8-22　工程内围护结构壁面各层的温度分布曲线
注：——实测值；----模拟值

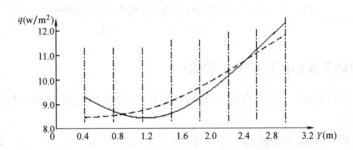

图8-23　工程内围护结构壁面各层的热流分布曲线
注：——实测值；----模拟值

从图8-21、8-22、8-23可以看出温度、热流量在空间分布的变化情况。从图8-23还可以看出实测值与计算机模拟值存在一定的误差，这主要是由于室内热源比较集中在房间的中、下部位，下部壁温又较低，所以下部热流明显上升。

该地下旅社104室室内空气温度随时间变化的规律，见图8-24。104室围护结构总传热量随时间变化的规律，见图8-25。图中列举的是9月24日19点50分～25日19点50分的数据。

从图8-24可以看出，工程内实测温度值较接近工程内设定的温度27℃，计算机模拟

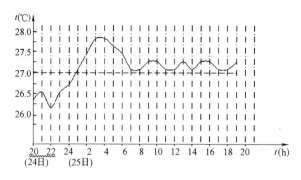

图 8-24 104室室内空气温度随时间变化的规律
注：———实测值；----模拟值

值也在27℃左右，偏值<±1℃；从图8-25可以看出围护结构总传热量实测值在计算机模拟值附近波动，曲线下面积近似相等，可以认为热量总量一样，说明计算机模拟能很好地反映浅埋地下工程的实际传热特性。

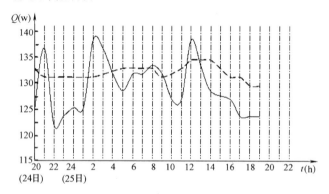

图 8-25 104室围护结构总传热量随时间变化的规律
注：———实测值；----模拟值

二、某浅埋地下多功能厅的热工测试

为了进一步验证模型，结合南京某多功能厅的热湿环境系统试验，同步进行围护结构传热的计算机模拟。

多功能厅埋深1.2m，工程长、宽、高分别为44.0、21.0、3.8m，如图8-26所示。工程周围为花岗岩，导热导温系数分别为3.2W/(m·℃)，0.000325m²/h。多功能厅内

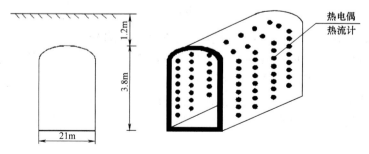

图 8-26 某地下多功能厅建筑结构及测试点布置示意图

空气温度控制在 24±2℃。在多功能厅的侧墙上布置测点，用热流计测定通过墙面的热流。试验从 7 月 15 日开始。试验的主要目的是检验工程内热湿状态的综合效果，同时检验通过围护结构的实测传热量与计算机模拟量是否一致。表 8-4 是二者的比较结果，误差小于 5%，因此模型是有效的。

地下多功能厅壁面热流的测量值与模拟值比较　　　　表 8-4

序号	南京某地下多功能厅(kJ/h)			序号	南京某地下多功能厅(kJ/h)		
	测量值	模拟值	误差%		测量值	模拟值	误差%
1	19865.8	20304	2.2	12	21710.5	23179.2	6.3
2	20471.5	20344.3	0.6	13	21853.7	22092.7	1.1
3	20434.2	20496.5	0.3	14	21747.8	22287.5	2.4
4	20286.8	21588.4	6.4	15	23211.8	23922.7	3.0
5	22672.3	23324.5	3.8	16	23191.7	23014.4	3.4
6	21665.8	23390.3	7.4	17	23916.2	24032.8	0.5
7	22164.7	23650.9	6.3	18	23041.0	23846.2	3.4
8	25338.2	23706.0	6.9	19	23136.9	23814.3	2.8
9	23141.4	23900.8	3.2	20	22895.6	23021.9	0.6
10	22645.9	23838.6	5.0	21	23184.3	22880.6	1.3
11	24339.0	23821.3	2.2				

第五节　传热数值模拟的商业软件[205]

自从 1981 年英国 CHAM 公司首先推出求解流动与传热问题的商业软件 PHOENICS 以来，迅速在国际软件产业中形成了通称为 CFD 软件产业市场。到今天，全世界至少已有 50 余种这样的流动和传热问题的商业软件，在促进 CFD/NHT 技术应用于工业实际中起了很大的作用。本节中首先简要介绍 CFD/NHT 商业软件的一般特点，然后对目前国际上比较著名的几个大型商业软件作简要介绍。

一、CFD/NHT 商业软件的一般特点

CFD/NHT 商业软件是一种高层次的、知识密集度极高的商业产品，一般有以下几个特点：

1. 软件中包含有较多的算例

为便于用户模仿、迅速掌握该软件的使用方法，商业软件中包含有大量的典型问题的算例，这些算例常常做成一个例库，用户可任意提取并运行。

2. 软件应该有友好的用户界面和方便的前处理系统

使用商业软件的用户包括各个领域的工程技术人员，未必都是 CFD/NHT 的专业人才，商业软件应有通俗、灵活、方便的输入系统，使用户能方便地与计算机交流，输入有关信息（如计算条件等）。所谓前处理系统主要是指用于生成网格的软件模块，对复杂的求解区域网格生成功能的完善程度是评价一个商业软件的重要指标。

3. 软件一般有方便的模块接口，使用户可以接入自己开发的模块或其他商业软件。

商业软件是不提供源程序的，只提供使用可执行文件的许可，用户要在商业软件中纳入该软件未包括的一些功能只能通过接口来实现。

4. 软件应有完善的后处理系统

对于计算节点数多达几万乃至几百万的计算结果如果只是数字报表的形式输出，用户难以分析计算结果（包括对图形作平移、旋转、缩放等功能）。有的软件还可显示迭代进行过程中守恒方程的不平衡余量的动态变化过程，以使用户能清楚地看到迭代过程的收敛情况。

5. 商业软件应有足够的文件系统以帮助用户熟悉与操作该软件

这种文件系统一般包括使用说明书、在线帮助系统两部分。

6. 商业软件应有较完备的错误防止及检测系统

二、几个重要的 CFD/NHT 商业软件简介

1. CFX

该软件采用有限容积法、拼片式块结构化网格，在非正交曲线坐标（适体坐标）系上进行离散，变量的布置采用同位网格方式。对流项的离散格式包括一阶迎风、混合格式、QUICK、CONDIF、MUSCL 及高阶迎风格式。压力与速度的耦合关系采用 SIMPLE 系列算法（SIMPLEC），代数方程求解的方法中包括线迭代、代数多重网格、ICCG、Stone 强因方法及块隐式（BIM）方法等。湍流模型中纳入了 $k\text{-}\varepsilon$ 模型、低 Reynolds $k\text{-}\varepsilon$ 模型、RNG $k\text{-}\varepsilon$ 模型、代数应力模型及微分 Reynolds 应力模型。可计算的物理问题包括不可压缩流动、耦合传热问题、多相流、粒子输运过程、化学反应、气体燃烧、热辐射等，同时还能处理滑移网格，可用来计算透平机械中叶片间的流场。还有很强的网格生成及后处理功能。

2. FLUENT

这一软件由美国 FLUENT Inc. 于 1983 年推出，是继 PHOENICS 软件之后的第二款投放市场的基于有限容积法的软件。它包含有结构化及非结构化网格两个版本。结构化网格版本可以计算的物理问题类型有：定常与非定常流动，不可压缩与可压缩流动（对高 Ma 下的流动，专门另有 RAMPANT 软件），含有粒子或液滴的蒸气燃烧的过程，多组分介质的化学过程等。在其非结构化网格的版本中采用控制容积有限元方法，在该方法中采用类似于控制容积方法来离散方程，因而可以保证数值计算结果的守恒特性，同时采用了非结构网格上的多重网格方法求解代数方程。

3. FIDAP

这是英语 Fluid Dynamics Analysis Package 的缩写，是世界上第一个使用有限元法的 CFD/NHT 软件。可以接受如 I-DEAS、PATRAN、ANSYS 和 ICEMCFD 等著名生成网格的软件所产生的网格。该软件能够计算可压缩及不可压缩流、层流和湍流、单相与两相流、牛顿流体及非牛顿流体的流动，凝固与熔化问题等。有网格生成及计算结果可视化处理的功能。

4. PHOENICS

这是世界上第一个投放市场的 CFD 商用软件（1981），可以算是 CFD/NHT 商用软件的鼻祖。这一软件中采用有限容积法，可选择一阶迎风、混合格式及 QUICK 等，压力与速度耦合采用 SIMPLEST 算法，对两相流纳入了 IPSA 算法（适用于两种介质互相穿透时）及 PSI-Cell 算法，代数方程组可以采用整场求解或点迭代、块迭代方法，同时纳入

了块修正以加速收敛。该软件的应用较为广泛，可以应用于空气动力学、燃烧器、分离器中的分离、管道内流动、电子器件冷却、防火工程和地球物理等方面的研究计算。但由于受到早期开发时所采用基本框架的限制，这一软件在人机界面上不及后期开发软件来得灵活。

第六节 国内外相关研究现状

最早的地下工程数值模型是由美国的 Kusuda 和 Achenbach（1963）在对地下测试房间内热湿同时传递过程进行三维有限差分分析时建立的，该模型考虑了太阳辐射及地面对流换热的影响。同时它最突出的就是考虑了由于季节变化造成地下岩土含湿量变化，从而导致冬、夏两季岩土的热导性不同。

随着有限元方法的一时盛行，Wang（1979）发展的二维有限元模型考虑了岩土冻结及解冻影响。随后 Speltz（1980）的地下传热二维有限元模型又对地表面的边界条件做了细化，并考虑了长波及短波辐射变换对地下岩土的热传导及水分蒸发热损失等的影响。而在有限元计算中最完整的模型是由 Mitalas（1982，1987）提出的，他采用二维及三维的有限元程序求解了上百个半地下室、浅埋及深埋地下工程，得出结论：地下岩土的导热性主要受岩土含湿量和温度变化影响，而地表温度的变化主要受太阳辐射、相邻建筑群以及覆雪影响。Bligh 及 Willard（1985）在应用有限元热分析程序 ADINAT 求解地下传热问题时，对地表面边界采用了逐时的室外气象数据，并考虑了雨雪天气及地下岩土含水的相变影响[204][336]。

Bahnfleth（1989）综合了前人各相关研究的基础上建立了完善的求解地下传热问题的三维有限差分模型。这一模型不仅包含了 Speltz 模型的各种复杂地表边界条件，还从地面荫蔽条件角度分析地表边界的能量守恒。通过参数分析得出：影响地下传热的主要因素为室外气象条件（对地表温度造成影响）、传热地板的面积与周长比、岩土导热以及温度构造这四个方面。

Kumar, et al.（2006）应用 TRNSYS 程序求解二维瞬态热传导方程时，地表边界采用经傅立叶变换进行简化的室外各种频率且带有湿分布的逐时气象条件。研究表明这一简化边界在三维数值分析中同样具有一定精度。

在数值方法不断发展的过程中，不少学者也在减少计算时间及内存和寻求高效数值模型的方法上做了很多研究工作。Walton（1987）通过将矩形地板转换为具有相同面积和周长的带有两个半圆侧的矩形地板的方法来降低模型的计算维数。求解时对这一简化形状的地板中心矩形区域传热用二维笛卡尔坐标下的热传导方程表示，而对两侧圆形区域则采用二维圆柱坐标下的方程描述。这种方法简称为"RR"方法，它能估算各种简单的地下室或半地下室地板稳态传热量。

Davies, et al.（1994，1995）通过对地下工程同一工况下的一维、二维和三维传热模型采用有限容积法进行求解后比较得出结论：二维模型与三维模型之间有 22% 的误差，而一维模型与三维模型之间有 41% 的误差。

国内黄福其[74]（1981）首先采用有限差分方法对地下工程热功模型进行分析，由此奠定了国内地下传热数值计算的基础。忻尚杰和朱培根[331]（1997）则将浅埋拱形断面的工程按等周长条件简化为了矩形断面，再用线上求解方法将二维或多维非稳态传热问题转换成一维非稳态传热进行计算。单独的地下传热问题（室内边界恒定或者按某种假设规律变换）已经得到比较完善的解决，近年来国内学者又开始将地下工程室内空气与岩土壁面的传热过程定义为相互耦合的不稳定传热来进行研究。工程的岩土壁温受室内空气温度变化影响，而室内空气温度的变化同样受壁温影响，二者互为边界，相互耦合。西安建筑科技大学的宋翀芳[234][236]（2001）在采用从工程控制论转移来的扰量及响应的离散化处理思想基础上，建立深埋地下工程的室内空气与围护结构耦合传热的一维模型，求解当室内空气温度波动为一单位矩形脉冲波时壁面传热量。在边界条件的处理上，则引入壁面反应系数解耦合变量。最后还针对各影响因素对壁面传热的作用进行分析，并为地下工程空调设计提供参考。太原理工大学的王宇[235]（2002）也对深埋地下工程壁面动态传热量进行数值求解，并根据空气热平衡方程得出全年室内温度波动值及全年壁面传热量波动值。

解放军理工大学博士袁艳平（2005）和王琴（2007）对地下工程传热的数值计算也做了大量研究。袁艳平[179-185]建立了各种常见地下工程传热的数理模型，并在此基础上，继承和发展现有的ITPE技术，探讨其半解析解；求出了浅埋工程二维稳态传热与周期性传热问题的半解析解；以有限元和有限容积为数值方法，提供各种复杂传热模型的数值解，深入研究其传热机理，并探讨各种模型的精度及模型的简化；利用大型有限元分析软件ANSYS的二次开发技术，开发了地下工程传热模块，提供了进行地下工程传热分析的简便工具。王琴[238]在数值计算的基础上对整个地下工程空调系统动态设计及节能运行进行了研究，并建立了适用于各种不同复杂工况的动态传热计算模型。

第九章 地下工程中的传质问题研究

第一节 传质基本原理[337][340,341]

一、扩散传质与斐克定律

斐克（Fick）定律是研究在分子扩散传质过程中，传递的量与引起传质的浓度梯度之间的关系。1885年，斐克根据实验结果提出如下经验公式：

$$J_{Az} = -D_{AB}\frac{dC_A}{dz} \tag{9-1}$$

式中，J_{Az}为组分A在Z轴方向上的扩散速率；D_{AB}为A组分在B组分中的扩散系数。

上式称为斐克定律，可表述为：在一个等温等压系统中，组分A在Z轴方向上，相对于整体流动的分子平均速度U_M的扩散速率J_{Az}与扩散系数成正比，与组分A在Z轴方向上的浓度梯度成正比。负号表示扩散速率与浓度梯度的方向相反。

按照斐克定律，扩散系数被定义为：沿扩散方向在单位时间内物质浓度降低一个单位时，通过单位面积的传递量，由式（9-1）可以导出扩散系数为

$$D_{AB} = -\frac{J_{Az}}{dC_A/dz} \quad m^2/s \tag{9-2}$$

可以看出，质量扩散系数D和动量扩散系数ν及热量扩散系数a具有相同的单位（m^2/s）或（cm^2/s），扩散系数主要取决于扩散物质和扩散介质的种类及其温度和压力。

二、对流传质

对流传质是指流体与流体壁接触时相互间的传质过程，这种过程既包括由流体位移所产生的对流作用，同时也包括流体分子间的扩散作用。这种分子扩散和对流的总作用称为对流传质。

1. 浓度边界层

当流体经过一固体壁面时，若此流体与固体壁面之间存在着浓度差，那么就会产生质量传递形成浓度分布。于是在固体壁面上存在着两种边界层，即流动速度边界层和传递速度边界层。

浓度边界层通常亦以$C_{AS} - C_A = 0.99(C_{AS} - C_{A\infty})$处作为其外缘边界，其中$C_{AS}$为固体壁面处组分$A$的浓度，$C_{A\infty}$为主体流中组分$A$的浓度，浓度边界层厚度以$\delta_C$表示。

在对流传递过程中，由于浓度边界层和热边界层的相似性，可以模仿对流传热中的牛顿公式，来定义对流传质系数：

$$N_K = K_C \Delta C_A \tag{9-3}$$

式中，N_K 为传递速率；K_C 为对流传质系数；$\triangle C_A$ 为传递组分 A 的浓度差。

与对流传热系数一样，要求出对流传质系数是件不容易的事。因为它们都与液体性质、流动情况、传递系统的几何参数有关。式（9-3）仅是定义式，它把对流传质过程中的一切复杂性和计算上的困难都集中表现在传质系数上。因此，研究对流传质，无论在理论上还是在试验上，都是以求解对流传质系数为主要任务。

2. 对流传质常用公式

在对流传质中，以下公式应用普遍：

1）组分 A 的摩尔流密度

$$N_A = h_m(C_{A,s} - C_{A,\infty}) \tag{9-4}$$

式中，h_m 为对流传质系数，m/s；$C_{A,s}$ 为流体壁面浓度；$C_{A,\infty}$ 为组分 A 的摩尔浓度。

2）组分的对流传质化简方程

$$u\frac{\partial C_A}{\partial x} + v\frac{\partial C_A}{\partial y} = D_{AB}\frac{\partial^2 C_A}{\partial y^2} \tag{9-5}$$

3）无量纲形式表示的对流传递方程

$$u\frac{\partial C_A}{\partial x} + v\frac{\partial C_A}{\partial y} = \frac{1}{Re_L Sc}\frac{\partial^2 C_A}{\partial y^2} \tag{9-6}$$

式中，Re_L 为无量纲参数，雷诺数；Sc 为无量纲参数，施密特数。

传质研究中常用到舍伍德（Sherwood）准则数，它等于表面上的无量纲浓度梯度

$$\overline{Sh_L} = \frac{\overline{h_m}L}{D_{AB}} = f(Re_L, Sc) \tag{9-7}$$

3. 对流传质关系式

除了实验测定之外，可以用数学分析的方法研究对流传质，也可以用动量、热量和质量传递之间的类比关系来研究这个问题。这些结果在和实验数据进行比较，得到证实以后，就可以得到供设计计算使用的各种关系式。

对于一些简单的形体，如平板、圆球及圆柱体等，既有详尽的理论探讨，又有大量的实验数据，最后提出了由无因次数群所表示的对流传质关系式。

1）平板

从平板向流动介质中的传质具有一定的实际意义，例如无机和生物材料的干燥、油漆表面的溶剂蒸发等。

根据边界层理论，不论流体的主体是层流还是湍流，从平板的前缘处开始沿板的表面将形成层流边界层。当以自前缘开始计算的沿平板表面的距离 x 所定义的 $Re_x = vx\rho/\mu$ 达到 $2\times10^5 \sim 5\times10^5$ 时，边界层的流动变成湍流。采用理论分析的方法可以得到以下传质关系式

层流
$$Re_L = \frac{vL\rho}{\mu} < 2\times10^5 \tag{9-8}$$

$$\frac{\overline{h_m}L}{D_{AB}} = Sh_L = 0.66 Re_L^{\frac{1}{2}} Sc^{\frac{1}{3}} \tag{9-9}$$

在以上两式中，L 为流动方向的平板长度；$\overline{h_m}$ 为平板长度的平均传质系数；Sh_L 为平均 Sherwood 数。

如果平板的总长度超过边界层流型的转换距离，则整个平板的平均传质系数将是层流

和湍流边界层区域各个传质系数的某一加权平均值。当 $Re_x=3.2\times10^5$ 时，这个平均传质系数按下式计算：

$$\frac{\overline{h_m}L}{D_{AB}}=0.037Sc^{\frac{1}{3}}(Re_L^{0.8}-15500) \tag{9-10}$$

平板表面的传质数据大多是根据气体中的液体蒸发或固体升华的实验得到。传质关系式还常用 J 因子表示：

层流
$$J_v=\frac{Sh_L}{Re_L Sc^{\frac{1}{3}}}=0.664Re_L^{-\frac{1}{2}} \tag{9-11}$$

湍流
$$J_v=0.036Re_L^{-0.2} \tag{9-12}$$

式中，J_v 为整个平板的平均值，适用条件是 $0.6<Sc<2500$。

2）圆球

圆球向周围流体的质量传递可以通过以下方式进行：半径方向的分子扩散、因溶质密度差产生的自然对流传质和外部驱动引起的强制对流传质。

对于放置在无限大流体中的单个圆球，圆球和流体之间的传质仅有分子扩散。这种情况采用的理论分析，可以得到 $Sh=2$ 的结果。如果圆球与流体之间有相对运动，但在 Re 数极小，接近于零时，Sh 数也应该趋近于 2。

对于 $Re=\frac{d_p v}{\mu}<1$ 时的绕流传质，可以采用理论分析的方法求出传质系数，所得的结果如下：当 $Pe_D=Re\cdot Sc<10^4$ 时，则

$$Sh=(4.0+1.21Pe_D^{\frac{2}{3}})^{\frac{1}{2}} \tag{9-13}$$

当 $Pe_D>10^4$ 时，则

$$Sh=1.01Pe_D^{\frac{1}{3}} \tag{9-14}$$

对于单个圆球和流体间的对流传质，在球表面不同位置的局部传质系数可以相差几倍。在前停滞点处传质系数最大，在接近球腰部处最小。

3）圆柱体

对于单个长圆柱体和流体间的对流传质，当流动方向和圆柱体垂直时，则

$$\left(\frac{\overline{h_m}P}{G_M}\right)Sc^{0.56}=0.281Re_L^{-0.4} \tag{9-15}$$

式中，Re_L 为根据圆柱体直径计算的雷诺数；G_M 为气体的摩尔流速 $kmol/(s\cdot m^2)$；P 是气体总压，atm。适用条件是 $400<Re<25000$，$0.6<Sc<2.6$

对 J_v 有

$$J_v=0.600Re^{-0.487} \tag{9-16}$$

适用条件：$Re=50\sim50000$，对于气体 $Sc=0.6\sim2.5$，对于液体 $Sc=1000\sim3000$。

4）圆管内的传质

对于从管子内壁到运动流体的传质，已经有大量的实验数据，也有不少理论分析，有的还通过三传类比，得出一些传质系数的关系式。

（1）层流传质：对于圆管内的层流传质，传质速率与管内的速度和浓度场是否已为充分发展状态有关。圆管内速度充分发展成抛物线分布的进口段长度为：

$$\left(\frac{x}{d}\right)\approx0.05Re \tag{9-17}$$

浓度分布达到充分发展的进口段长度为：

$$\left(\frac{x}{d}\right)_D \approx 0.05 Re \cdot Sc \tag{9-18}$$

在以上两式中，d 为管直径；x 是从入口端计算的管长。

当速度分布已充分发展以后，传质系数将随浓度分布的发展情况和传质边界条件的不同而有所不同。

① 对于发展中的浓度分布，当管壁处的浓度 C_{AS} 保持恒定时

$$\frac{\overline{h_m} d}{D_{AB}} = Sh = 3.66 + \frac{0.0668\left[\frac{d}{x} ReSc\right]}{1+0.04\left[\frac{d}{x} ReSc\right]^{\frac{2}{3}}} \tag{9-19}$$

② 对于发展中的浓度分布，当壁面处的扩散通量 J_{AS} 保持恒定时

$$\frac{\overline{h_m} d}{D_{AB}} = Sh = 4.36 + \frac{0.023\left[\frac{d}{x} ReSc\right]}{1+0.0012\left[\frac{d}{x} ReSc\right]} \tag{9-20}$$

③ 充分发展的浓度分布，这时以上两式右方第二项趋近于零，故

当 C_{AS} 恒定时 $\qquad Sh = 3.66 \qquad (9-21)$

当 J_{AS} 恒定时 $\qquad Sh = 4.36 \qquad (9-22)$

由 (9-19) 和 (9-20) 可以看出，当管内的速度分布和浓度分布均已充分发展以后，层流传质系数仅和管径及扩散系数有关。

(2) 湍流传质：假设管壁处的浓度恒定，对于不同的 Sc 数范围，提出了三个计算传质系数的方程：

当 $0.5 < Sc < 10$ 时

$$\frac{\overline{h_m} d}{D_{AB}} = Sh = 0.0097 Re^{0.9} Sc^{0.5}(1.10 + 0.44 Sc^{-\frac{1}{3}} - 0.70 Sc^{-\frac{1}{6}}) \tag{9-23}$$

当 $10 < Sc < 1000$ 时

$$Sh = \frac{0.0097 Re^{0.9} Sc^{0.5}(1.10 + 0.44 Sc^{-\frac{1}{3}} - 0.70 Sc^{-\frac{1}{6}})}{1 + 0.064 Sc^{0.5}(1.10 + 0.44 Sc^{-\frac{1}{3}} - 0.70 Sc^{-\frac{1}{6}})} \tag{9-24}$$

当 $Sc > 1000$ 时

$$Sh = 0.0102 Re^{0.9} Sc^{\frac{1}{3}} \tag{9-25}$$

第二节　地下工程中的湿处理

在地下工程中，湿传递是最为普遍的传质问题。由于地下工程中的散湿源多，且与地面环境存在一定温差，新风进入易产生凝结水，所以湿度控制的重要性与难度都要高于地面建筑。过高的湿度会导致金属腐蚀、木材腐烂、结构损坏和孳生霉菌与尘螨。

一、地下工程中的除湿通风

在很多情况下，地下工程内部房间的余热量小、余湿量大。为了保持房间的温湿度，

通风换气的目的主要是为了消除余湿，这时通风换气量可按式（9-26）计算[343,344]。

$$L = 1000W_{余}/(d_p - d_j)\rho \quad \text{m}^3/\text{h} \tag{9-26}$$

式中　L——按消除余湿计算的换气量，m^3/h；
　　　d_p——工程内空气允许的含湿量，g/kg 干空气；
　　　d_j——进入工程空气的含湿量，g/kg 干空气；
　　　ρ——空气的密度，kg/m^3；
　　　$W_{余}$——工程内的总散湿量，kg/h。

其计算步骤是：

1. 确定工程内总散湿量

工程散湿主要有：人体的散湿，墙面的散湿，暴露的水面、潮湿表面及人为散湿等。

1) 人体散湿量

$$W = NG \quad \text{g/h} \tag{9-27}$$

式中，G 为每人每小时散湿量，g/(h·人)；N 为工程内人数。

2) 常压下暴露水面或潮湿表面的散湿量

$$W = (\alpha + 0.00013V)(P_2 - P_1)\frac{B_0}{B}F \quad \text{kg/h} \tag{9-28}$$

式中　W——暴露水面或潮湿表面散湿量，kg/h；
　　　α——在不同水温下的扩散系数，$\text{kg/(m}^2\cdot\text{h)}$；
　　　F——蒸发表面积，m^2；
　　　V——蒸发表面的空气流动速度，m/s；
　　　P_1——周围空气的水蒸汽分压力，Pa；
　　　P_2——相应于蒸发表面温度下饱和空气的水蒸气分压力，Pa；
　　　B——工程内实际大气压，Pa；
　　　B_0——标准大气压，取 101325Pa。

3) 围护结构壁面散湿量

（1）施工余水

地下工程在工程构筑、混凝土、砖砌衬套等施工过程中使用了大量的水，其中小部分参加了水化反应，而大量的水分在混凝土凝结过程中游离存在，不断蒸发，形成了混凝土内部的空隙和相互贯通的毛细孔，施工余水的散发量可按下列数据估算。

混凝土或钢筋混凝土施工余水散发量：80～250kg/m^3

水泥砂浆施工余水散发量：300～450kg/m^3

砖砌墙体施工余水散发量：110～270kg/m^3

由于施工余水的存在，地下工程在竣工后应综合考虑消除余水的技术措施（如加热通风驱湿等），充分消除施工余水对空气环境的影响。依靠自然干燥，一般需要2～3年，而后工程进入正常使用和维护阶段。

在进行地下工程通风驱湿设计时，仅考虑工程在正常使用期的湿负荷，一般不考虑施工余水，但可作为工程除湿系统运行调试时的因素来考虑。

（2）衬砌渗漏水

地下工程周围的岩石或土壤中的地下水，通过壁面衬砌的裂缝、施工缝、伸缩沉降缝等部位渗漏到工程内部,形成水滴或水流,造成工程内空气湿度增大。如果工程内没有引水措施,这部分水分都将成为湿负荷。因此,地下工程在施工过程中要做好防水堵漏。

对于贴壁衬砌,地下工程的壁面与岩石或土壤连接,由于壁面衬砌材料的不密实性以及施工水的蒸发,在衬砌层中留下了微小的毛细管,岩石的裂隙水和土壤中的水分通过毛细孔渗透到工程的内壁面,散发到室内。贴壁衬砌的壁面散湿量与衬砌材料、室内温度、相对湿度、室内风速密切相关。衬砌层越厚、材料越密实,散湿量越小;室内水蒸气分压力越高,散湿量越小;壁面风速增大,散湿量增大,当壁面风速为 0.3~0.5m/s 时,散湿量是不通风时的 2~3 倍。由于壁面散湿因素的复杂性,目前还没有成熟的计算公式,在没有实测数据的情况下,可取贴壁衬砌时围护结构散湿量为 1~2g/(m²·h)。

(3) 衬砌层外湿空气的渗透散湿

对于离壁衬砌或砖砌衬套的工程而言,地下水不会直接进入工程内壁面,而是进入衬砌层或衬套外的空间中,使该空间充满了饱和状态的潮湿空气,水蒸气分压力明显高于工程内部水蒸气分压力,水蒸气在压差作用下,透过壁面进入工程内。其散湿量可由下式计算:

$$W_{渗} = D \cdot F \cdot \frac{P_{外} - P_{内}}{\delta \cdot R \cdot T \cdot \mu} \tag{9-29}$$

式中 $W_{渗}$——离壁衬砌水蒸气渗透量,kg/h;

R——水蒸气气体常数,$R=47.06$;

T——衬砌层绝对温度平均值,K;

$P_{外}$——衬砌层外侧空气水蒸气分压力,Pa;

$P_{内}$——工程内部空气中水蒸气分压力,Pa;

D——空气中水蒸气的扩散系数;

F——衬砌层内外表面积平均值,m²;

δ——衬砌层平均厚度,m;

μ——衬砌材料的扩散阻力系数,一般取 28~40。

$$D = D_0 \cdot \frac{B_0}{B} \cdot \left(\frac{T}{T_0}\right)^{\frac{3}{2}} \tag{9-30}$$

式中,$B_0 = 101325 \text{Pa}$,$T_0 = 273.15 \text{K}$,$D_0 = 0.0792$;B 为工程内实际大气压力,Pa;T 为工程内实际绝对温度,K。

由上式可以看出,离壁衬砌的散湿量大小,同样与衬砌材料、内部空气温湿度、气流速度等因素有关,在工程设计过程中,很难得到准确的资料。为了方便设计计算,在没有实测数据时,离壁衬砌的工程壁面散湿量可按 0.5g/(m²·h) 估算。

因此,地下工程在不考虑施工余水和漏水的情况下,壁面散湿量为:

$$W = F \cdot g \quad \text{g/h} \tag{9-31}$$

式中,W 为壁面散湿量,g/h;F 为衬砌层内表面积,m²;g 为单位内表面积散湿量,g/(m²·h)。对于一般混凝土贴壁衬砌,取 $g=1\sim2\text{g/(m}^2\cdot\text{h)}$;衬套、离壁衬砌,取 $g=0.5\text{g/(m}^2\cdot\text{h)}$。

4) 人为散湿量

人为散湿是指地下建筑物内人员在日常生活中引起的水分蒸发,如洗脸、吃饭、喝水引起的水分蒸发,出入盥洗室、厕所等带出的水分等。根据试验测定,人员 24 小时在工程内生活、工作时,可按 30~40g/(h·p) 计算。

2. 确定 d_p 和 d_j 值

d_j 为进风的空气含湿量(即工程外空气计算含湿量),d_p 为工程要求保持的空气含湿量。但是,只有一个参数 d_p 并不能反映工程内的潮湿程度,通常应根据在换气时间内工程内部可能出现的最低温度及工程要求的相对湿度来确定 d_p 值。有时候会出现 $d_p < d_j$ 的情况,这说明此时采用室外空气通风换气来消除工程内余湿不可行。$d_p > d_j$ 是采用加热通风驱湿必要的条件,否则需对进风进行降湿处理,或采用其他除湿方法。

3. 按式(9-26)计算通风换气量

4. 校核是否满足排除有害气体的要求

二、地下工程的加热通风除湿

1. 使用原因

利用通风减湿是一种较经济的方法,除机械通风外,如能大量利用自然通风的话则更有利。但是单纯地通风不能调节工程内的温度。通常外界空气含湿量小时,温度也低。对于一些余热量较小的房间,单纯地通风虽然可以减少空气的含湿量,但由于空气的温度偏低,空气的相对湿度仍然可能较高。

【例 9-1】 某地下工程,余热量(显热)为 $Q_s = 50000$ kJ/h,余湿量 $W = 50$ kg/h。工程内空气初参数为:$t_1 = 27$℃,$\varphi_1 = 95\%$,$d_1 = 21.6$ g/kg,现用参数为:$t_s = 10$℃,$\varphi_s = 80\%$,$d_s = 6$ g/kg 的外界空气进行通风,通风量为 $G = 25000$ kg/h,问经较长时间通风后,工程内空气的状态参数如何。

解:

$$t_N = t_s + \frac{Q_s}{G \cdot C_P} = 10 + \frac{50000}{25000 \times 1.01} = 12℃$$

$$d_N = d_s + \frac{W \times 1000}{G} = 6 + \frac{50 \times 1000}{25000} = 8 \text{g/kg}$$

由 t_N, d_N 知 $\varphi_N = 92\%$

由此可见,通风后工程内空气的含湿量是显著下降了(从 21.6g/kg 下降到 8g/kg),但由于温度也降低了(从 27℃下降到 12℃),所以空气的相对湿度仍然很高。地下工程内空气相对湿度的大小是表示工程是否潮湿的主要指标,相对湿度越大,说明工程越潮湿。因此,地下工程防潮除湿的直接目的是要降低工程内空气的相对湿度,使其达到所要求的数值。而单纯地通风往往不能达到这个目的。把加热和通风结合起来的减湿方法,就能克服单纯加热和单纯通风方法的不足。可以保证空调房间既有合适的相对湿度,又有合适的温度。例如上面的例题中,如果我们能将工程内空气从 $t_N = 12$℃加热到 $t_N' = 22$℃,则相对湿度就变成 $\varphi_N' = 50\%$。这样就能符合使用要求了。

因此加热通风驱湿,实际上是通过空气不断的流动来实现的。将被加热的空气送入地下工程内,经过热湿交换后,吸收了工程内产生的余湿,这时空气中的含湿量增加了,然后将这部分空气排至工程外,取代它的是刚被加热的工程外干燥空气。空气如此不断地循环,不断地将工程内产生的余湿带到工程外,从而达到地下工程去湿的目的,维持了所要求的温湿度。

由于采用加热通风驱湿法，设备简单，初投资和运行费用都较小，因此，只要条件允许，就应优先考虑采用。

2. 适用条件

能否采用升温通风降湿法来减少地下工程潮湿的程度，总的来说是看工程外空气的含湿量 $d_{外}$ 是否低于工程内要求的空气含湿量 $d_{内}$。只有当 $d_{外} < d_{内}$ 时，通风才能驱湿。如果 $d_{外} > d_{内}$，通风不仅不能驱湿，还会增加工程内空气的含湿量。

具体能否采用加热与通风驱湿的防潮除湿方案，主要取决于下列因素：

1) 工程内允许升温的程度

工程内空气温升太高，人会感到闷热，温升太低，空气相对湿度可能不能满足要求。因此应根据工程的使用要求及各地区不同的自然条件来确定。对无余热的一般工程，夏季工程内空气温度 $t=22\sim28℃$，相对湿度 $\varphi \leqslant 80\%$ 为宜。

2) 工程外空气的温湿度

工程内空气允许温升程度决定了采用加热通风驱湿方案必须具有的工程外空气计算参数。如允许温升程度定为 $t=28℃$，$\varphi=80\%$，则 $d=18g/kg$ 干空气；当工程外夏季空气含湿量 $d<18g/kg$ 干空气时，即可采用升温通风降湿方案。

3) 工程内余湿量的大小

工程内余湿量越大，则驱湿所需的进风量越大，工程的换气次数就越大。但是地下工程的换气次数是有规定的，换气次数过大，会导致工作区的气流速度过大，就不能满足工作环境对气流速度的要求。一般地下工程工作区的气流速度要求及对应的换气次数，如表9-1。

人员工作区的气流速度要求、对应的换气次数 表9-1

温度要求(℃)	气流速度要求(m/s)	换气次数(次/时)
>30	0.5	10
27～30	0.3～0.4	8
<27	0.2～0.3	6

因此，采用升温通风降湿方案，进风换气次数应考虑在 6～8 次/h 之内能满足排除工程内的余湿。如果余湿太大，则应辅以其他的减湿手段。

3. 应用范围

基于上述条件，加热通风驱湿法可适用于下列几种情况：

1) 地下工程烘干期和维护期的驱湿。

地下工程土建竣工后，由于存在大量施工余水，需要进行加热烘干，以排除这些水分。在含湿量 $d_{外}<d_{内}$ 的季节，采用加热通风驱湿可有效地排除施工余水，可以使工程尽快地投入使用。

在工程维护期，工程内的余湿主要是墙面和维护人员的散湿，比工程正常使用时小得多（正常使用时，一方面人员多，另一方面设备及用水房间也开始工作，所以散湿量要大一些），而且维护期内工程内的空气温度也允许适当提高。因此，可以掌握有利时机采用加热通风驱湿方法，来防止地下工程的潮湿。

2) 升温通风降湿辅以除湿机和除湿剂除湿。

当 $d_外 > d_内$ 时,如果采用加热通风的方法,不仅达不到去湿的目的,反而会使工程内的空气含湿量增加。在我国南方多数时间都属于这种情况,怎么办?可从两方面想办法,一是提高 $d_内$,二是降低 $d_外$,目的是使 $d_外 < d_内$。提高 $d_内$ 的办法是加大温升。例如 $t_1=27℃$,$\varphi_1=80\%$ 则 $d_1=18g/kg$;如温度提高到 $t_2=30℃$,$\varphi_1=80\%$,则 $d_2=21.8g/kg$;降低 $d_外$ 的办法是采用除湿机或吸湿剂。

采用这些措施以后,原本不适于升温通风降湿的季节,也能进行加热通风驱湿了。

3) 在岩体自然冷却基础上,采用升温通风降湿。

对于地下工程,夏季岩石的温度比外界空气低很多。一般夏季外界空气温度为37℃,相对湿度 $\varphi=50\%$,其露点温度 $t_1=25℃$,而岩石的温度一般在20℃以下。因此,可用岩石做成冷却风道,让工程外的空气和岩石充分接触,降低进风的温度和含湿量。如果能使 $d_外 < d_内$ 就能进行加热通风驱湿。

综上所述,加热通风驱湿法的优点是设备简单,投资和运行费用小。缺点是使用时受到工程外气象条件的限制,一定要 $d_外 < d_内$ 才能用。另外,即使 $d_外 < d_内$,但 $d_外$ 与 $d_内$ 相差不大,则每千克空气能带走的水分少,如果工程内余湿量较大,则可能出现过大的进风量。

第三节 常用热湿处理设备及其原理

随着生活水平的提高,人们对居住环境的舒适性也提出了更高的要求。空调作为能调节建筑物室内热、湿环境和空气环境的有效手段,得到了前所未有的快速发展。在地下工程中,特别是人防工程涉及到热湿处理设备如:表冷器、喷雾室、冷却塔等得到了广泛的应用,本节重点介绍这些设备的设计选型及相关计算[337~342]。

一、地下工程中的热湿处理设备

按照空气与水表面之间的接触形式,可以分为直接接触和间接接触两种类型。直接接触又分为有填料层和无填料层两种形式。空气与水直接接触的典型设备是喷雾室和冷却塔,前者是用水来处理空气,后者是用空气来处理水。间接接触的典型设备是表冷器,空气与在盘管内流动的水或制冷剂之间为间接接触,与冷却盘管表面的冷凝水膜仍然为直接接触。如果按照空气与水的流动方向分类,无论是直接接触还是间接接触又都有顺流和逆流之分。

二、气水间热质交换基本方程式

热质交换基本方程式的推导是基于以下三个条件:第一,采用薄膜模型;第二,在空调范围内,空气与水表面之间的传质速率比较小,因此可以不考虑传质的影响;第三,在空调范围内,认为刘易斯关系成立,即 $Le=1$。

考察一个空气洗涤喷雾室,假设其横截面积为 A_{cs},长度为 l,如图9-1所示。

由于气水直接接触的实际面积很难确定,所以通常以喷雾室的单位体积所具有的接触面积进行计算。以 a_H 和 a_M 分别表示单位体积的传热和传质面积,其单位是 (m^2/m^3),

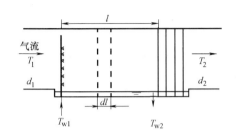

图 9-1 空气洗涤喷雾室

则，传热和传质总面积 A_H 和 A_M 分别为

$$A_H = a_H A_{cs} l \quad A_M = a_M A_{cs} l$$

根据膜模型，在气水交界的两侧各存在一层气膜和水膜，气膜中的空气为饱和状态，气水之间的热质交换通过这两层膜进行，两层膜的阻力是热质交换过程的控制因素。气水交界面上总处于平衡状态，并且阻力为零，所以气膜和水膜的温度都与交界面上的温度相等。

1. 由主流空气与气水交界面上的饱和空气中含湿量差产生的热质交换

$$-dG_w = G_a = K_d a_M (d_b - d) dl \tag{9-32}$$

式中 G_W——单位横截面积水流量，$kg/(m^2 \cdot s)$；

G_a——单位横截面积空气流量，$kg/(m^2 \cdot s)$；

K_d——以含湿量为推动力的质交换系数，$kg/(m^2 \cdot s)$；

a_M——单位体积的传质面积，其单位是 (m^2/m^3)

d——空气含湿量，g/kg 干空气；

d_b——气水交界面上的饱和空气含湿量，g/kg。

上式表明，水蒸发量与空气中水蒸气增量以及传质量彼此相等。

2. 由气水交界面上的饱和空气传给主流空气的显热量

$$G_a c_p dT = h_a a_H (T_b - T) dl \tag{9-33}$$

式中 c_p——湿空气比热容，$J/(kg\ K)$；

h_a——空气换热系数，$W/(m^2 \cdot ℃)$；

T——空气温度，K；

T_b——气水交界面上空气温度，K。

3. 传给空气的总能量

$$G_a(c_p dT + rd(d)) = [K_d a_m (d_b - d) r + h_a a_h (T_b - T)] dl \tag{9-34}$$

式中 r——气水交界面上的汽化潜热，kJ/kg，a_h 为对流换热系数，$W/(m^2 \cdot s)$，a_m 为对流传质系数 $kg/(m^2 \cdot s)$。

假设：有传热和传质总面积为 A_H 和 A_M，若 $Le=1$ 并忽略汽化潜热的变化，则得

$$G_a dh = K_d a_M (i_b - i) dl \tag{9-35}$$

式中 i——空气焓，kJ/kg；

i_b——水蒸气焓，kJ/kg。

式中，K_d 原为传质系数，这里应理解为总热交换系数。

4. 传给水的热量

$$\pm G_w c_w dT_w = h_w a_H (T_w - T_b) dl \tag{9-36}$$

式中，h_w 为水的换热系数，符号意义同前。

以上式（9-32）～（9-36），就是气水之间的热质交换基本方程式。

三、基本方程的组合方程及说明

1. 基本组合方程

1)
$$\frac{\mathrm{d}i}{\mathrm{d}T_\mathrm{w}} = \pm \frac{c_\mathrm{w} G_\mathrm{w}}{K G_\mathrm{a}} \tag{9-37}$$

2)
$$\frac{\mathrm{d}i}{\mathrm{d}T_\mathrm{a}} = \frac{i - i_\mathrm{b}}{T_\mathrm{a} - T_\mathrm{b}} \tag{9-38}$$

3)
$$\frac{i_\mathrm{b} - i}{T_\mathrm{b} - T_\mathrm{w}} = -\frac{h_\mathrm{w} c_\mathrm{p}}{h_\mathrm{a}} \tag{9-39}$$

以上三个组合方程的物理意义是：式（9-37）是空气操作线的斜率；式（9-38）是空气处理过程线的斜率；式（9-39）反映了推动力与热阻之间的关系。它们在设备计算中都有重要应用。

2. 关于基本方程的几点说明

1）关于双膜模型：在空气与水间接接触的情况下，水膜阻力应该包括从气-水交界面到冷却剂侧阻力。

2）关于接触面积：在间接接触情况下，接触面积就等于表冷器的冷却面积；在直接接触情况下，当有填料时，传热和传质的总接触面积为 A_H 和 A_M

$$A_\mathrm{H} = a_\mathrm{H} A_\mathrm{cs} l, \quad A_\mathrm{M} = a_\mathrm{M} A_\mathrm{cs} l$$

当无填料时，总接触面积为所有水滴表面和喷雾室内表面面积之和。

3）关于 K 值：一般情况下可以近似取 $K=1$，当要求严格计算时，则 K 需计算求值。

四、焓差是总热交换推动力

由前面推导的基本方程可知，传给空气的总能量方程是：

$$G_\mathrm{a} \mathrm{d}h = K_\mathrm{d} a_\mathrm{M} (i_\mathrm{b} - i) \mathrm{d}l \tag{9-40}$$

该方程也称为热质交换总热方程式。

从上式可以看出，总热交换量与推动力和总热交换系数乘积成正比。同时也可以看出，空气与水表面之间的总热交换推动力是焓差，而不是温差。因此，在确定热流方向时，仅仅考虑显热是不够的，必须同时考虑显热和潜热两个方面。关于空气处理过程中的热质流量分析，可以很方便地在焓-温（i-T）图上进行。

对于 1kg 干空气来说，总热交换量即为焓差 Δi，可以写成以下形式：

$$\Delta i = \Delta i_\mathrm{s} + \Delta i_\mathrm{L} \tag{9-41}$$

式中 Δi_s 为显热交换量，Δi_s 与温差成正比；Δi_L 为潜热交换量，Δi_L 与含湿量差成正比。

假设给定空气初状态参数：干球温度 T_1、湿球温度 T_s1 和露点温度 T_L1，改变水初温 T_w，那么热质流量随着水温变化的关系示于图 9-2 之中。该图中以水温 T_w 为横坐标，以 Δi、Δi_s 和 Δi_L 为纵坐标，并以空气得热量为正，失热量为负。

1. 当空气与水直接接触时，从空气侧而言：

1）总热交换量以空气初状态的湿球温度 T_s1 为界，当水温 $T_\mathrm{w} > T_\mathrm{s1}$ 时，空气为增焓过程，总热流方向向着空气；当 $T_\mathrm{w} < T_\mathrm{s1}$ 时，空气为减焓过程，总热流方向向着水。

2）显热交换量以空气初状态的干球温度 T_1 为界，当 $T_\mathrm{w} < T_1$ 时，空气失去显热，

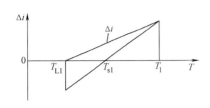

图 9-2 热质流量与水温关系在熵-温图上表示

当 $T_w > T_1$ 时，空气失去显热量。但是总热流方向还要看潜热流量而定。

3) 潜热交换以空气初状态的露点温度 T_{L1} 为界，当 $T_w > T_{L1}$ 时，空气得到潜热量，当 $T_w < T_{L1}$ 时，空气得到潜热量。同样，总热流方向还要看显热流量而定。

4) 当水温 $T_w > T_1$，总热流方向总是向着空气。

2. 当空气与水直接接触时，从水侧而言：

1) 对于水来说，当 $T_w > T_1$ 时，Δh_s 和 Δh_L 的热流都由水流向空气，所以水温降低；

2) 当 $T_{s1} < T_w < T_1$ 时，Δh_s 和 Δh_L 的热流方向虽然相反，但是总热流 $\Delta h > 0$，即热流仍由水流向空气，所以水温仍然降低；

3) 当 $T_w = T_{s1}$ 时，$\Delta i_s = \Delta i_L$，$\Delta i = 0$ 此时热流量等于零，所以水温不变；

当 $T_w < T_{s1}$ 时，$\Delta i < 0$ 此时，热流方向由空气流向水面，所以水温升高。

通过以上分析可以看出，水冷却的极限温度是 T_{s1}，即水冷却的最低温度不可能低于空气湿球温度。在冷却塔的实际运行中，一般属于第一种情况，即在冬季，$(T_w - T_1)$ 值比较大，显热部分可占 50%，严冬时甚至占 70%。在夏季则不然，$(T_w - T_1)$ 值很小，潜热占的比例较大，甚至占到 80%~90%，即主要为蒸发散热。值得注意的是，当夏季温度很高，而且相对湿度又很大时，对于冷却塔的工作是很不利的。

3. 当水温不变而改变空气初状态时，同样会引起总热流方向的变化，从而引起推动力的变化。

从上面分析可以得出，空气和水的总状态决定了总热流方向，从而决定了过程的推动力。

五、间接接触的表冷器（即管排排数）对热质交换过程中的影响

当空气与水间接接触时，随着表冷器深度变化，不仅引起热交换热量的变化，而且会使热交换方式改变。

由式 $\dfrac{i - i_b}{T_w - T_b} = -\dfrac{h_w c_p}{h_a}$ 可以看出，若空气和冷却剂的流速一定，则 $\dfrac{h_w c_p}{h_a}$ 为定值；如果冷却剂温度也已给定，那么表面温度就仅仅是空气熵 i 的函数：

$$T_b = f(i) \tag{9-42}$$

空气冷却过程也是减熵过程，随着空气向表冷器深度方向流动，空气的熵值将逐步降低。根据式（9-41）可知，表面温度也将逐步降低，这就意味着，沿着空气流动的方向，靠近后面的管排比靠近前面的管排具有更低的表面温度。

在进行表冷器热工计算时，如果以平均表面温度为基准，那么就有可能出现这样的问题：靠近前面的管排遇到的空气熵值比较高，因此表面温度高于平均表面温度，靠近后面的管排遇到的空气熵值较低，表面温度低于平均表面温度。这样，从空气中析出水分就不是在空气进到表冷器后立刻发生，而是在离开进口的某一处开始。换句话说，表冷器前面部分可能是在只有显热交换的"干工况"下工作，后面部分是在热质交换同时进行的"湿

工况"下工作。可以预料，在表冷器深度方向上的某一个地方，应该存在一条由干表面转变为湿表面的条件分界线。

由于在干工况与湿工况下的热交换情况不相同，干工况时只有显热交换，湿工况时则为总热交换，因此从增加热交换的目的出发，应该增加表面冷却器深度，即增加管排的排数。但是，增加排数同时也增加了阻力，因此需要全面考虑。

以上所述，是影响空气与水之间热质交换的主要因素，其他影响因素还有热质交换设备的构造以及流体物性等。

六、空气与水表面之间的热质交换系数

热质交换系数是反映过程进行的程度，它是各种影响因素的综合，也是确定热质交换量的关键。对于设备中的气水之间热质交换系数，由于边界条件和过程都比较复杂，用理论计算方法，一般是比较困难的。因此，通常都以实验数据为基础，针对具体情况，分别进行处理。

前面一节所分析的影响空气与水之间热质交换的主要因素，实际上也就是影响热质交换系数的主要因素。它们的关系可以用下式表示：

$K_d = f$（空气与水的初参数，热质交换设备的结构特性，空气质量流速 v_ρ，水气比 μ）。

下面针对不同的情况，分别介绍热质交换系数的确定方法。

七、冷却塔

冷却塔是典型的空气与水直接接触的、有填料的热质交换设备。在冷却塔中，水气接触面积取决于填料面积。对于某种固定的填料而言，一定量的填料体积含有一定量的填料面积，所以在实际计算中，通常以填料体积来表示接触面积。与其相应的传质系数改称为以含湿量差为推动力的容积蒸发散质系数，并用符号 K_{dV} 表示，其单位为 $kg/(m^3 \cdot h)$。

1. 容积散质系数 K_{dV} 集中代表了淋水装置（包括填料层）的散热性能。

分析表明，它与气水物理性质、相对速度、水滴大小或水膜表面形状有关，还与填料层材料和构造、淋水密度、空气质量流速以及气象因素等有关。通过因次分析得出，在一定的淋水装置和气象条件下，K_{dV} 是下列因素的函数：

$$K_{dV} = f(g, q) \tag{9-43}$$

或：

$$K_{dV} = A g^m q^n \tag{9-44}$$

式中，g 为空气质量流速；q 为淋水密度；A、m 和 n 为实验常数。

实验数据表明，$m+n \approx 0.9$。此外，空气干球温度和填料高度也对热质交换系数有一定影响。关于空气温度的影响，可以用修正系数 $\left(\dfrac{T_1-273.15}{40}\right)^{-0.45}$ 与容积散质系数相乘进行修正。至于填料高度的影响，在高度大于 0.5m 以上时，其影响很小。

2. 特性数 N'

特性数 N' 是用来表示冷却塔性能的又一个指标，它与容积散质系数的意义相同。

对于逆流冷却塔，空气和水之间的能量平衡方程是：

$$G_a \mathrm{d}h = \frac{1}{K} G_w \mathrm{d}T_w c_w$$

通过填料层的微元体，填料表面薄膜饱和空气层的总散热量为

$$\mathrm{d}Q = K_{\mathrm{dV}}(i_w - i)\mathrm{d}V \tag{9-45}$$

由能量平衡方程和式（9-45）得到：

$$K_{\mathrm{dV}}(i_w - i)\mathrm{d}V = \frac{1}{K} G_w \mathrm{d}T_w \tag{9-46}$$

假定：G_w，K，K_{dV} 在整个淋水室装置填料层中为常数，则可以对式（9-46）进行积分，于是得到

$$\frac{K_{\mathrm{dV}} V}{G_w} = \frac{1}{K} \int_{T_{w2}}^{T_{w1}} \frac{\mathrm{d}T_w}{(i_w - i)} \tag{9-47}$$

上式的左边包含着容积散质系数、冷却塔体积及冷却水量，都是冷却塔本身的参数，它表示冷却塔本身具有的冷却能力。因此，可以用它来表示冷却塔的性能。为此，将式（9-47）的左边定义为冷却塔的特性数，用符号 N' 表示：

$$N' = \frac{K_{\mathrm{dV}} V}{G_w} \tag{9-48}$$

特性数 N' 表示了冷却塔的冷却能力，N' 愈大，冷却塔的冷却能力愈强。它是一个无因次数，对冷却塔的计算具有重要应用。

若用填料层高度 z 代入式（9-48）中，得到

$$N' = \frac{K_{\mathrm{dV}} V}{G_w} = K_{\mathrm{dV}} \frac{z}{q} \tag{9-49}$$

即

$$N' = A g^m q^n \frac{z}{q} = A z g^m q^{n-1} \tag{9-50}$$

根据式（9-50）可以将特性数表示成水气比 μ 的函数形式：

$$N' = c\mu^{-p} \tag{9-51}$$

式中 c 和 p 是由实验确定的常数。

对于一定的淋水装置，水气比是影响水冷却的主要因素。

八、喷雾室

喷雾室是典型的空气与水直接接触的、无填料的热质交换设备。

在无填料的喷雾室内，空气与水之间的热质交换情况十分复杂，空气不仅要同飞溅水滴的广大表面以及底池的自由水面相接触，同时还和顺着喷雾室及挡水板表面流动的水膜及水滴相接触。喷雾水滴的大小极不相同而且很不稳定，水气的交叉和水滴相互碰撞，细水滴又会结合成粗水滴。因此，要准确确定气水接触面积是很困难的，相应的热质交换系数也就难以确定了。

热质交换系数是设备性能的一种表示方式，当然也可以用其他方式来表示设备性能，例如效率的概念就是应用非常普遍的一种。效率是一个相对的概念，是就某一基准的比较而言的。在空气与水的热质交换过程中，如果空气和水的初状态一定，在假想条件下（即水量无限大，空气与水接触时间无限长），则空气终状态亦即确定。因此，若以假想条件

下的空气处理结果为基准,用实际结果与其接近的程度来表示热质交换效率,乃是恰当的做法。

根据热质交换过程中的两个系数即显热系数和总热交换系数,相应地定义两个热交换效率系数,即总热交换效率系数 η_1 和通用热交换效率系数 η_2。

如图 9-3 所示,定义总热交换效率系数 η_1 和通用热交换效率系数 η_2:

$$\eta_1 = 1 - \frac{T_{s2} - T_{w2}}{T_{s1} - T_{w1}} \quad (9\text{-}52)$$

$$\eta_2 = 1 - \frac{T_2 - T_{s2}}{T_1 - T_{s1}} \quad (9\text{-}53)$$

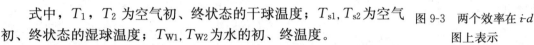

图 9-3 两个效率在 i-d 图上表示

式中,T_1,T_2 为空气初、终状态的干球温度;T_{s1},T_{s2} 为空气初、终状态的湿球温度;T_{w1},T_{w2} 为水的初、终温度。

对于一定结构特性的喷雾室,两个效率系数需要由实验确定,实验公式通常表示成以下形式:

$$\eta_1' = A(\upsilon \rho)^m \mu^n \quad (9\text{-}54)$$

$$\eta_2' = A'(\upsilon \rho)^{m'} \mu^{n'} \quad (9\text{-}55)$$

式中:A',A,m,m',n,n' 均为实验系数和指数。

九、表冷器

表冷器是典型的空气与水间接接触的热质交换设备,它很符合双膜模型,如图 9-4 所示。

表冷器有两个特点:第一,就空气与水膜接触而言,它同喷雾室是一样的,不过水膜的形成是由于湿空气在表面的冷却凝结,如果没有凝结水,那么水膜也就不存在了;第二,如果在干工况下工作,表冷器又与普通换热器没有两样。因此,可以模仿喷雾室的处理方法,定义两个效率系数来代替热质交换中的两个换热系数,然后再将同时进行热质交换的表冷器效率系数,转换为普通换热器效率系数来处理。

如图 9-5 所示,图中的状态点 3 是状态点 1 和 2 的连线延长线与饱和曲线的交点,所以它代表冷却器表面的平均温度。由此定义两个热交换效率系数

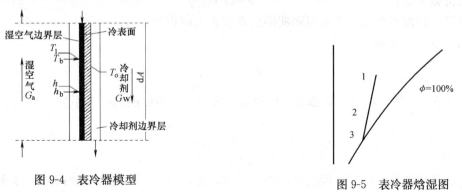

图 9-4 表冷器模型　　　　　图 9-5 表冷器焓湿图

1. 总热交换效率系数 ε_1

总热交换效率系数是同时考虑空气和冷却剂两侧流体间的热质交换。假设冷却剂初温

为 T_{w1}，根据图 9-5 定义 ε_1：

$$\varepsilon_1 = \frac{T_1 - T_2}{T_1 - T_{w1}} \tag{9-56}$$

2. 通用热交换效率只考虑空气侧的热质交换，根据图 9-5，可以定义：

$$\varepsilon_2 = \frac{T_1 - T_2}{T_1 - T_3} \tag{9-57}$$

式中，T_1，T_2 为处理前后空气干球温度，T_3 为理想条件下空气终状态温度。

3. 确定通用热交换效率系数

分析表明，通用热交换效率系数是空气侧换热系数 h_a 和总传热面积 A 的函数，或者说是迎面风速和管排数目的函数，对于空气与冷却剂为逆流流动的热交换过程，经过数学推导出

$$\varepsilon_2 = 1 - e^{-(h_a A / G_a c_p)} \tag{9-58}$$

4. 确定总热交换效率系数

1) 析湿系数

由前面分析可知，表面冷却器在工作过程中，如果为干工况时，只有显热交换，如果为湿工况时，则进行总热交换。显然，由于湿工况增加了热交换量，同时也增加了计算工作量。可以预料，如果能将表面冷却器转换为一般换热器来计算，那么将会给计算带来便利。因此引出"析湿系数"的概念。

前已述及，主流空气与气膜饱和空气层在干工况下的显热交换为

$$Q_a = h_a (T - T_b) A \tag{9-59}$$

在湿工况下的总热交换为

$$Q = K_d (i - i_b) A \tag{9-60}$$

那么总热交换与显热交换之比为

$$\frac{Q}{Q_a} = \frac{K_d (i - i_b)}{h_a (T - T_b)} = \frac{(i - i_b)}{c_p (T - T_b)} \tag{9-61}$$

令

$$\xi = \frac{(i - i_b)}{c_p (T - T_b)} \tag{9-62}$$

则析湿系数

$$\xi = Q / Q_a \tag{9-63}$$

所以，析湿系数是由于析湿而使换热系数扩大的倍数。

上式也可以写成

$$\xi = \frac{\Delta h G_a}{c_p \Delta T G_a} \tag{9-64}$$

由于在 i-d 图上，空气状态变化过程近似为直线，所以换热扩大系数又可表示成下列形式：

$$\xi = \frac{(i_1 - i_2)}{c_p (T_1 - T_2)} \tag{9-65}$$

析湿系数的意义在于：通过刘易斯关系式，把同时进行热质交换的问题，转换为单纯热交换问题。于是，表冷却器的计算就可以按照普通换热器的方法进行计算了。

2) 热容量比

众所周知，质量流量×比热容×温度差＝热流量，即 $GC_p \Delta T = Q$ 那么，则 GC_p 表示

质量为 G 的流体,每小时温升 1K 所需的热量,故称为流体的热容量。因此,空气的热容量为 $G_a c_p$,冷却剂的热容量为 $G_w C_w$。

空气与冷却剂两流体热容量之比用 γ 表示,根据能量平衡可推导出:

$$\gamma = \frac{\xi G_a c_p}{G_w c_w} \tag{9-66}$$

在换热器中,热容量小的流体温度变化大,热容量大的流体温度变化小。所以热容量比可以反映换热器效率。

3) 传热单元数

在换热器计算中,通常只给定流体进口温度,而流体出口温度是未知待求的。但在计算过程中,又常会涉及到流体出口温度,因此需要设法将流体出口温度从公式中消去,为此引入传热单元数 β:

$$\beta = \frac{K_s A}{\xi G_a c_p} \tag{9-67}$$

式中 K_s 为湿工况下传热系数;A 为传热面积,表冷器中的传热和传质面积都是确定的。对于空气与冷却剂逆流流动的热交换过程,经过数学推导得出:

$$\varepsilon_1 = \frac{1 - e^{-\beta(1-\gamma)}}{1 - \gamma e^{-\beta(1-\gamma)}} \tag{9-68}$$

5. 湿球温度效率系数

对于湿工况来说,定义湿球温度效率系数更为合适,如图 9-6 所示。

如果将图中进风状态沿等焓线降到饱和状态 $1''$,出风状态降到 $2''$。这时进风干球温度 $T''_1 = T_{s1}$,出风干球温度 $T''_2 = T_{s2}$,于是干球温度效率就变成了湿球温度效率,并用 ε_w 表示湿球温度效率系数,则

$$\varepsilon_w = \frac{T''_1 - T''_2}{T''_1 - T_{w1}} = \frac{T_{s1} - T_{s2}}{T_{s1} - T_{w1}} \tag{9-69}$$

且析湿系数变成

$$\xi = \frac{i''_1 - i''_2}{c_p(T''_1 - T''_2)} = \frac{a'}{c_p} \tag{9-70}$$

式中,a' 称为饱和湿空气比热容

$$a' = \frac{i_1 - i_2}{T_{s1} - T_{s2}} \tag{9-71}$$

在 101325Pa 下,$T_S = 283 \sim 293K$ 范围内

$$a' = 0.1415 T_{s2} - 38.0064 + 0.0707(T_{s1} - T_{s2}) \tag{9-72}$$

若用 a'/c_p 代替 ξ 值,相应可以求得:

$$\varepsilon_w = \frac{1 - e^{-\beta'(1-\gamma')}}{1 - \gamma' e^{-\beta'(1-\gamma')}} \tag{9-73}$$

式中 $\beta' = \frac{k'A}{G_a a'}$,$\gamma' = \frac{G_a a'}{G_w c_w}$,$k'$ 为按湿球温度计计算的传热系数。

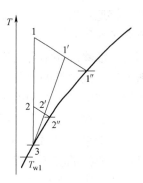

图 9-6 湿球温度效率系数

湿球温度效率系数概念清楚,而且在计算过程中,由于 a'/c_p 随温度的变化比 ξ 的变化小,因而可以缩短计算过程。

第十章 热质交换问题的新进展

本章介绍了地下工程热湿环境保障领域中的一些研究热点,包括蒸发冷却技术、冷却塔技术、蒸发式冷凝器及蒸发式冷却设备、表面式冷却器、新型空调系统及建模仿真、冷却水系统和蓄热技术等等。

第一节 蒸发冷却技术

此处提到的蒸发冷却技术,其处理对象均为空气。

黄翔等在其系列文章中对近年来蒸发冷却技术的研究进展进行了全面分析。系列文章1[345]介绍了直接蒸发冷却器的研究情况,主要包括填料的传热传质性能、净化性能及直接蒸发冷却器的应用。系列文章2[346]介绍了间接蒸发冷却器,包括板翅式、管式、热管式、露点式及半间接式蒸发冷却器的研究进展。系列文章3[347]介绍了多级蒸发冷却空调系统、除湿和蒸发冷却结合的空调系统、半集中式蒸发冷却空调系统、建筑物被动蒸发冷却技术、蒸发冷却自动控制技术及蒸发冷却水的水质处理。

蒋毅在其硕士学位论文[348]中建立了 DEC 的热力计算模型,并在借鉴冷却塔传热传质计算理论的基础上,得出了传热传质系数的基本形式。通过对 DEC 的实验研究,探讨了 DEC 性能的影响因素,得到了无机填料和纸质填料的换热系数和空气阻力计算经验公式,进一步完善了 DEC 的理论计算,并对两种填料进行了详细的比较。在对间接蒸发冷却(IEC)计算与分析模型深入调查的基础上,建立了 IEC 理论分析模型,对 IEC 传热传质机理及其性能影响因素进行了广泛深入的探讨。另外,考虑到工程计算的需要,还建立了一种 IEC 简化计算模型,该模型物理意义清晰,计算过程简单,计算结果与理论分析模型接近,偏差在 3% 以内,适合工程应用。此外,该文将蒸发冷却与现有技术相结合,建立了两种新型空调系统,即蒸发冷却与风冷冷水机组相结合的复合式系统和两级蒸发冷却与溶液除湿相结合的空调系统。阐述了直接蒸发冷却(DEC)与风冷冷水机组相结合的新型复合式系统的原理,通过对全国 15 个典型城市的计算分析表明,该系统可以有效地增加系统的制冷量和减小输入功率,从而提高系统的 COP 值,在我国具有广泛的应用前景。在直接蒸发冷却(DEC)和间接蒸发冷却(IEC)优化组合的基础上构建了溶液除湿蒸发冷却系统(LDCS),探讨了系统特性及其运行调节方法,并以南京的气象数据为例进行了详细的实例计算,研究表明,该系统具有良好的发展潜力和广泛的应用价值。

代彦军、张鹤飞[349]建立了叉流降膜蒸发传热传质过程的数学模型,对气相微分方程采用积分法求解,导出确定气液界面温湿度的数学表达式。计算与实验结果对比基本一致。对叉流式降膜蒸发冷却过程进行深入分析表明,该冷却手段可使处理空气的最低温度接近或达到空气的湿球温度,得到叉流式蒸发冷却器通道内气流温湿度分布曲面及气液界面温度分布曲面,表明典型工况下,叉流直接蒸发冷却器可使处理空气温度降低 10℃。

任承钦和张龙爱[350]采用计算流体力学（CFD）结合数值传热学方法，对间接蒸发冷却器内流体流动与热质交换过程进行了简化和假设，建立了换热器内三维层流流动与传热的数学物理模型。采用交错网格离散化非线性控制方程组，编制了三维 SIMPLE 算法程序。对间接蒸发冷却器内的流场、温度场及浓度场进行数值模拟研究，得到换热器内的流体流动状态和热流分布，并分析了通道宽度变化对换热器内流体流动的影响。

武俊梅、黄翔和陶文铨[351]通过对两种不同填料的直接蒸发冷却空调机的性能实验研究，提出了单元式直接蒸发冷却空调机优化设计的主要措施，以提高其性能，为该种绿色空调设备的进一步推广应用作出贡献。

张旭和陈沛霖[352]针对风冷冷水机组与直接蒸发冷却器联用时风冷冷水机组的制冷量、输入功率及制冷系数等相关参数的变化规律，建立了基于相对量的性能指标体系，以全国 83 个重要城市为研究对象，得到了 3 个性能评价指标的全国等值线分布图。从图中可以看出，沿海地区的相对百分数数值较小，西北地区的数值较大。

张丹和黄翔[353]在研究国内外相关文献的基础上，确立了评价直接蒸发冷却空调经济性能的指标，并纠正了以往人们对这一问题的误解，以直接蒸发冷却空调系统为例，对其经济性能进行了计算。

丁杰和任承钦[354,355]根据数值模拟计算结果，比较了间接蒸发冷却（IEC）和回热式间接蒸发冷却器（RIEC）的温度、换热效率和㶲效率。结果表明 RIEC 的㶲效用比略低于 IEC，但能得到更低的温度。这两种方案都有非常显著的节能潜力。通过 CFD 方法分析了逆流、顺流和叉流三种流动形式的间接蒸发冷却过程，分析了换热器内的温度和湿空气的焓值变化情况，讨论了有用能的转化关系和不可逆㶲损失。为深入理解间接蒸发冷却器内的传热、传质过程和能量的传递与转换过程提供了参考。

彭美君和任承钦[356]则通过对直接蒸发冷却和间接蒸发冷却技术原理的分析，提供了在我国各地区不同气候条件下，蒸发冷却技术的应用方式和结果。

我国各地区不同气候条件下，蒸发冷却的应用方式及蒸发冷却器的进风湿球温度不同，陈沛霖[357]也提供了分析研究的结果。

吕金虎、宋垚臻和卓献荣[358]等人就进口空气的相对湿度对直接蒸发冷却式空调机性能的影响进行了分析，得出了在保证一定冷却效果的条件下冷却效率、填料厚度和出口空气相对湿度的关系曲线。

檀志恒在其硕士学位论文[359]中系统地介绍了蒸发冷却空调技术的原理、分类、设备开发、应用领域、研究领域及其研究现状。从理论上对填料式湿膜直接蒸发冷却空调的传热、传质过程进行了研究，并在此基础上建立了质量、动量和能量等方程在内的控制方程组。

李峥嵘和陈沛霖[360]讨论了通风时间与通风量的影响，引入间接蒸发冷却技术，以降低送风温度、加强通风效果，并比较使用该技术前后的室温情况。

赵纯清[361]结合我国温室降温系统的现状与发展，在对温室降温几种方法深入分析的基础上，根据空气的焓湿特性和蒸发降温机理，提出了一种适合高温高湿地区夏季温室的降温系统－液体除湿降温系统。该降温系统是对湿帘-风机降温系统的改进，其降温幅度比湿帘-风机降温系统更大，可达 10℃左右。该文对液体降温系统进行了设计，并着重对液体除湿剂的利用及再生技术进行了研究。根据除湿剂的特性，从经济上和实用性上分析了几种除湿剂，并选取了工业用 $CaCl_2 \cdot H_2O$ 作为该系统的除湿剂。

熊军、刘泽华和宁顺清[362]提出了一种再循环蒸发冷却流程，根据该流程设计了一套再循环蒸发冷却装置，并计算分析了它的冷却效果。对再循环蒸发冷却技术在空调行业的应用进行了探讨，提出了相应的系统应用方法。这种技术为开发节能环保空调设备和空调系统提供了一个新的途径。

王鸽鹏[363]以和田地区某建筑为研究对象，在夏季室内负荷最大时刻采用蒸发冷却技术将室外空气处理后送入室内。在室外温度适宜的过渡季节采用热压通风，为增加通风量采用 Trombe 墙和太阳能烟囱负荷自然通风系统。通过数值模拟方法对建筑物室内温度场、速度场进行研究和分析。

柴继斌[364]通过建立喷淋室热质交换数学模型，并对其进行数值求解，得出了影响其换热效率的各种因素。喷嘴是喷淋室的关键部件，基于撞击流理论而发展起来的新型动力型喷嘴，雾化性能好，不易堵塞、节约水量。该文深入分析了该喷嘴的雾化机理，并将其应用于喷淋室，有效提高了喷淋室热质交换效率。

王倩和孙晓秋[365]介绍了蒸发冷却的原理与种类，通过分析计算，得出除湿干燥蒸发冷却技术在我国非干燥地区存在应用的可行性。采用该技术不但可以保护环境，提高空气品质，在有余热、废热利用的场合，还能大大节省系统耗电量，起到很好的节能效果。建议在我国推广应用这一技术并制定相应的标准规范。

由世俊、张欢和刘耀浩等[366]通过对采用铝制孔板填料的直接蒸发式空气加湿器的测试，给出了蒸发冷却效率、空气阻力与迎面风速、淋水密度之间的关系式和曲线，并分析了该设备用于风冷冷水机组的效果和经济性。

张旭和陈沛霖[367]在对直接蒸发冷却过程进行热、动力学分析的基础上，把实际过程抽象成空气纵掠平板同时发生传热和传质过程的物理模型，并应用不可逆热力学理论，建立了能反映各广义热力学力推动下，过程热力学特性的数学模型。它由一个包括熵产率方程、能量方程和质量方程构成的微分方程组。为探讨直接蒸发冷却中的传递机理及提高热、质交换设备的热力学完善程度提供理论依据。

强天伟和沈恒根[368]介绍了直接蒸发冷却原理，对不循环喷淋水填料的过程进行了分析，得出结论：使用不循环喷淋水喷淋填料时，直接蒸发冷却器冷却效率受喷淋水温度影响较大，且只有当不循环喷淋水温度等于空气湿球温度时，其冷却效率最高。他们在另一篇文章[369]中对直接蒸发冷却空调机中填料的正确使用、循环水水质处理及空气预处理等影响空调机使用寿命的问题作了详细阐述。

杜鹃、黄翔和武俊梅[370]通过对直接蒸发冷却空调机与冷却塔传热传质过程进行类比分析，得到直接蒸发冷却空调机的热工计算方法。在另一篇文章中[371]他们针对直接蒸发冷却系统建立了数学模型和相应的边界条件。采用 SIMPLE 算法求解后，将数值模拟和实验测试值进行了对比，表明两者是一致的，得出了温度场和湿度场的分布图，并通过在求解程序中改变不同的变量，根据数值模拟结果绘出了迎面风速、填料厚度及空气入口状态参数等因素对直接蒸发冷却效率及空气出口状态的影响关系曲线。

宣永梅、黄翔和武俊梅[372]对目前直接蒸发冷却式空调常用的有机填料、无机填料、金属填料和无纺布填料的热工性能、防腐性能、防火性能、除尘性能以及物理性能进行了对比分析，认为它们各有优劣，应区别不同的场合加以应用。

杜鹃、杜芳莉和杨勇等[373]采用数值模拟的方法对直接蒸发冷却系统进行研究，建立其数学模型，并用该模型对西北地区四个城市使用直接蒸发冷却空调器的降温效果进行了模拟和预测，绘出了预测曲线，可以为工程设计提供参考和指导。

Beshkani A 和 Hosseini R[374]建立了波纹纸刚性填料蒸发冷却器性能的数学模型。空气侧控制方程采用有限差分法和投影法则（Projection Algorithm）求解。计算了饱和效率和压力降，这两项参数是空气流速和填料厚度的函数。计算中还考虑了波纹形状、平均间距（mean plate space）、雷诺数和普朗特准则数的影响。结果表明：饱和效率随着空气流速的减小和填料厚度的增加而提高；压降随着空气流速和填料厚度的增加而增加。此外，当填料厚度增加到一定大小时，饱和效率变得近似与空气流速无关。将该结果与通道型填料计算结果进行比较表明，在高空气流速时，如果通道一侧采用波纹状可将饱和效率提高40%。

Liao Chung-min 和 Chiu Kun-huang[375]搭建了紧凑型风道作为实验平台模拟蒸发冷却"填料-风机"系统，以该平台直接测试系统性能。测试中采用了两种填料：孔径为2.5mm的粗糙纤维PVC海绵网格和孔径为7.5mm的精细纤维PVC海绵网格。测试中考察了空气流速、喷淋密度、压力降和填料厚度对蒸发冷却效率的影响。测试了填料迎面风速以及通过填料的空气压力降。将测试数据进行曲线拟合可得到传热传质系数的无因次方程。对于粗糙PVC海绵网格 $h_H/h_M = 1.33\rho_a C_{pa} Le^{2/3} (Les/Le)^{1/4}$，对于精细PVC海绵网格 $h_H/h_M = 1.33\rho_a C_{pa} Le^{2/3} (Les/Le)^{1/4}$。结果表明，在不同的空气流速下，粗糙纤维海绵网格的冷却效率变化范围是81.75%~84.48%，精细海绵网格为76.68%~91.64%。

Armbruster R 和 Mitrovic J[376]提供了水从水平管自由降落到下一根水平管发生的蒸发冷却过程的实验结果。管径为19.5mm的不加热的光管排列在同一竖直平面上，水均匀洒落在最顶端的管子上，空气从下往上吹，测量了流动方向上的水温。特定的进口条件下的水温降低情况被记录下来，结果表明水温的降低取决于空气的湿度和流速，以及管间距离。基于实验结果，得到了水蒸发冷却的经验公式。

第二节 冷却塔技术

赵振国[377]根据模拟塔的试验结果，给出了冷却塔填料热力特性的新表达式，该表达式比通用的旧公式能更好地同试验结果相吻合，因而可以提高冷却塔设计计算精度。

张寅平、朱颖心和江亿[378]为解决已有模型难以指导应用的不足，建立了分析顺、逆流水-空气处理系统全热交换性能的模型。应用该模型分析了各因素对水-空气处理系统全热性能及出口参数的影响，从理论上推出了该类系统的全热交换效率公式的形式，并计算了顺流和逆流式空气冷却干燥过程的全热交换效率，所得结果与实验误差在7%以内。该模型是分析空调领域内各类顺、逆流喷水式空气处理过程全热交换的较通用模型，对该类系统的设计、调试、性能分析与模拟有一定的帮助。

吴晓敏、姚奇和王维城[379]综合湿式冷却塔全热交换效率高且造价低而空气冷却器无水蒸发等特点，提出了环保节水型冷却塔。对该新型冷却塔进行了理论分析，对塔内换热、气动性能等进行了数值计算，对塔内空气换热器和填料层间的冷却负荷以及风机性能等进行了耦合匹配，结合北方气候条件的计算分析表明新型塔确有良好的节水和环保效果。

王未凡[380]以一台机械通风式横流湿式冷却塔为研究对象,采用离散相模型,建立了横流湿式冷却塔传热和传质模型,并用FLUENT程序对冷却塔的传热和传质过程进行了数值模拟,其中填料区的膜状流动用滴状流动来近似模拟,并通过控制水滴的速度来得到所需要的传热和传质过程。通过计算,得到了冷却塔内的速度分布矢量图、压力分布图以及水和空气各参数在塔内的三维分布图、填料区的水温分布图等。此外,还对冷却塔提出了两个方面的优化。

孙奉仲、朱玉萍和张克等[381]建立了逆流湿式冷却塔的数学模型,该模型的基础是利用了测量得到的传热系数的一维热量和质量平衡方程。平衡方程的数值解可以预测空气和水的温度变化,和湿度一样,它们也是塔高的函数。通过计算,获得了填料上部的流动分布(速度场),以及夏、冬季节不同天气条件下的塔外绕流和回流情况。

宋垚臻、吕金虎和卓献荣[382,383]根据空气与水顺流和逆流直接接触热质交换过程的模型公式,利用Matlab软件对一冷却减湿过程进行进算,分析了空气与水顺流、逆流直接接触热质交换过程的传质单元数NTU_m、传热单元数NTU_h、水气比β以及空气与水的出口状态参数、过程的热交换系数和接触系数的不同,得出了有用的结论:在空气与水进口状态参数一定的情况下,过程的NTU_m、NTU_h及β间存在相互联系的内在关系。顺流时,进口条件一定,β有一最小值;β一定时,NTU_m增大到一定值后,对热质交换过程已经基本没有影响;当NTU_m一定时,有一最佳β值,此时空气温降最大。

孟华、龙惟定和王盛卫[384]从热力学、流体力学和传热传质规律的基本原理出发,以TRANSYS为仿真平台,建立了冷却塔动态仿真数学模型,并对其进行了实验验证,结果表明辨识参数较准确时,仿真结果精度高,可靠性较好,适合于系统仿真研究。

刘乃玲和陈沛霖[385]介绍了用冷却塔供冷的原理,结合工程实例分析了供冷的可行性。结论显示在电力供应十分紧张的情况下冷却塔供冷的应用具有良好的前景。

李祥麟和周涤生[386]为解决冷却塔地面高架设置与周围环境不相协调的无奈,在外滩观光隧道首次尝试将传统的开启式机械通风冷却塔放入地下,并对地下建筑中冷却塔形式的选用等进行了探讨。冯爽[387]则通过介绍外滩观光隧道地下式冷却塔的设计,提出了解决轨道交通地下式车站冷却塔布置问题的新思路。

黄东涛和杜成琪[388]在逆流式自然通风冷却塔流场、温度场和湿度场模拟工作的基础上,采用数值分析的方法研究了非均匀填料分布及非均匀淋水密度对提高冷却效率的影响,结合某电厂的工程设计实例,给出了最佳的填料层分布及淋水密度分布。

RL Webb[389,390]认为冷却塔、密闭式冷却塔和蒸发式冷凝器都属于蒸发式冷却器。热量借靠蒸发从藉助重力留下的水膜传给流过冷却塔填料、密闭式冷却塔或蒸发式冷凝器管簇上的空气。因此,这三种类型的冷却器空气侧的传热传质过程基本相同,所不同的是被冷却流体侧热阻的形式。这个热阻对冷却塔来说是很小的,但对其他两种形式计算则必须考虑。他给出了适合于这三种形式冷却器的统一理论。

Muangoi、Trirapong和Asvapoositkul等[391,392]预测了出口的空气和水参数并以实验验证。然后,保持水侧进口参数不变,应用㶲分析法研究了系统在不同进口空气参数下的性能表现。他采用同样的分析方法得到了不同进口空气参数下所需要的干空气流速、空气与水的㶲变化、㶲损失及第二定律效率。结果显示水的㶲变化高于空气,其原因在于水的㶲变化是水提供给空气通过冷却塔的有用能,而空气的㶲则是用于恢复水提供的有用能,系统运行中产生了熵。为了描述水和空气间可以利用的㶲,分别求解了两种流体的㶲。结果表明,水的㶲从填料顶部到底部持续降低。另一方面,空气的㶲分为两个部分:对流传热和蒸发传热。其中,通过对流传热的空气㶲在入口处有所降低,在接近出口处则有少量恢复。而空气的㶲变化主要取决于由于蒸发传热造成的㶲变化,通过蒸发传热的空气㶲通常很高,并能够消化水提供的㶲。其中,㶲损失被定义为水和空气㶲变化的差值。这说明由于热力学不可逆性在塔底部并不明显,而随着塔身高度的增加而逐渐体现清晰。结果同时表明,在塔顶的㶲损失最小。

Qureshi、Bilal A 和 Zubair 等[393]应用热力学第一定律和第二定律对逆流的湿式冷却塔进行了热动力学分析和理论研究,考察了在不同进口参数如湿球温度变化时第二定律效率和㶲损失的变化。不可逆损失通过在不同的系统应用㶲平衡方程得到。基于这一考虑,采用了 EES(Engineering Equation Solver)程序。该程序内建了绝大多数的关于热动力学和传递现象的函数。在计算水和空气混合物㶲过程中,提出了全㶲的概念,即热机械㶲和化学㶲之和。不同输入变量变化对效率的影响,可能增加也可能减小,但发现增加入口处的湿球温度必然增加所有热交换器的第二定律效率。同时,结果表明 Bejan 的第二定律效率不仅仅可用于性能评估,更重要的是通过这一概念表明:"死状态"的变化并不能明显影响系统全效率。

Milosavljevic、Nenad 和 Heikkil 等[394]采用实验获得的传热系数,基于一维热质平衡方程得到了逆流湿式冷却塔的数学模型。数值求解了平衡方程,以预测水的温度变化及空气的干球温度和湿度变化,其中空气的湿度是塔高的函数。在两个介于实验装置和实际塔间大小的冷却塔上采集了运行参数以分析不同冷却塔填料的性能。同时,对冷却塔其他部件,如分水器、喷嘴也进行了考察。采用 FLUENT4.2 建立三维模型,预测了包括速度场在内的流场分布;建立二维模型预测冷却塔在夏季和冬季不同天气条件下塔体周围的空气绕流和回流。

Kloppers、Johannes 和 Krogger 等[395,396]对分别应用 Merkerl 方法、Poppe 方法和 e-Number-of-Transfer-Units(e-NTU)方法分析环境湿度和温度对冷却塔性能的影响进行了评估。详细推导了湿式冷却塔中蒸发冷却过程的热质传递方程。严格的 Poppe 分析方法的控制方程根据热力学第一定律得到,Poppe 方法非常适合分析混合式冷却塔性能,可以精确预测出口空气状态参数。而 Merkel 分析方法的控制方程则建立在一些简化假设的基础上。同时也讨论了 e-NTU 方法。应用 Poppe 方法的控制方程可以给出 Merkel 数的更为详细的表达式。Merkel 方法和 Poppe 方法在热质传递分析和求解技术上的差异借助焓图和焓湿图描述。此外,还研究了横流式湿式冷却塔蒸发冷却的热质传递过程。横流式塔蒸发冷却过程控制方程也是基于热力学第一定律得到,详细讨论了如何求解这类方程。这类方程主要由 Poppe、Merkel 和 e-NTU 分析方法得到。Poppe 分析方法被进一步应用于提供更为详细的传递特征或 Merkel 数。给出了三种不同分析方法的分析结果,并评估了结果的差别。

Kloppers、Johannes C 和 Kr Detlev G [397]研究了刘易斯因子、刘易斯关系对自然通风和机械通风性能预测的影响。刘易斯因子与湿式冷却塔中发生的热质传递过程的相对速率相关。讨论了刘易斯因子的发展历史及其在湿式冷却塔热质传递分析中的应用,探讨了刘易斯因子和刘易斯数之间的关系，同时分析了刘易斯因子对预测湿式冷却塔性能的影响。Poppe 对蒸发式冷却塔的传热传质分析将刘易斯因子看成是特定值。研究发现，如果在测试分析及相应的冷却塔性能分析中对刘易斯因子采用同样的定义或取同样的值，则可以精确预测冷却塔出水温度。水的蒸发量实际上是刘易斯因子的函数。如果进口空气温度相对较高，则刘易斯因子对塔性能的影响降低。以刘易斯因子的观点看，冷却塔填料试验时的环境条件应当尽可能地接近实际塔运行条件。

Kaiser AS、Lucas M 和 Zamora B[398]研究一种新型冷却塔中发生蒸发冷却过程的数值模型。与传统冷却塔相比，该新型装置可称为"水力-太阳能顶板"，该装置可以产生更小的降落水滴并使用太阳能取代风力驱动空气。分析其性能的数值模型基于计算流体力学中湿空气和液滴的两相流模型。全尺寸实体塔的测试数据被用于验证。这一研究的主要结论表明平均水滴尺寸对系统效率影响大；同时还阐明了空气湿球温度、水汽比及进水温度和进口湿球温度差对系统性能的影响；计算了作为上述主要变量的函数的无因次效率。

Jin Guangyu、Cai Wenjian 和 Lulu 等[399]提出了一种新颖、简单但精确的适用于能源守恒和能源管理的机械式冷却塔模型。基于 Merkel 理论和 e-NTU 方法，模型的建立借助能量守恒原理和热质传递分析。与现有模型相比，该模型只需确定简单的特征参数且当操作点变化时并不需要反复迭代计算。模型通过一个商业旅馆 HVAC 系统中真实冷却塔的运行参数验证表明，通过改变参数可以反映出因为不同运行条件所造成的冷却塔性能的不断变化。这说明，这一模型可以用于精确预测实际冷却塔的性能。

Ibrahim GA、Nabhan MB 和 Anabatawi MZ[400]建立了一种降膜型冷却塔数学模型用于研究塔的特征参数及流体侧热阻对塔性能的影响。能量方程被用于确定穿过液膜的温度分布。采用三维常微分方程描述液膜和空气间的热质传递。能量方程的求解采用有限差分 Crank-Nicolson 方法。热质传递方程的求解运用龙格库塔法。结果表明，在同样的运行条件下，随着塔的特征参数 KaV/L 的增加，塔的性能有所提高。与之相反，气水比、刘易斯数及刘易斯因子的增加对性能的提高没有显著影响。也研究了进水温度对液体侧 Nusselt 数及塔效率的影响，结果表明 Nusselt 数基本没有变化，效率随着 KaV/L 的增加而增加，随气水比的增加而减小，刘易斯因子基本不变化。将模型与 Merkel 方程进行了比较：在同样的运行条件、并将刘易斯因子等于常数，Merkel 方程计算的结果比该模型计算的结果稍微接近真实情况。

Halasz 和 Boris[401]提出了一种适用于描述现今所使用的各种类型的蒸发式冷却设备，如冷却塔、蒸发式冷凝器、蒸发式液体冷却器、空气净化器和除湿盘管等的通用无因次数学模型。通过引入无因次坐标和参数，并采用直线描述空气饱和过程以取代真实情况，描述非绝热蒸发过程的微分方程被转化为纯无因次形式。在这种形式下，不仅整个过程的描述变得非常简单，设备的整体性能也可以通过少量参数，或一张或数张图形描述。这种无因次模型构成了一种评估各类蒸发冷却设备性能的简单而精确的方法的基础。对每一种设备而言，可建立相应的评估程序，而不用考虑流体的相对流向，这对于考虑横流式设备而言非常方便。

Gan G、Riffat SB 和 Shao L 等[402]应用计算流体力学技术预测用于冷却顶板的闭式循环湿式冷却塔（CWCT）的性能（冷却能力和压力损失）。预测还包括空气与液滴的两相流问题。将热性能的预测与大型工业塔及小型模型塔的试验数据进行比较。将 CWCT

内流体速度在大范围内变化以评估 CFD 模型计算压力损失的精确性。对于热交换器上的空气单相流而言，该预测结果与实验获得的管簇经验公式很好地吻合。这说明，CFD 技术可用于评估在换热器上的单相和多相流体的冲突对流体扩散和压力损失的影响。

S. P. Fisenko、A. A. Brin 和 A. I. Petrunchik[403]提出了一种新型的适合描述机械通风式冷却塔性能的数学模型。从数学理论角度，该模型属于偏微分方程的边值问题。该模型用于表述冷却塔内的液滴流速、半径、及空气中水蒸气温度和密度的变化。实验验证该模型精度为 3%。模型首次将水滴半径作为变量考虑。

第三节 蒸发式冷凝器

张建伟、张志广和唐建业等[404]简要介绍了 TRZL 系列蒸发式冷凝器生产公司通过对传统的蒸发式冷凝器进行结构改进，提高产品品质，延长使用寿命，从而使该设备性能达到节能降耗目的。

刘焕成、蔡祖康和夏畹[405]通过实验分析冷凝温度、空气进出口湿球温度、风量和喷淋水量对氨蒸发式冷凝器单位面积热负荷的影响，同时验证了在不同工况下氨蒸发式冷凝器冷凝能力变换曲线的可靠性，为设计冷凝器提供参考。

张健一和秘文涛[406]通过计算与现场测试，分析比较了蒸发式冷凝器的循环水量和能耗。参照美国的经验数据，蒸发式冷凝器的循环水量约为立式水冷式的 19%，卧式水冷式的 38%。现场测试发现，三种品牌蒸发式冷凝器的实际平均循环水量约为立式的 51%、卧式的 76%。三种典型品牌蒸发式冷凝器的单位排热量水泵能耗差异近一倍。它们的水泵平均能耗约为立式水冷式的 46%、约为卧式水冷式的 42%。实际运行中，蒸发式冷凝器的风机能耗占主导。

刘洪胜、孟建军和陈江平等[407]介绍了应用于家用中央空调机组的小型氟利昂蒸发式冷凝器的设计方法、设计参数的选取以及设计时应注意的问题和为了控制除垢需要注意的一些关键因素。

蒋翔、唐广栋和朱冬生等[408~410]在适当简化模型的基础上，采用可实现 K-ε 模型、强化壁面处理方法和速度-压力耦合的 SIMPLE 算法，获得了有代表性的来流流场及其对产热和热阻性能的影响量。结果表明，CFD 模拟与实验偏差不超过 15%，来流速度在 1.5~4.5m/s 范围内，排热量偏移 19.3%，压降偏移 9.4%；来流进入角在 -45~45℃ 时，排热量偏移 15.5%，压降偏移 18.0%，合适的来流入口速度为 2.4~3.3m/s，适宜来流进入角为 -15°~20°。

王少为和刘震炎[411]通过实验研究了蒸发式冷凝器的影响因素（进风湿球温度、最小截面风速和喷淋水量）对蒸发式冷凝器热质交换的影响。同时提出了一种新型设计方法，此方法简单，精度较高，适合工程设计、选型和生产应用。

蒋妮[412]对液体除湿和海水淡化中蒸发冷凝传热传质过程展开了研究。首先，在液体除湿实验研究中，对氯化钙-氯化锌混合液除湿剂的除湿特性和配比方式进行了实验研究，结果表明按摩尔比 1∶1 配比的氯化钙-氯化锌水溶液的除湿性能较好。其次，对液体除湿中的储能技术进行了研究，发现液体储能和冰储能能达到同样的储能效果。然后，对模拟太阳能系统性能的 TRNSYS 软件包作了分析和改进，并用改进后的软件对太阳能平板热水系统和太阳能热泵热水系统进行了模拟,取得了较好的效果。最后,建立了一种以高效降膜蒸发器为核心部件的新型开放循环海水淡化系统,在降膜蒸发器、太阳能集热器和冷凝器等部件数学模型基础之上,建立了合理的系统模型,通过数值模拟对空气、海水、冷却水等有关参数对淡水产量的影响进行了分析。研究表明在入口海水温度和流量一定的条件下,存在最佳空气流量,在该理论指导下进行了实验研究,并将实验结果和模拟结果进行了比较,发现实验值与理论值吻合较好。

沈家龙[413]通过对不同条件下蒸发式冷凝器管外水膜的流动可视化实验研究表明,大流量防堵喷嘴、扭曲管和管表面亲水涂层处理,能获得更好的水膜分布效果进而减少水膜热阻,增大空气和水膜热质交换的接触面积,达到提高蒸发式冷凝器的整体换热性能的目的。另外,还对管外水膜的温度变化进行了实验研究,结果表明,蒸发式冷凝器有一个最佳喷淋水量,其换热过程主要是由循环冷却水的显热换热和蒸发换热交替起控制作用构成的,在稳定操作条件下运行一段时间后水盘中的水温能保持较好的恒定。重点研究了蒸发式冷凝器制冷系统的制冷性能和蒸发式冷凝器的传热性能,表明蒸发式冷凝器的最小喷淋密度为 $0.43kg/(m \cdot s)$,安全起见,实验选取最小喷淋密度为 $0.047kg/(m \cdot s)$,最佳迎面风速为 $2.9 \sim 3.1m/s$,能效比高达 $4.5 \sim 5$。通过实验数据回归分析,得到了管外水膜传热系数和管外空气对流传热传质系数的计算关联式,实验测量值与计算值的相对误差均在 10% 以内,并且将实验关联式和国内外学者的关联式进行比较,表明实验关联式具有较好的正确性。分析各传热传质系数数据表明,空气与水膜直接接触传热传质阻力和管外冷却水膜传热热阻为蒸发式冷凝器传热过程的主要控制因素。由此,提出采取在蒸发式冷凝器换热盘管底部和进风格栅之间加入填料来强化蒸发式冷凝器的传热,实验结果表明,在相同操作条件下,总传热系数提高了 $7.2\% \sim 16.9\%$,空气对流传热膜系数提高了 $29.6\% \sim 66.3\%$,传质膜系数提高了 $34.5\% \sim 63.4\%$,制冷系统能效比提高了 $0.4\% \sim 3.5\%$,但制冷量减少了 $3.5\% \sim 9.1\%$。

唐伟杰和张旭[414]根据热力学和传热学理论,建立了带有预冷盘管的蒸发式冷凝器传递过程的微分方程组,得到了冷凝盘管外冷却水温度和冷却空气焓值沿冷凝器高度方向分布的解析表达式,结果不仅可以用于常规蒸发式冷凝器的设计,而且还为蒸发式冷凝器的仿真和优化提供了理论基础。最后分析了氨用蒸发式冷凝器的工程实例,用来验证模型的可行性和合理性。

蔡祖康、夏皖和刘焕成等[415]把管内放热按过热段、冷凝段和液体过冷段考虑而建立起的蒸发式冷凝器热力计算的数学模型,经实验验证,理论计算与实验结果基本吻合。若把整个冷凝器的管内放热全部按冷凝段处理,则其计算结果与实际情况将有较大的偏离。

洪兴龙和李瑛[416]介绍了用温降计算法进行蒸发式冷凝器的选型计算,分析了影响蒸发式冷凝器传热效率的因素,指出设置洗涤式油分离器对于氨制冷系统的有利作用。同时结合工程实例对蒸发式冷凝器的管路进行了设计,并对其结构提出了改进意见。

吴治将、朱冬生和蒋翔等[417]分析了蒸发式冷凝器的应用及研究现状,介绍了国内三种主要蒸发式冷凝器的特点,总结了蒸发式冷凝器使用中存在的问题并提出了解决方法,展望了蒸发式冷凝器的发展方向和应用前景。

邱昌嘉和刘龙昌[418]概述了蒸发式冷凝器的工作原理、结构形式及应用特点,结合对国内外若干冷藏库工程选用冷凝器形式的调查,认为蒸发式冷凝器的应用前景十分良好,并根据其多年工程设计经验提出了蒸发式冷凝器设备布置和管系设计中应注意的一些问题。

朱冬生、沈家龙和蒋翔等[419]在一个单级压缩制冷循环系统中研究了蒸发式冷凝器管外水膜的传热性能。建立了蒸发式冷凝器管外水膜传热性能测试实验平台，调节不同操作参数，测试了喷淋密度和迎面风速对管外水膜传热性能的影响。结果表明，在实验条件下，管外水膜传热系数的实验值介于 $511.6 \sim 763.57 \text{W}/(\text{m}^2 \cdot \text{K})$。喷淋密度从 $0.023 \text{kg}/(\text{m} \cdot \text{s})$ 增至 $0.059 \text{kg}/(\text{m} \cdot \text{s})$ 和迎面风速从 2.1m/s 增至 3.3m/s，实验条件下管外水膜传热系数的平均变化率分别为增加 47.3% 和减少 5.5%，可见，管外水膜的传热主要受喷淋密度的影响。另外，通过对实验数据回归得到了管外水膜传热系数计算关联式，回归相关系数 R 为 0.98，标准偏差为 7.5%。最后，将实验关联式和国内外学者的关联式进行比较，表明实验得出的管外水膜传热系数计算关联式具有较好的一致性。管外水膜传热性能的实验结果对蒸发式冷凝器的设计和实际应用具有一定的指导意义。

庄友明[420]分析了蒸发式冷凝器和水冷式冷凝器在同一冷凝温度下对应于相同冷凝负荷的能耗量。并用实例比较了蒸发式冷凝器、立式水冷式冷凝器和卧式水冷式冷凝器各自对应于 900 kW 冷凝负荷的能耗量和初投资。比较的结果说明了蒸发式冷凝器比水冷式节能，也显示了卧式水冷式冷凝器不管在节省初投资和节能方面，均优于立式水冷式。

张景卫、朱冬生和蒋翔[421]回顾了蒸发冷凝技术研究的发展，并对蒸发式冷凝器进行了分类，通过对各自特点的介绍，重点将板式蒸发式冷凝器与管式蒸发式冷凝器进行了对比，分析了两者降膜的不同，指出板式蒸发式冷凝器采用逆风操作不利于热湿传递，同时指出采用顺风操作或错流风向操作的优点，在此基础上进行传热分析，并由此得出如何研制及改进高效传热板及板表面的处理将是板式蒸发式冷凝器今后研究的重要方向。

郝亮、阙杰和袁秀玲[422]采用分布参数法对蒸发式冷凝器建立了数学模型，并进行了数值计算。模拟了制冷剂温度和热流密度的沿程分布情况。针对入口空气状态变化、配风量和配水量对换热器性能的影响，进行了计算分析，为蒸发式冷凝器的设计和性能优化提供了参考。

朱冬生、沈家龙和蒋翔[423]建立了蒸发式冷凝器性能测试实验平台，测试了喷淋密度和迎面风速对蒸发式冷凝器传热性能及对其制冷系统制冷性能的影响。结果表明，在喷淋密度为 $0.047 \text{kg}/(\text{m} \cdot \text{s})$，迎面风速为 3.01m/s 时，蒸发式冷凝器的性能达到最佳，能效比为 5.0，总传热系数为 425W/m^2。比较性实验表明，采用填料来提高蒸发式冷凝器的性能，在相同的操作条件下，总传热系数提高 7.2% $\sim$ 16.9%，能效比提高 0.4% $\sim$ 3.5%。

杨盛旭、李刻铭和吴茂杰等[424]分析冷却塔和蒸发式冷凝器在工程应用中的优缺点，一般情况都将这两种冷却设备放在地面通风良好的环境中。银川市南门广场人防地下商场，地面为 12000m^2 的市民休闲绿地广场，由于冷却塔的噪声、飘水而使得在广场上不宜设置冷却塔。该工程空调冷却水的冷却采用蒸发式冷凝器，并且将蒸发式冷凝器从地上移置到地下室的机房内，与热泵机组配套使用。夏天作为冷凝器，冬天作为蒸发器在本工程中创造了比较满意的空调效果。但是使用蒸发式冷凝器的初投资比冷却塔高出 5~6 倍，而且所需冷却风量较大，因此设计时应做充分的综合比较。

洪兴龙和李瑛[425]用温降计算法进行蒸发式冷凝器的选型计算，分析了影响蒸发式冷凝器传热效率的因素，指出设置洗涤式油分离器对于氨制冷系统的有利作用。同时结合工程实例对蒸发式冷凝器的管路进行了设计，并对其结构提出了改进意见。

杨晓明、吴牧和龚毅[426]基于蒸发式冷凝器传热传质的特点，分析了影响制冷系统中的蒸发式冷凝器性能的几个重要因素，介绍了蒸发式冷凝器研究和发展的有关趋势。

第四节 其 他

一、表面式冷却器

王晋生、程宝义和缪小平等[427~436]探讨了表面式冷却器的计算、干湿工况判断与转换等问题。

二、空调冷却水系统

孟华、龙惟定和王盛卫[437]提出一种优化控制策略，采用基因遗传优化算法，能够快速准确地获得各控制变量在预测时间内的最优设定值。实时仿真试验表明，该策略与固定设定值的控制方式以及局部层次的优化控制方式相比，能够在满足控制稳定性的前提下最大限度地节约整个空调水系统的总能耗。

孟华等[438]介绍了以 TRNSYS 为平台，利用部件模型建立可用于优化控制研究的集中空调水系统数字仿真器的方法，讨论了用户 DECK 文件的编写、部件模型的连接、仿真迭代计算收敛、数据文件输入、仿真器调试等问题，所建立的数字仿真器在通过验证后可用于仿真研究。

三、蓄能技术

随着社会的急速发展，节约能源已受到全世界的普遍关注。相变材料在发生相变的过程中吸收或者释放热量，在太阳能利用、建筑节能和空调采暖方面有着广阔的应用前景。利用相变材料发生相变过程将能量储存起来，待需要时又将储存的能量释放出来，还可以解决能量供求在时间和空间上不匹配的矛盾。将相变材料使用到建筑围护结构中，利用围护结构吸收和蓄存白天进入室内的太阳辐射热避免室温过高，在夜间释放这些热量，把室内自然温度控制在人体舒适温度范围内，可以降低建筑采暖和制冷的能源消耗，实现建筑节能。

冰蓄冷中央空调这一在电力需求侧移峰填谷的重要技术在 20 世纪 90 年代初因为峰谷电价不同而重新崛起。冰蓄冷技术虽然能够节省运行费用，但是目前实际运行策略以主机优先为主，并没有达到运行费用的最小化。唯有采用优化控制才能真正实现运行费用的最小化，其前提是提前 24 小时准确地预测冷负荷。

吴杰[439]以建设银行杭州分行大楼的冰蓄冷空调系统作为实例研究对象，主要探索了空调负荷的人工神经网络预测这一新方法，并且对优化控制的运行费用和 COP 与传统的主机优先控制的运行费用和 COP 进行了比较和分析。

庄有明[440]分析了制冷主机在制冰工况（35℃／－10℃）和空调工况（37℃／5℃）下循环各过程的㶲损失和㶲效率，结果表明两种工况制冷循环的㶲效率没有明显差别。比较了上述两种工况下压缩机、冷却水泵、冷却塔风机、冷水泵和乙二醇泵的功耗差别，并进一步推出系统总能耗的差别和压缩机总工作容积的差别。

杨同球、吴香楣和孟秀廷[441]提出将闲置的消防水池用于空调蓄冷的方案，给出计算方法、提高热效率的措施和经济效益分析。通过实例分析认为，消防水池蓄冷可以大大节省初投资，即使按现行电价运行也可以取得很好的经济效益，削减高峰电负荷；若实行分时电价，可进一步减少运行费。

孙鑫泉、龚钰秋和徐宝庆[442]研究了十水硫酸钠体系潜热蓄热及其熔冻行为，并对熔化热的测定技术及计算公式进行了研究。该蓄热材料经1500次熔冻循环后，蓄热容量仍在30cal/g以上。

潘逸群和陈沛霖建立相变材料式蓄冷槽的数学模型[443]，对各种蓄放冷工况进行数值模拟，全面地分析相变材料式蓄冷槽的蓄放冷特性，并将计算结果和实验结果相比较，以验证数学模型。

附录

附录 3-1 高斯误差函数表

x	erfc(x)	x	erfc(x)	x	erfc(x)
0.00	1.0000	0.41	0.5620	0.82	0.2462
0.01	0.9887	0.42	0.5255	0.83	0.2405
0.02	0.9774	0.43	0.5431	0.84	0.2349
0.03	0.9662	0.44	0.5338	0.85	0.2293
0.04	0.9549	0.45	0.5245	0.86	0.2239
0.05	0.9436	0.46	0.5153	0.87	0.2186
0.06	0.9324	0.47	0.5062	0.88	0.2133
0.07	0.9211	0.48	0.4972	0.89	0.2082
0.08	0.9099	0.49	0.4883	0.90	0.2031
0.09	0.8987	0.50	0.4795	0.91	0.1981
0.10	0.8875	0.51	0.4708	0.92	0.1932
0.11	0.8864	0.52	0.4621	0.93	0.1884
0.12	0.8652	0.53	0.4535	0.94	8.1837
0.13	0.8541	0.54	0.4451	0.95	8.1791
0.14	0.8430	0.55	0.4367	0.96	8.1746
0.15	0.8320	0.56	0.4284	0.97	8.1701
0.16	0.8210	0.57	0.4202	0.98	0.1658
0.17	0.8100	0.58	0.4121	0.99	0.1615
0.18	0.7991	0.59	0.4041	1.00	0.1573
0.19	0.7882	0.60	0.3961	1.01	0.1532
0.20	0.7773	0.61	0.3883	1.02	0.1492
0.21	0.7665	0.62	0.3806	1.03	0.1452
0.22	0.7557	0.63	0.3729	1.04	0.1413
0.23	0.7450	0.64	0.3654	1.05	0.1376
0.24	0.7343	0.65	0.3580	1.06	0.1889
0.25	0.7237	0.66	0.3506	1.07	0.1582
0.26	0.7131	0.67	0.3434	1.08	0.1267
0.27	0.7026	0.68	0.3362	1.09	0.1232
0.28	0.6921	0.69	0.3292	1.10	0.1108
0.29	0.6817	0.70	0.3222	1.11	0.1165
0.30	0.6714	0.71	0.3153	1.12	0.1132
0.31	0.6611	0.72	0.3086	1.13	0.1100
0.32	0.6509	0.73	0.3019	1.14	0.1609
0.33	0.6407	0.74	0.2953	1.15	0.1039
0.34	0.6306	0.75	0.2888	1.16	0.1009
0.35	0.6206	0.76	0.2825	1.17	0.0980
0.36	0.6107	0.77	0.2762	1.18	0.0095
0.37	0.6008	0.78	0.2700	1.19	0.0924
0.38	0.5910	0.79	0.2639	1.20	0.0897
0.39	0.5813	0.80	0.2579	1.21	0.0870
0.40	0.5716	0.81	0.2520	1.22	0.0845

续表

x	erfc(x)	x	erfc(x)	x	erfc(x)
1.23	0.0819	1.66	0.0189	2.18	0.0020
1.24	0.0795	1.67	0.0182	2.20	0.0019
1.25	0.0771	1.68	0.0175	2.22	0.0017
1.26	0.0748	1.69	0.0168	2.24	0.0015
1.27	0.0725	1.70	0.0162	2.26	0.0014
1.28	0.0703	1.71	0.0156	2.28	0.0013
1.29	0.0681	1.72	0.0150	2.30	0.0011
1.30	0.0660	1.73	0.0144	2.32	0.0010
1.31	0.0639	1.74	0.0139	2.34	0.0009
1.32	0.0619	1.75	0.0133	2.36	0.0008
1.33	0.0600	1.76	0.0128	2.38	0.0008
1.34	0.0581	1.77	0.0123	2.40	0.0007
1.35	0.0562	1.78	0.0118	2.42	0.0006
1.36	0.0544	1.79	0.0114	2.44	0.0006
1.37	0.0527	1.80	0.0109	2.46	0.0005
1.38	0.0510	1.81	0.0105	2.48	0.00045
1.39	0.0493	1.82	0.0101	2.50	0.00041
1.40	0.0477	1.83	0.0096	2.55	0.00031
1.41	0.0461	1.84	0.0093	2.60	0.00024
1.42	0.0446	1.85	0.0089	2.65	0.00018
1.43	0.0431	1.86	0.0085	2.70	0.00013
1.44	0.0417	1.87	0.0082	2.75	0.0001006
1.45	0.0403	1.88	0.0078	2.80	0.0000750
1.46	0.0389	1.89	0.0075	2.85	0.0000557
1.47	0.0376	1.90	0.0072	2.90	0.0000411
1.48	0.0363	1.91	0.0069	2.95	0.0000302
1.49	0.0351	1.92	0.0066	3.00	0.0000221
1.50	0.0339	1.93	0.0063	3.10	0.0000116
1.51	0.0327	1.94	0.0061	3.20	0.00000603
1.52	0.0316	1.95	0.0058	3.30	0.00000306
1.53	0.0305	1.96	0.0056	3.40	0.00000152
1.54	0.0294	1.97	0.0053	3.50	0.00000074
1.55	0.0284	1.98	0.0051	3.60	0.00000036
1.56	0.0274	1.99	0.0049	3.70	0.00000017
1.57	0.0264	2.00	0.0047	3.80	0.00000008
1.58	0.0254	2.02	0.0043	3.90	0.00000004
1.59	0.0245	2.04	0.0039	4.00	0.00000002
1.60	0.0236	2.06	0.0036		
1.61	0.0228	2.08	0.0033		
1.62	0.0220	2.10	0.0030		
1.63	0.0212	2.12	0.0027		
1.64	0.0204	2.14	0.0025		
1.65	0.0196	2.16	0.0023		

附录 3-2

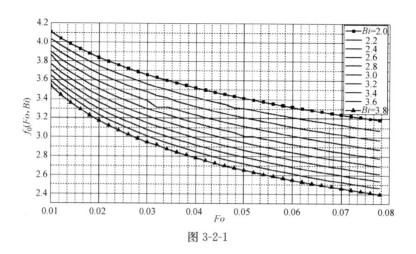

图 3-2-1

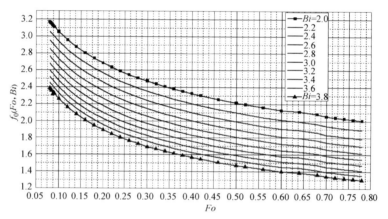

图 3-2-2

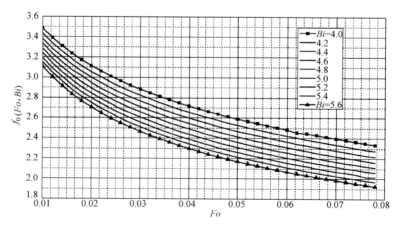

图 3-2-3

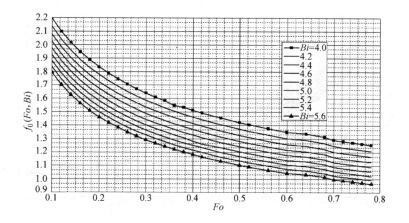

图 3-2-4

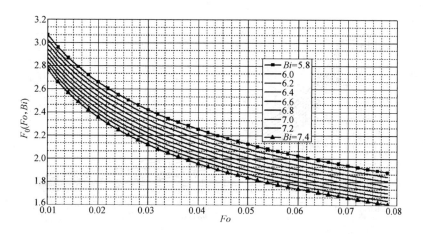

图 3-2-5

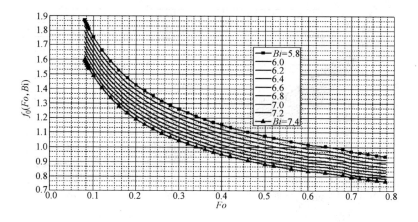

图 3-2-6

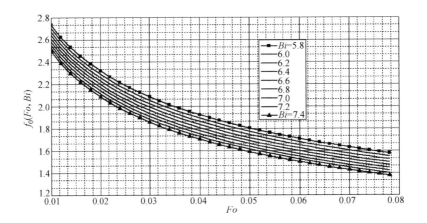

图 3-2-7

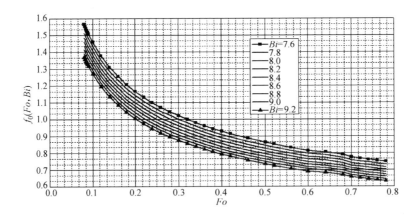

图 3-2-8

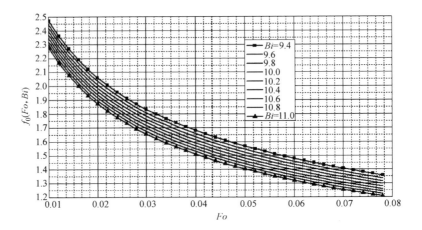

图 3-2-9

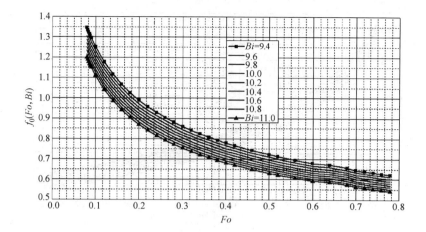

图 3-2-10

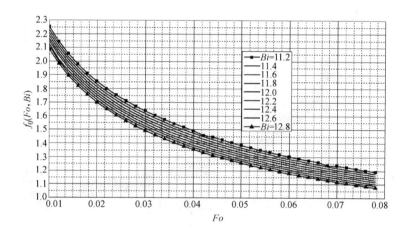

图 3-2-11

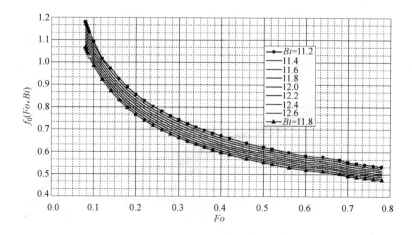

图 3-2-12

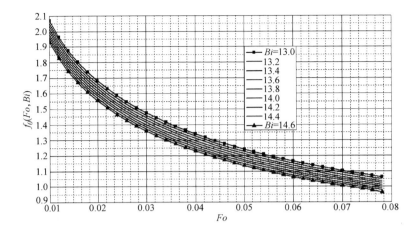

图 3-2-13

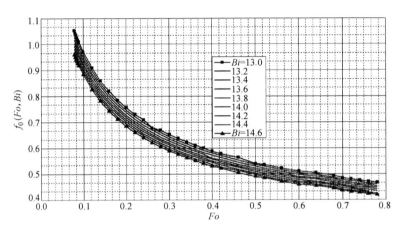

图 3-2-14

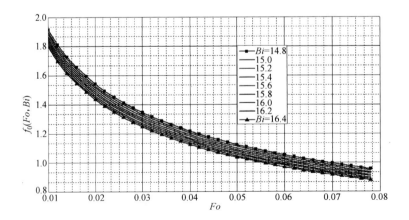

图 3-2-15

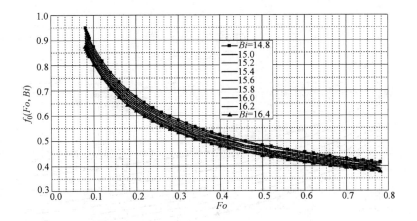

图 3-2-16

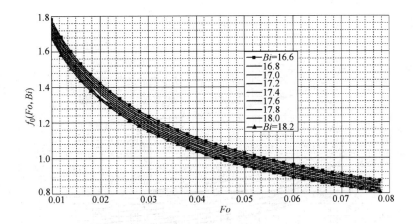

图 3-2-17

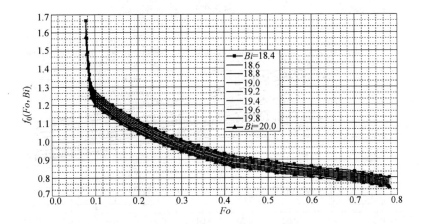

图 3-2-18

附录 3-3

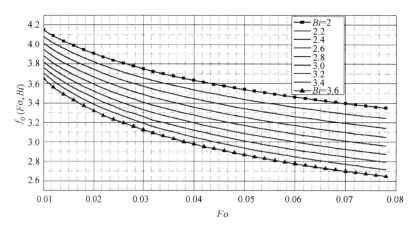

图 3-3-1

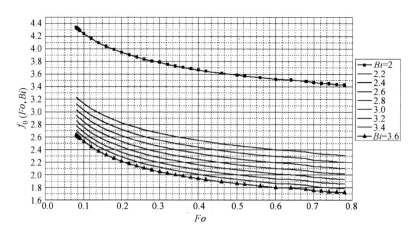

图 3-3-2

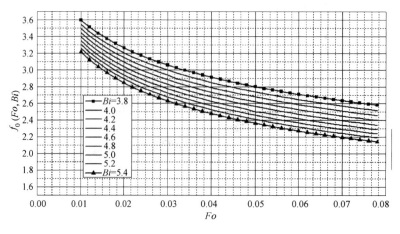

图 3-3-3

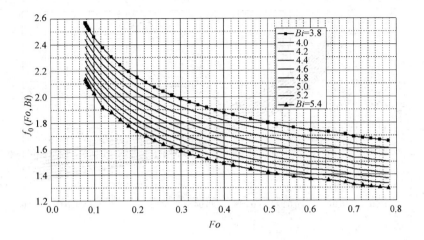

图 3-3-4

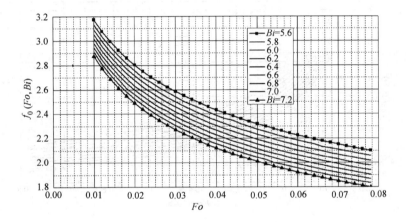

图 3-3-5

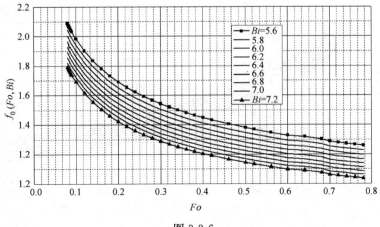

图 3-3-6

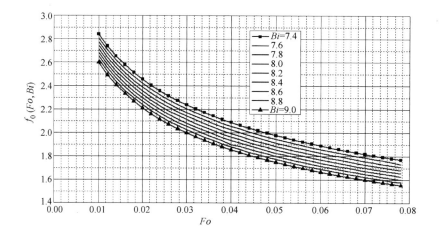

图 3-3-7

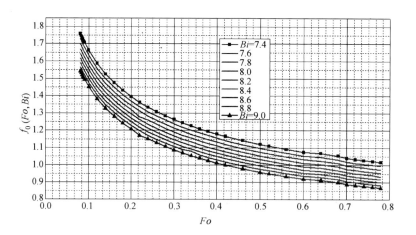

图 3-3-8

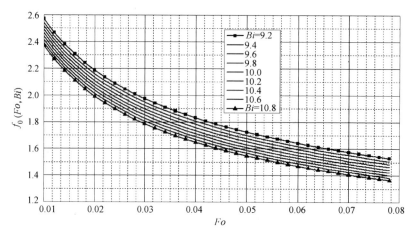

图 3-3-9

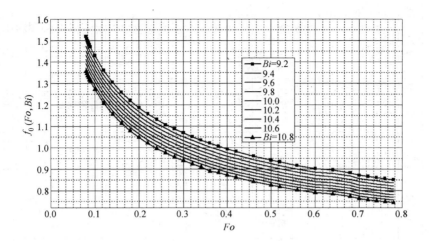

图 3-3-10

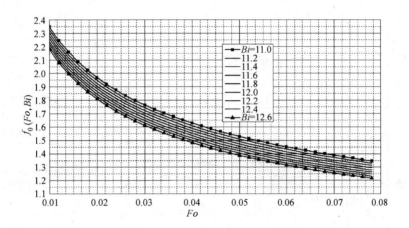

图 3-3-11

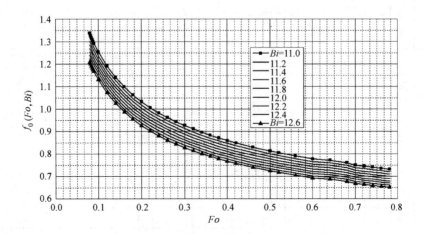

图 3-3-12

附录 3-4　$N_0(m)$、$N_1(m)$、$\varphi_0(m)$、$\varphi_1(m)$ 函数值

m	$N_0(m)$	$\varphi_0(m)$	$N_1(m)$	$\varphi_1(m)$	m	$N_0(m)$	$\varphi_0(m)$	$N_1(m)$	$\varphi_1(m)$	m	$N_0(m)$	$\varphi_0(m)$	$N_1(m)$	$\varphi_1(m)$
0.5	1.08794	−38.12	1.8501	214.62	6.8	0.0038724	−297.32	0.004077	−30.02	13.8	193851.61	−581.24	198870.10	−312.64
0.6	0.94168	−42.60	1.4976	211.56	7	0.0033145	−305.44	0.003485	−38.07	14	167095.92	−589.35	171359.46	−320.73
0.7	0.82326	−47.01	1.2431	208.34	7.2	0.0028382	−313.56	0.002798	−46.12	14.2	144047.42	−597.46	147670.69	−328.82
0.8	0.72517	−51.35	1.0506	205.02	7.4	0.0024311	−321.68	0.0025493	−54.18	14.4	124190.15	−605.57	127270.22	−336.91
0.9	0.64254	−55.65	0.8999	201.6	7.6	0.0020832	−329.80	0.0021818	−62.24	14.6	107080.33	−613.67	109699.39	−345.00
1	0.57203	−59.92	0.7789	198.1	7.8	0.0017857	−337.92	0.001868	−70.3	14.8	92336.21	−621.78	94563.88	−353.09
1.2	0.45843	−68.38	0.5971	190.93	8	0.0015311	−346.03	0.0015999	−78.36	15	79629.33	−629.89	81524.64	−361.18
1.4	0.37155	−76.76	0.4681	183.59	8.2	0.0013132	−354.15	0.001371	−86.42	16	38029.89	−670.42	38878.07	−401.63
1.6	0.30368	−85.08	0.3728	176.11	8.4	0.00112668	−362.26	0.00117485	−94.49	17	18197.36	−710.95	18579.17	−442.1
1.8	0.24985	−93.37	0.30043	168.53	8.6	0.00096689	−370.38	0.00100726	−102.55	18	8722.25	−751.48	8895.02	−482.56
2	0.20664	−101.63	0.24429	160.87	8.8	0.00082997	−378.49	0.00086383	−110.62	19	4187.04	−792.01	4265.58	−523.04
2.2	0.17165	−109.87	0.20007	153.15	9	0.00071263	−386.61	0.00074104	−118.69	20	2012.69	−832.54	2048.55	−563.51
2.4	0.14309	−118.09	0.16481	145.39	9.2	0.00061202	−394.72	0.00063588	−126.76	21	968.68	−873.06	985.11	−603.99
2.6	0.11966	−126.29	0.13641	137.58	9.4	0.00052573	−402.83	0.00054579	−134.84	22	466.73	−913.58	474.29	−644.48
2.8	0.100319	−134.49	0.113353	129.74	9.6	0.00045171	−410.95	0.00046858	−142.91	23	225.11	−954.11	228.60	−684.96
3	0.084299	−142.67	0.094515	121.87	9.8	0.00038819	−419.06	0.00040239	−150.99	24	108.68	−994.63	110.29	−725.45
3.2	0.070979	−150.84	0.079039	113.97	10	0.00033376	−427.17	0.00034563	−159.06	25	52.51	−1035.15	53.2573	−765.94
3.4	0.05987	−159.01	0.066264	106.06	10.2	2868611.45	−435.28	2969340.58	−167.14	26	25.3917	−1075.67	25.7391	−806.43
3.6	0.050578	−167.17	0.055677	98.13	10.4	2466652.23	−443.39	2551587.07	−175.21	27	12.2874	−1116.2	12.4492	−846.93
3.8	0.042789	−175.33	0.046873	90.18	10.6	2121396.22	−451.50	2193052.84	−183.29	28	5.9500	−1156.72	6.0256	−887.42
4	0.036246	−183.48	0.03953	82.22	10.8	1824779.81	−459.61	1885266.20	−191.37	29	2.8831	−1197.24	2.9184	−927.92
4.2	0.030738	−191.62	0.033389	74.25	11	1569897.34	−467.72	162098.93	−199.45	30	1.3978	−1237.76	1.4144	−968.41
4.4	0.26095	−199.77	0.028242	66.27	11.2	1350832.76	−475.83	1393996.56	−207.53	31	0.6781	−1278.27	0.6858	−1008.91
4.6	0.022174	−207.91	0.023918	58.26	11.4	1162516.28	−483.94	1199005.53	−215.61	32	0.3291	−1318.79	0.3328	−1057.51
4.8	0.018859	−216.05	0.02028	50.28	11.6	1000601.90	−492.05	1031462.90	−223.70	33	0.1598	−1359.31	0.1615	−1089.91
5	0.016052	−224.18	0.017213	42.27	11.8	861363.05	−500.16	887475.53	−231.78	34	0.0776	−1399.83	0.0784	−1130.41
5.2	0.0013674	−232.32	0.014624	34.26	12	638580.70	−516.38	657299.50	−247.95	35	0.0377	−1440.35	0.0381	−1170.92
5.4	0.0011656	−240.45	0.012435	26.24	12.2	549941.59	−524.49	565799.94	−256.03	36	0.0183	−1480.87	0.0185	−1211.42
5.6	0.009942	−248.58	0.0105828	18.21	12.4	473666.06	−532.60	487106.30	−264.12	37	0.0089	−1521.38	0.0090	−1251.92
5.8	0.0084852	−256.70	0.009013	10.19	12.6	408019.74	−540.70	419414.89	−272.20	38	0.0043	−1561.9	0.0044	−1292.42
6	0.007246	−264.83	0.0076815	2.15	12.8	351513.22	−548.81	361178.90	−280.29	39	0.0021	−1602.42	0.0021	−1332.93
6.2	0.006191	−272.96	0.0065509	−5.89	13	302867.17	−556.92	311067.23	−288.38	40	0.0010	−1642.94	0.0010	−1373.43
6.4	0.0052922	−281.08	0.00559	13.93	13.2	260982.42	−565.03	267942.15	−296.46					
6.6	0.004526	−289.20	0.004773	−21.97	13.4	224914.50	−573.14	230823.48	−304.55					

附录表 4-1

x	$\exp^2(x) \times \text{erfc}(x)$	x	$\exp^2(x) \times \text{erfc}(x)$	x	$\exp^2(x) \times \text{erfc}(x)$	x	$\exp^2(x) \times \text{erfc}(x)$
0.02	0.977827	0.72	0.518190	1.42	0.334377	2.12	0.240905
0.04	0.956418	0.74	0.510642	1.44	0.330577	2.14	0.239137
0.06	0.935741	0.76	0.503282	1.46	0.326733	2.16	0.237384
0.08	0.915764	0.78	0.496104	1.48	0.322806	2.18	0.235647
0.10	0.896457	0.80	0.489102	1.50	0.318743	2.20	0.233926
0.12	0.877791	0.82	0.482270	1.52	0.314475	2.22	0.232223
0.14	0.859740	0.84	0.475602	1.54	0.309910	2.24	0.230536
0.16	0.842277	0.86	0.469094	1.56	0.304927	2.26	0.228867
0.18	0.825378	0.88	0.462739	1.58	0.299367	2.28	0.227215
0.20	0.809020	0.90	0.456534	1.60	0.284693	2.30	0.225582
0.22	0.793180	0.92	0.450473	1.62	0.283711	2.32	0.223966
0.24	0.777838	0.94	0.444552	1.64	0.282579	2.34	0.222367
0.26	0.762973	0.96	0.438766	1.66	0.281317	2.36	0.220787
0.28	0.748566	0.98	0.433112	1.68	0.279945	2.38	0.219225
0.30	0.734600	1.00	0.427586	1.70	0.278480	2.40	0.217680
0.32	0.721056	1.02	0.122183	1.72	0.276934	2.42	0.216153
0.34	0.707918	1.04	0.416899	1.74	0.275321	2.44	0.214644
0.36	0.695171	1.06	0.417432	1.76	0.273652	2.46	0.213153
0.38	0.682799	1.08	0.406677	1.78	0.271937	2.48	0.211678
0.40	0.670788	1.10	0.401731	1.80	0.270183	2.50	0.210221
0.42	0.659125	1.12	0.396891	1.82	0.268398	2.52	0.208781
0.44	0.647796	1.14	0.392153	1.84	0.266589	2.54	0.207359
0.46	0.636788	1.16	0.387515	1.86	0.264761	2.56	0.205953
0.48	0.626090	1.18	0.382972	1.88	0.262919	2.58	0.204563
0.50	0.615691	1.20	0.378522	1.90	0.261068	2.60	0.203190
0.52	0.605579	1.22	0.374162	1.92	0.259212	2.62	0.201833
0.54	0.595745	1.24	0.369887	1.94	0.257353	2.64	0.200493
0.56	0.586177	1.26	0.365694	1.96	0.255495	2.66	0.199168
0.58	0.576867	1.28	0.361579	1.98	0.253641	2.68	0.197858
0.60	0.567806	1.30	0.357536	2.00	0.251791	2.70	0.196565
0.62	0.558984	1.32	0.353561	2.02	0.249950	2.72	0.195286
0.64	0.550393	1.34	0.349645	2.04	0.248117	2.74	0.194023
0.66	0.542026	1.36	0.345781	2.06	0.246295	2.76	0.192774
0.68	0.533875	1.38	0.341959	2.08	0.244485	2.78	0.191540
0.70	0.525932	1.40	0.338163	2.10	0.242688	2.80	0.190320

续表

x	$\exp^2(x) \times \text{erfc}(x)$	x	$\exp^2(x) \times \text{erfc}(x)$	x	$\exp^2(x) \times \text{erfc}(x)$	x	$\exp^2(x) \times \text{erfc}(x)$
2.82	0.189115	3.52	0.154138	4.22	0.130212	4.92	0.112436
2.84	0.187923	3.54	0.153626	4.24	0.129628	4.94	0.111997
2.86	0.186746	3.56	0.152822	4.26	0.129050	4.96	0.111563
2.88	0.185682	3.58	0.152026	4.28	0.128476	4.98	0.111131
2.90	0.184431	3.60	0.151238	4.30	0.127908	5.00	0.110703
2.92	0.183294	3.62	0.150458	4.32	0.127344	5.02	0.110278
2.94	0.182169	3.64	0.149685	4.34	0.126285	5.04	0.109856
2.96	0.181058	3.66	0.148920	4.36	0.126231	5.06	0.109437
2.98	0.179959	3.68	0.148163	4.38	0.125681	5.08	0.109022
3.00	0.178873	3.70	0.147413	4.40	0.125137	5.10	0.108610
3.02	0.177798	3.72	0.146671	4.42	0.124596	5.12	0.108200
3.04	0.176736	3.74	0.145935	4.44	0.124061	5.14	0.107794
3.06	0.175686	3.76	0.145207	4.46	0.125301	5.16	0.107390
3.08	0.174648	3.78	0.144449	4.48	0.123003	5.18	0.106990
3.10	0.173621	3.80	0.143771	4.50	0.122481	5.20	0.106590
3.12	0.172605	3.82	0.143064	4.52	0.121963	5.22	0.106598
3.14	0.171611	3.84	0.142363	4.54	0.121449	5.24	0.105806
3.16	0.170608	3.86	0.141669	4.56	0.120939	5.26	0.105417
3.18	0.169625	3.88	0.140981	4.58	0.120434	5.28	0.105031
3.20	0.168653	3.90	0.140300	4.60	0.119933	5.30	0.104648
3.22	0.167692	3.92	0.139625	4.62	0.119436	5.32	0.104268
3.24	0.166761	3.94	0.138116	4.64	0.118942	5.34	0.103890
3.26	0.165801	3.96	0.138295	4.66	0.118453	5.36	0.103515
3.28	0.164870	3.98	0.137638	4.68	0.117968	5.38	0.105142
3.30	0.163950	4.00	0.136988	4.70	0.117487	5.40	0.102772
3.32	0.163039	4.02	0.136334	4.72	0.117009	5.42	0.102405
3.34	0.162138	4.04	0.135706	4.74	0.116536	5.44	0.102040
3.36	0.161246	4.06	0.135073	4.76	0.116066	5.46	0.101678
3.38	0.160364	4.08	0.134446	4.78	0.115599	5.48	0.101319
3.40	0.199491	4.10	0.133825	4.80	0.115137	5.50	0.100961
3.42	0.158627	4.12	0.133209	4.82	0.114678	5.52	0.100607
3.44	0.157771	4.14	0.132599	4.84	0.114222	5.54	0.100255
3.46	0.186925	4.16	0.131994	4.86	0.113170	5.56	0.099905
3.48	0.156088	4.18	0.131395	4.88	0.113322	5.58	0.099557
3.50	0.155259	4.20	0.130801	4.90	0.112877	5.60	0.099212

续表

x	$\exp^2(x) \times \mathrm{erfc}(x)$	x	$\exp^2(x) \times \mathrm{erfc}(x)$	x	$\exp^2(x) \times \mathrm{erfc}(x)$	x	$\exp^2(x) \times \mathrm{erfc}(x)$
5.62	0.098870	6.32	0.088192	7.02	0.079577	7.72	0.072483
5.64	0.098529	6.34	0.087921	7.04	0.079355	7.74	0.072299
5.66	0.098191	6.36	0.087651	7.06	0.079135	7.76	0.072115
5.68	0.697856	6.38	0.087382	7.08	0.078915	7.78	0.071993
5.70	0.097522	6.40	0.087115	7.10	0.078697	7.80	0.071752
5.72	0.097191	6.42	0.086850	7.12	0.078480	7.82	0.071521
5.74	0.096862	6.44	0.086587	7.14	0.078265	7.84	0.071391
5.76	0.096535	6.46	0.086325	7.16	0.078050	7.86	0.071212
5.78	0.096210	6.48	0.086064	7.18	0.077837	7.88	0.071034
5.80	0.095888	6.50	0.085805	7.20	0.077625	7.90	0.070857
5.82	0.095567	6.52	0.085548	7.22	0.077414	7.92	0.070681
5.84	0.095249	6.54	0.085292	7.24	0.077204	7.94	0.070506
5.86	0.094933	6.56	0.085038	7.26	0.076995	7.96	0.070331
5.88	0.094619	6.58	0.084785	7.28	0.076787	7.98	0.070158
5.90	0.094307	6.60	0.084534	7.30	0.076580	8.00	0.069985
5.92	0.093997	6.62	0.084284	7.32	0.076375	8.02	0.069813
5.94	0.093688	6.64	0.084036	7.34	0.076171	8.04	0.069642
5.96	0.693382	6.66	0.083789	7.36	0.075967	8.06	0.069472
5.98	0.093078	6.68	0.083543	7.38	0.075765	8.08	0.069302
6.00	0.092776	6.70	0.083299	7.40	0.975564	8.10	0.069134
6.02	0.092476	6.72	0.083056	7.42	0.075364	8.12	0.068966
6.04	0.092178	6.74	0.082815	7.44	0.075165	8.14	0.068799
6.06	0.091881	6.76	0.082575	7.46	0.074967	8.16	0.068633
6.08	0.091587	6.78	0.082337	7.48	0.074770	8.18	0.068467
6.10	0.091294	6.80	0.082099	7.50	0.074574	8.20	0.068303
6.12	0.091003	6.82	0.081864	7.52	0.074379	8.22	0.068139
6.14	0.090714	6.84	0.081629	7.54	0.074185	8.24	0.067976
6.16	0.090427	6.86	0.081396	7.56	0.073992	8.26	0.067814
6.18	0.090141	6.88	0.081164	7.58	0.073800	8.28	0.067652
6.20	0.089858	6.90	0.080933	7.60	0.073609	8.30	0.067492
6.22	0.089576	6.92	0.080704	7.62	0.073419	8.32	0.067332
6.24	0.089296	6.94	0.080476	7.64	0.073230	8.34	0.067172
6.26	0.089017	6.96	0.080250	7.66	0.073042	8.36	0.067014
6.28	0.088741	6.98	0.080024	7.68	0.072855	8.38	0.066856
6.30	0.088466	7.00	0.079800	7.70	0.072668	8.40	0.066699

续表

X	$\exp^2(x) \times \mathrm{erfc}(x)$	X	$\exp^2(x) \times \mathrm{erfc}(x)$	X	$\exp^2(x) \times \mathrm{erfc}(x)$	X	$\exp^2(x) \times \mathrm{erfc}(x)$
8.42	0.066543	8.94	0.062721	9.46	0.059312	0.09	0.056252
8.44	0.066387	8.96	0.062582	9.48	0.059188	10.00	0.056141
8.46	0.066233	8.98	0.062445	9.50	0.059065	12.00	0.046854
8.48	0.066078	9.00	0.062308	9.52	0.058942	14.00	0.040197
8.50	0.065925	9.02	0.062171	9.54	0.058820	16.00	0.035193
8.52	0.065772	9.04	0.062035	9.56	0.058698	18.00	0.031296
8.54	0.065620	9.06	0.061900	9.58	0.058577	20.00	0.028174
8.56	0.065469	9.08	0.061765	9.60	0.058456	22.00	0.025619
8.58	0.065318	9.10	0.061631	9.62	0.058336	24.00	0.023488
8.60	0.065169	9.12	0.061497	9.64	0.058216	26.00	0.021684
8.62	0.065019	9.14	0.061364	9.66	0.058097	28.00	0.020137
8.64	0.064871	9.16	0.061232	9.68	0.057978	30.00	0.018796
8.66	0.064723	9.18	0.061100	9.70	0.057860	32.00	0.017622
8.68	0.064576	9.20	0.060969	9.72	0.057742	34.00	0.016587
8.70	0.064429	9.22	0.060838	9.74	0.057624	36.00	0.015666
8.72	0.064283	9.24	0.060708	9.76	0.057507	38.00	0.014842
8.74	0.064138	9.26	0.060578	9.78	0.057391	40.00	0.014100
8.76	0.063993	9.28	0.060449	9.80	0.057275	42.00	0.013429
8.78	0.063849	9.30	0.060321	9.82	0.057160	44.00	0.012819
8.80	0.063706	9.32	0.060193	9.84	0.057045	46.00	0.012262
8.82	0.063564	9.34	0.060065	9.86	0.056930	48.00	0.011751
8.84	0.063422	9.36	0.059938	9.88	0.056816	50.00	0.011282
8.86	0.063290	9.38	0.059812	9.90	0.056702	52.00	0.010848
8.88	0.063139	9.40	0.059686	9.92	0.056589	54.00	0.010146
8.90	0.062999	9.42	0.059561	9.94	0.056476	56.00	0.010073
8.92	0.062860	9.44	0.059436	9.96	0.056364	58.00	0.009726
						60.00	0.009402

附录 4-2

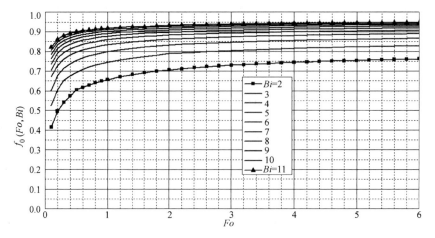

图 4-2-1

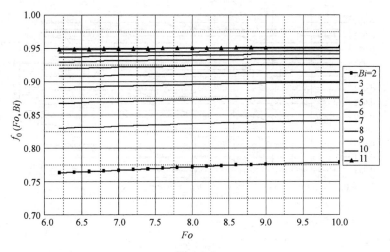

图 4-2-2

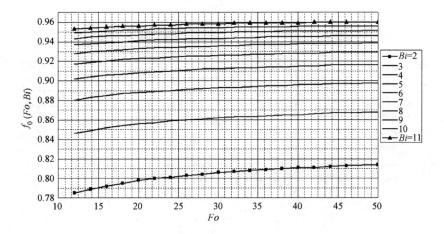

图 4-2-3

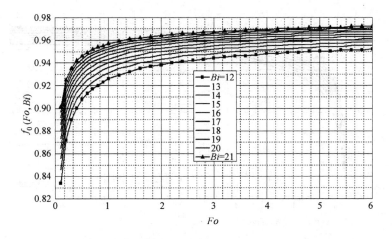

图 4-2-4

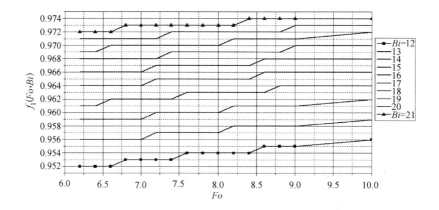

图 4-2-5

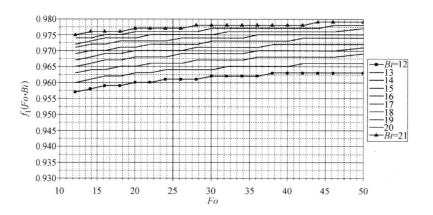

图 4-2-6

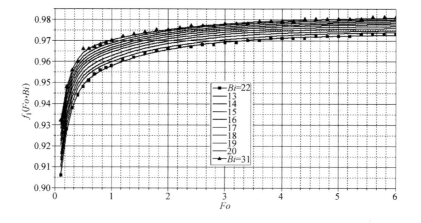

图 4-2-7

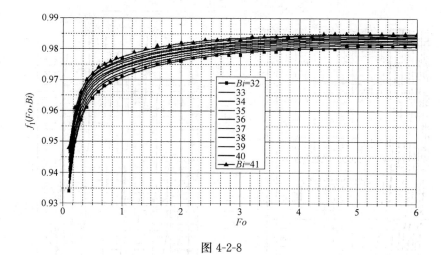

图 4-2-8

附录 4-3

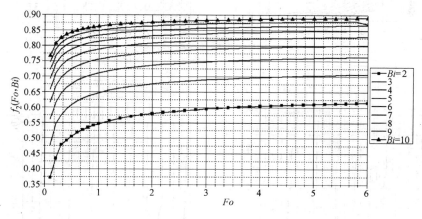

图 4-3-1

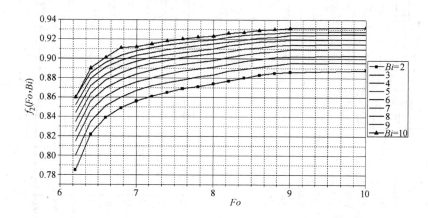

图 4-3-2

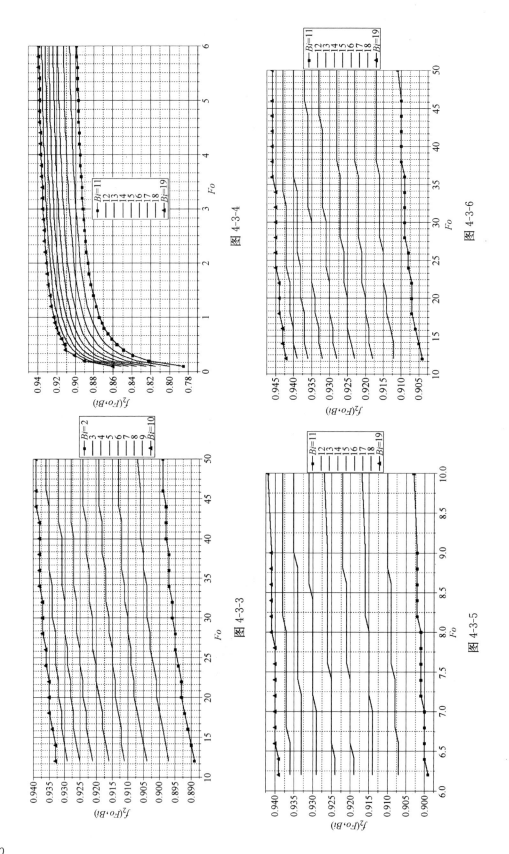

图 4-3-3

图 4-3-4

图 4-3-5

图 4-3-6

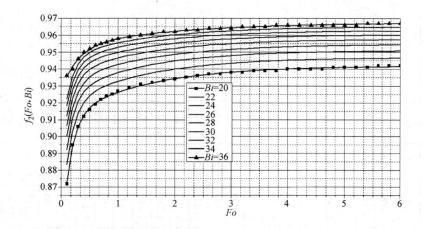

图 4-3-7

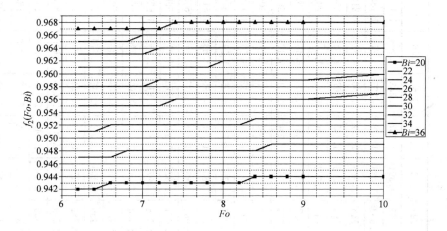

图 4-3-8

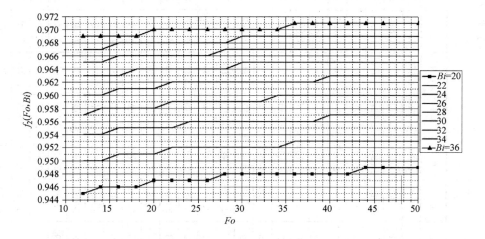

图 4-3-9

附录 7-1a $A(m \cdot n)_\omega = 7.27E-05$ (1/s) 时

m\n	0.6	0.7	0.8	0.9	1.0	1.1	1.2	1.3	1.4	1.5	1.6	1.8	2.0	2.2	2.4	2.6	2.8	3.0
3.0	1.948	1.849	1.758	1.673	1.595	1.523	1.456	1.394	1.337	1.283	1.234	1.145	1.068	0.999	0.939	0.885	0.837	0.794
3.1	2.007	1.906	1.813	1.726	1.645	1.571	1.502	1.438	1.379	1.325	1.274	1.182	1.102	1.032	0.970	0.914	0.865	0.820
3.2	2.067	1.964	1.867	1.778	1.696	1.619	1.548	1.483	1.422	1.366	1.314	1.219	1.137	1.065	1.000	0.943	0.892	0.846
3.3	2.127	2.012	1.922	1.831	1.746	1.667	1.595	1.528	1.465	1.407	1.353	1.256	1.172	1.097	1.031	0.972	0.920	0.872
3.4	2.187	2.078	1.977	1.883	1.796	1.716	1.641	1.572	1.508	1.449	1.393	1.293	1.206	1.130	1.062	1.001	0.947	0.898
3.5	2.246	2.135	2.032	1.936	1.847	1.764	1.687	1.617	1.551	1.490	1.433	1.331	1.241	1.162	1.092	1.030	0.975	0.924
3.6	2.306	2.193	2.087	1.988	1.897	1.812	1.734	1.661	1.594	1.531	1.473	1.368	1.276	1.195	1.123	1.059	1.002	0.951
3.7	2.366	2.250	2.144	2.041	1.947	1.860	1.780	1.706	1.636	1.572	1.512	1.405	1.310	1.227	1.154	1.088	1.029	0.977
3.8	2.425	1.307	2.196	2.093	1.997	1.909	1.826	1.750	1.679	1.613	1.552	1.442	1.345	1.260	1.184	1.117	1.057	1.003
3.9	2.485	2.364	2.251	2.145	2.047	1.957	1.873	1.795	1.722	1.655	1.592	1.479	1.380	1.292	1.215	1.146	1.084	1.029
4.0	2.545	2.421	2.305	2.198	2.098	2.005	1.919	1.839	1.765	1.696	1.632	1.516	1.414	1.325	1.246	1.175	1.112	1.055
4.1	2.604	2.478	2.350	2.250	2.148	2.053	1.965	1.883	1.808	1.737	1.671	1.553	1.449	1.357	1.276	1.204	1.139	1.081
4.2	2.664	2.535	2.415	2.302	2.198	2.101	2.011	1.928	1.850	1.778	1.711	1.590	1.483	1.390	1.307	1.233	1.166	1.107
4.3	2.723	2.592	2.469	2.355	2.248	2.149	2.058	1.972	1.893	1.819	1.751	1.627	1.518	1.422	1.337	1.262	1.194	1.133
4.4	2.783	2.649	2.524	2.407	2.298	2.197	2.104	2.017	1.936	1.860	1.790	1.664	1.553	1.455	1.368	1.291	1.221	1.159
4.5	2.842	2.706	2.578	2.459	2.349	2.246	2.150	2.061	1.978	1.902	1.830	1.701	1.587	1.487	1.399	1.320	1.249	1.185
4.6	2.901	2.763	2.633	2.512	2.399	2.294	2.196	2.106	2.021	1.943	1.870	1.738	1.622	1.520	1.429	1.349	1.276	1.211
4.7	2.961	2.820	2.688	2.564	2.559	2.342	2.242	2.150	2.064	1.984	1.909	1.775	1.656	1.552	1.460	1.377	1.304	1.237
4.8	3.020	2.877	2.742	2.616	2.499	2.390	2.289	2.194	2.107	2.025	1.949	1.812	1.691	1.585	1.490	1.406	1.331	1.263
4.9	3.080	2.934	2.797	2.669	2.549	2.438	2.335	2.239	2.149	2.066	1.989	1.849	1.726	1.617	1.521	1.435	1.358	1.298
5.0	3.139	2.991	2.851	2.721	2.599	2.486	2.381	2.283	2.192	2.107	2.028	1.885	1.760	1.650	1.552	1.464	1.386	1.315
5.1	3.199	3.048	2.906	2.773	2.649	2.534	2.427	2.327	2.235	2.148	2.068	1.922	1.795	1.682	1.582	1.493	1.413	1.341
5.2	3.258	3.105	2.960	2.825	2.699	2.582	2.473	2.372	2.278	2.190	2.108	1.959	1.829	1.715	1.613	1.522	1.441	1.367
5.3	3.317	3.162	3.015	2.878	2.750	2.630	2.519	2.416	2.320	2.231	2.147	1.996	1.864	1.747	1.644	1.551	1.468	1.393

续表

m\n	0.6	0.7	0.8	0.9	1.0	1.1	1.2	1.3	1.4	1.5	1.6	1.8	2.0	2.2	2.4	2.6	2.8	3.0
5.4	3.377	3.218	3.069	2.930	2.800	2.678	2.566	2.461	2.363	2.272	2.187	2.033	1.899	1.780	1.674	1.580	1.495	1.419
5.5	3.436	3.275	3.124	2.982	2.850	2.726	2.612	2.505	2.406	2.313	2.227	2.070	1.933	1.812	1.705	1.609	1.523	1.445
5.6	3.495	3.332	3.178	3.034	2.900	2.775	2.658	2.549	2.448	2.354	2.266	2.107	1.968	1.845	1.735	1.638	1.550	1.471
5.7	3.555	3.389	3.233	3.087	2.950	2.823	2.704	2.594	2.491	2.395	2.306	2.144	2.002	1.877	1.766	1.667	1.578	1.497
5.8	3.614	3.446	3.287	3.139	3.000	2.871	2.750	2.638	2.534	2.436	2.346	2.181	2.037	1.910	1.797	1.696	1.605	1.523
5.9	3.673	3.503	3.342	3.191	3.050	2.919	2.796	2.682	2.576	2.478	2.385	2.218	2.072	1.942	1.827	1.724	1.632	1.549
6.0	3.733	3.560	3.396	3.243	3.100	2.967	2.843	2.727	2.619	2.519	2.425	2.255	2.106	1.975	1.858	1.753	1.660	1.575
6.1	3.792	3.617	3.451	3.295	3.150	3.015	2.889	2.771	2.662	2.560	2.464	2.292	2.141	2.007	1.888	1.782	1.687	1.601
6.2	2.851	3.673	3.505	3.348	3.200	3.063	2.935	2.816	2.704	2.601	2.504	2.329	2.175	2.040	1.919	1.811	1.715	1.627
6.3	3.911	3.730	3.560	3.400	3.250	3.111	2.981	2.860	2.747	2.642	2.544	2.366	2.210	2.072	1.950	1.840	1.742	1.653
6.4	3.970	3.787	3.614	3.452	3.300	3.159	3.027	2.904	2.790	2.683	2.583	2.403	2.245	2.105	1.980	1.869	1.769	1.679
6.5	4.029	3.844	3.669	3.504	3.350	3.207	3.073	2.949	2.833	2.724	2.623	2.440	2.279	2.137	2.011	1.898	1.797	1.705
6.6	4.089	3.901	3.723	3.556	3.400	3.255	3.119	2.993	2.875	2.765	2.663	2.477	2.314	2.169	2.041	1.927	1.824	1.731
6.7	4.148	3.958	3.778	3.609	3.451	3.303	3.166	3.037	2.918	2.806	2.702	2.514	2.348	2.202	2.072	1.956	1.851	1.757
6.8	4.207	4.014	3.822	3.661	3.501	3.351	3.212	3.082	2.961	2.848	2.742	2.551	2.383	2.234	2.103	1.985	1.879	1.783
6.9	4.267	4.071	3.887	3.713	3.551	3.399	3.258	3.126	3.003	2.889	2.782	2.588	2.417	2.267	2.133	2.014	1.906	1.809
7.0	4.326	4.128	3.941	3.765	3.601	3.447	3.304	3.170	3.046	2.930	2.821	2.625	2.452	2.299	2.164	2.043	1.934	1.835
7.1	4.385	4.185	3.995	3.817	3.651	3.495	3.350	3.215	3.089	2.971	2.861	2.662	2.487	2.332	2.194	2.071	1.961	1.862
7.2	4.444	4.242	4.050	3.870	3.701	3.543	3.396	3.259	3.131	3.012	2.901	2.699	2.521	2.364	2.225	2.100	1.988	1.888
7.3	4.504	4.299	4.104	3.922	3.751	3.591	3.442	3.303	3.174	3.053	2.940	2.736	2.556	2.397	2.256	2.129	2.016	1.914
7.4	4.563	4.355	4.159	3.974	3.801	3.639	3.488	3.348	3.217	3.094	2.980	2.773	2.590	2.429	2.286	2.158	2.043	1.940
7.5	4.622	4.412	4.213	4.026	3.851	3.687	3.535	3.392	3.259	3.135	3.019	2.810	2.625	2.462	2.317	2.187	2.071	1.966
7.6	4.682	4.469	4.368	4.078	3.901	3.735	3.581	3.437	3.302	3.176	3.059	2.846	2.660	2.494	2.347	2.216	2.098	1.992
7.7	4.741	4.526	4.322	4.131	3.951	3.783	3.627	3.481	3.345	3.217	3.099	2.883	2.694	2.527	2.378	2.245	2.125	2.018
7.8	4.800	4.583	4.377	4.183	4.001	3.831	3.673	3.525	3.387	3.259	3.138	2.920	2.729	2.559	2.409	2.274	2.153	2.044

203

续表

m\n	0.6	0.7	0.8	0.9	1.0	1.1	1.2	1.3	1.4	1.5	1.6	1.8	2.0	2.2	2.4	2.6	2.8	3.0
7.9	4.859	4.639	4.431	4.235	4.051	3.879	4.719	3.570	3.430	3.300	3.178	2.957	2.763	2.592	2.439	2.303	2.180	2.070
8.0	4.919	4.696	4.485	4.287	4.101	3.927	3.765	3.614	3.473	3.341	3.218	2.994	2.798	2.624	2.470	2.332	2.208	2.096
8.1	4.978	4.753	4.540	4.339	4.151	3.975	3.811	3.658	3.515	3.382	3.257	3.031	2.832	2.657	2.500	2.361	2.235	2.122
8.2	5.037	4.810	4.594	4.391	4.201	4.023	3.857	3.703	3.558	3.423	3.297	3.068	2.867	2.689	2.531	2.389	2.262	2.148
8.3	5.096	4.867	4.649	4.444	4.251	4.071	3.904	3.747	3.601	3.464	3.336	3.105	2.902	2.722	2.562	2.418	2.290	2.174
8.4	5.156	4.923	4.703	4.496	4.301	4.119	3.950	3.791	3.643	3.505	3.376	3.142	2.936	2.754	2.592	2.447	2.317	2.200
8.5	5.215	4.980	4.758	4.548	4.351	4.167	3.996	3.836	3.686	3.546	3.416	3.179	2.971	2.787	2.623	2.476	2.345	2.226
8.6	5.274	5.037	4.812	4.600	4.401	4.215	4.042	3.880	3.729	3.587	3.455	3.216	3.005	2.819	2.653	2.505	2.372	2.252
8.7	5.333	5.094	4.866	4.652	4.451	4.263	4.088	3.924	3.771	3.629	3.495	3.253	3.040	2.852	2.684	2.534	2.399	2.278
8.8	5.393	5.151	4.921	4.704	4.501	4.312	4.134	3.969	3.814	3.670	3.535	3.290	3.075	2.884	2.714	2.563	2.427	2.304
8.9	5.452	5.207	4.975	4.757	4.551	4.360	4.180	4.013	3.857	3.711	3.574	3.327	3.109	2.916	2.745	2.592	2.454	2.330
9.0	5.511	5.264	5.030	4.809	4.601	4.408	4.226	4.057	3.889	3.752	3.614	3.364	3.144	2.949	2.776	2.621	2.482	2.356
9.1	5.570	5.321	5.084	4.861	4.651	4.456	4.273	4.102	3.942	3.793	3.654	3.401	3.178	2.981	2.806	2.650	2.509	2.382
9.2	5.630	5.378	5.139	4.913	4.702	4.504	4.319	4.146	3.985	3.834	3.693	3.438	3.213	3.014	2.837	2.679	2.536	2.408
9.3	5.689	5.435	5.193	4.965	4.752	4.552	4.365	4.190	4.027	3.875	3.733	3.475	3.247	3.046	2.867	2.708	2.564	2.434
9.4	5.748	5.491	5.247	5.017	4.802	4.600	4.411	4.235	4.070	3.916	3.772	3.512	3.282	3.079	2.898	2.736	2.591	2.460
9.5	5.807	5.548	5.302	5.070	4.852	4.648	4.457	4.279	4.133	3.957	3.812	3.549	3.317	3.111	2.929	2.765	2.619	2.486
9.6	5.867	5.605	5.356	5.122	4.902	4.696	4.503	4.323	4.155	3.998	3.852	3.586	3.351	3.144	2.959	2.794	2.646	2.512
9.7	5.926	5.662	5.411	5.174	4.952	4.744	4.549	4.368	4.198	4.040	3.981	3.622	3.386	3.176	2.990	2.823	2.673	2.538
9.8	5.985	5.719	5.465	5.226	5.002	4.792	4.595	4.412	4.241	4.081	3.931	3.659	3.420	3.209	3.020	2.852	2.701	2.564
9.9	6.044	5.775	5.520	5.278	5.052	4.840	4.641	4.456	4.283	4.122	3.971	3.696	3.455	3.241	3.051	2.881	2.728	2.590
10.0	6.104	5.832	5.574	5.330	5.102	4.888	4.688	4.501	4.326	4.163	4.010	3.733	3.490	3.274	3.082	2.910	2.765	2.616
10.5	6.400	6.116	5.866	5.591	5.352	5.128	4.918	4.722	4.539	4.368	4.208	3.918	3.662	3.436	3.235	3.054	2.893	2.746
11.0	6.696	6.400	6.118	5.852	5.602	5.368	5.149	4.944	4.753	4.574	4.406	4.103	3.835	3.598	3.388	3.199	3.030	2.876
11.5	6.992	6.684	6.390	6.113	5.852	5.608	5.379	5.166	4.966	4.779	4.605	4.288	4.008	3.761	3.541	3.344	3.167	3.007

续表

m\n	0.6	0.7	0.8	0.9	1.0	1.1	1.2	1.3	1.4	1.5	1.6	1.8	2.0	2.2	2.4	2.6	2.8	3.0
12.0	7.288	6.968	6.662	6.373	6.102	5.848	5.610	5.387	5.179	4.985	4.803	4.472	4.181	3.923	3.694	3.488	3.304	3.137
12.5	7.584	7.251	6.934	6.634	6.352	6.088	5.840	5.609	5.393	5.190	5.001	4.657	4.354	4.086	3.847	3.633	3.441	3.267
13.0	7.880	7.535	7.206	6.895	6.602	6.328	6.071	5.831	5.606	5.396	5.199	4.842	4.527	4.248	4.000	3.777	3.577	3.397
13.5	8.176	7.819	7.478	7.156	6.852	6.568	6.301	6.052	5.819	5.601	5.397	5.027	4.700	4.410	4.153	3.922	3.714	3.527
14.0	8.476	8.103	7.750	7.416	7.102	6.808	6.532	6.274	6.032	5.807	5.595	5.211	4.873	4.573	4.306	4.066	3.851	3.657
14.5	8.768	8.387	8.022	7.677	7.352	7.048	6.762	6.495	6.246	6.012	5.793	5.396	5.046	4.735	4.459	4.211	3.988	3.787
15.0	9.064	8.670	8.294	7.938	7.602	7.288	6.993	6.717	6.459	6.218	5.991	5.581	5.219	4.897	4.612	4.356	4.125	3.918
15.5	9.360	8.954	8.566	8.199	7.852	7.528	7.223	6.939	6.672	6.423	6.190	5.765	5.391	5.060	4.765	4.500	4.262	4.048
16.0	9.656	6.238	8.838	8.459	8.102	7.768	7.454	7.160	6.886	6.628	6.388	5.950	5.564	5.222	4.918	4.645	4.399	4.178
16.5	9.952	9.522	9.110	8.720	8.353	8.008	7.684	7.382	7.099	6.834	6.586	6.135	5.737	5.385	5.071	4.789	4.536	4.308
17.0	10.248	9.805	9.382	8.981	8.603	8.248	7.915	7.604	7.312	7.039	6.784	6.320	5.910	5.547	5.224	4.934	4.673	4.438
17.5	10.544	10.089	9.654	9.241	8.853	8.488	8.145	7.825	7.525	7.245	6.982	6.504	6.083	5.709	5.377	5.078	4.810	4.568
18.0	10.840	10.373	9.926	9.502	9.103	8.728	8.376	8.047	7.739	7.450	7.180	6.689	6.256	5.872	5.530	5.223	4.947	4.698
18.5	11.136	10.657	10.198	9.763	9.353	8.967	8.606	8.268	7.952	7.656	7.378	6.874	6.429	6.034	5.682	5.368	5.084	4.828
19.0	11.432	10.940	10.470	10.023	9.603	9.207	8.837	8.490	8.165	7.861	7.576	7.059	6.602	6.179	5.835	5.512	5.221	4.959
19.5	11.728	11.224	10.742	10.284	9.853	9.447	9.067	8.712	8.379	8.067	7.774	7.243	6.775	6.359	5.988	5.657	5.358	5.089
20.0	12.024	11.508	11.014	10.545	10.103	9.687	9.298	8.933	8.592	8.272	7.973	7.428	6.948	6.521	6.141	5.801	5.495	5.219
21.0	12.616	12.075	11.557	11.066	10.603	10.167	9.759	9.377	9.018	8.683	8.369	7.798	7.293	6.846	6.447	6.091	5.769	5.479
22.0	13.208	12.643	12.101	11.588	11.103	10.647	10.220	9.820	9.445	9.094	8.765	8.167	7.639	7.171	6.753	6.380	6.043	5.739
23.0	13.800	13.210	12.645	12.109	11.603	11.127	10.681	10.263	9.872	9.505	9.161	8.537	7.985	7.496	7.059	6.669	6.317	6.000
24.0	14.392	13.778	13.189	12.630	12.103	11.607	11.142	10.706	10.298	9.916	9.557	8.906	8.331	7.820	7.365	6.958	6.591	6.260
25.0	14.984	11.345	13.733	13.152	12.603	12.087	11.603	11.149	10.725	10.327	9.954	9.275	8.677	8.145	7.671	7.247	6.865	6.520
26.0	15.576	14.913	14.277	13.673	13.130	12.567	12.064	11.593	11.151	10.738	10.350	9.645	9.022	8.470	7.977	7.536	7.139	6.780
27.0	16.168	15.480	14.821	14.194	13.603	13.047	12.525	12.036	11.578	11.149	10.746	10.014	9.368	8.795	8.283	7.825	7.413	7.041
28.0	16.760	16.048	15.365	14.716	14.103	13.527	12.986	12.479	12.004	11.559	11.142	10.384	9.714	9.119	8.589	8.115	7.687	7.301
29.0	17.352	16.615	15.908	15.237	14.603	14.007	13.447	12.922	12.431	11.970	11.539	10.753	10.060	9.444	8.895	8.404	7.961	7.561
30.0	17.943	17.182	16.452	15.758	15.103	14.487	13.908	13.366	12.857	12.381	11.935	11.123	10.406	9.769	9.201	8.693	8.235	7.822

附录7-1b $B(m \cdot n)$ $\omega = 7.27E-05$ (1/s) 时

m\n	0.6	0.7	0.8	0.9	1.0	1.1	1.2	1.3	1.4	1.5	1.6	1.8	2.0	2.2	2.4	2.6	2.8	3.0
3.0	0.858	0.756	0.671	0.598	0.537	0.484	0.438	0.398	0.364	0.333	0.306	0.262	0.226	0.197	0.173	0.153	0.136	0.122
3.1	0.890	0.785	0.696	0.621	0.557	0.502	0.455	0.414	0.378	0.346	0.318	0.272	0.238	0.204	0.180	0.156	0.142	0.127
3.2	0.622	0.813	0.721	0.643	0.577	0.520	0.471	0.429	0.392	0.359	0.330	0.282	0.243	0.212	0.186	0.165	0.147	0.132
3.3	0.953	0.841	0.746	0.666	0.597	0.539	0.488	0.444	0.406	0.372	0.342	0.292	0.252	0.220	0.193	0.171	0.152	0.137
3.4	0.985	0.869	0.771	0.688	0.618	0.557	0.505	0.459	0.420	0.385	0.354	0.302	0.261	0.227	0.200	0.177	0.158	0.142
3.5	1.016	0.897	0.796	0.711	0.638	0.576	0.522	0.475	0.434	0.397	0.366	0.312	0.270	0.235	0.207	0.183	0.163	0.146
3.6	1.048	0.925	0.821	0.733	0.658	0.594	0.538	0.490	0.448	0.410	0.378	0.322	0.278	0.243	0.213	0.189	0.169	0.151
3.7	1.080	0.953	0.846	0.756	0.679	0.612	0.555	0.505	0.462	0.423	0.389	0.333	0.287	0.250	0.220	0.195	0.174	0.156
3.8	1.111	0.981	0.872	0.779	0.699	0.631	0.572	0.521	0.472	0.436	0.401	0.343	0.296	0.258	0.227	0.201	0.179	0.161
3.9	1.143	1.009	0.897	0.801	0.720	0.649	0.589	0.536	0.490	0.449	0.413	0.353	0.305	0.266	0.234	0.207	0.185	0.166
4.0	1.175	1.038	0.922	0.824	0.740	0.668	0.605	0.551	0.504	0.462	0.425	0.363	0.314	0.274	0.241	0.213	0.190	0.171
4.1	1.206	1.066	0.947	0.846	0.760	0.686	0.622	0.567	0.518	0.475	0.437	0.374	0.323	0.281	0.248	0.219	0.196	0.176
4.2	1.238	1.094	0.972	0.869	0.781	0.705	0.639	0.582	0.532	0.488	0.449	0.384	0.332	0.289	0.254	0.225	0.201	0.180
4.3	1.270	1.122	0.998	0.892	0.801	0.723	0.658	0.597	0.546	0.501	0.461	0.394	0.340	0.297	0.261	0.231	0.206	0.185
4.4	1.302	1.150	1.023	0.914	0.822	0.742	0.673	0.613	0.560	0.514	0.473	0.404	0.349	0.305	0.268	0.238	0.212	0.190
4.5	1.333	1.179	1.048	0.937	0.842	0.760	0.690	0.628	0.574	0.527	0.485	0.414	0.358	0.312	0.275	0.244	0.217	0.195
4.6	1.365	1.207	1.073	0.960	0.863	0.779	0.707	0.644	0.588	0.540	0.479	0.425	0.367	0.320	0.282	0.250	0.223	0.200
4.7	1.397	1.235	1.099	0.982	0.883	0.798	0.723	0.659	0.602	0.553	0.509	0.435	0.376	0.328	0.289	0.256	0.228	0.205
4.8	1.428	1.263	1.124	1.005	0.904	0.816	0.740	0.674	0.617	0.566	0.521	0.445	0.385	0.336	0.295	0.262	0.234	0.210
4.9	1.460	1.292	1.149	1.028	0.924	0.835	0.757	0.690	0.631	0.579	0.533	0.456	0.394	0.344	0.302	0.268	0.239	0.215
5.0	1.492	1.320	1.174	1.051	0.945	0.853	0.774	0.705	0.645	0.592	0.545	0.466	0.403	0.351	0.309	0.274	0.245	0.220
5.1	1.524	1.348	1.200	1.073	0.965	0.872	0.791	0.721	0.659	0.605	0.557	0.476	0.412	0.359	0.316	0.280	0.250	0.224
5.2	1.556	1.376	1.225	1.096	0.986	0.890	0.808	0.736	0.673	0.618	0.569	0.486	0.421	0.367	0.323	0.286	0.255	0.229
5.3	1.587	1.405	1.250	1.119	1.006	0.909	0.825	0.752	0.687	0.631	0.581	0.497	0.429	0.375	0.330	0.292	0.261	0.234

续表

n\m	0.6	0.7	0.8	0.9	1.0	1.1	1.2	1.3	1.4	1.5	1.6	1.8	2.0	2.2	2.4	2.6	2.8	3.0
5.4	1.619	1.433	1.276	1.142	1.027	0.928	0.842	0.767	0.701	0.644	0.593	0.507	0.438	0.383	0.337	0.298	0.266	0.239
5.5	1.651	1.461	1.301	1.164	1.047	0.946	0.859	0.782	0.716	0.657	0.605	0.517	0.447	0.390	0.334	0.305	0.272	0.244
5.6	1.683	1.490	1.326	1.187	1.068	0.965	0.876	0.798	0.730	0.670	0.617	0.528	0.456	0.398	0.350	0.311	0.277	0.249
5.7	1.715	1.518	1.352	1.210	1.088	0.983	0.893	0.813	0.744	0.683	0.629	0.538	0.465	0.406	0.357	0.317	0.283	0.254
5.8	1.746	1.546	1.377	1.233	1.109	1.002	0.910	0.829	0.758	0.696	0.641	0.548	0.474	0.414	0.364	0.323	0.288	0.259
5.9	1.778	1.575	1.402	1.255	1.129	1.021	0.926	0.844	0.772	0.709	0.653	0.559	0.483	0.422	0.371	0.329	0.294	0.264
6.0	1.810	1.603	1.428	1.278	1.150	1.039	0.943	0.860	0.787	0.722	0.665	0.569	0.492	0.429	0.378	0.335	0.299	0.269
6.1	1.842	1.631	1.453	1.301	1.170	1.058	0.960	0.875	0.801	0.735	0.677	0.579	0.501	0.437	0.385	0.341	0.305	0.273
6.2	1.874	1.660	1.478	1.324	1.191	1.077	0.977	0.891	0.815	0.748	0.689	0.590	0.510	0.445	0.392	0.347	0.310	0.278
6.3	1.906	1.688	1.504	1.346	1.212	1.095	0.994	0.906	0.829	0.761	0.701	0.600	0.519	0.453	0.399	0.354	0.316	0.283
6.4	1.938	1.716	1.529	1.369	1.232	1.114	1.011	0.922	0.843	0.774	0.713	0.610	0.528	0.461	0.406	0.360	0.321	0.288
6.5	1.969	1.745	1.554	1.392	1.253	1.133	1.028	0.937	0.858	0.787	0.725	0.621	0.537	0.469	0.413	0.366	0.326	0.293
6.6	2.001	1.773	1.580	1.415	1.273	1.151	1.045	0.953	0.872	0.800	0.737	0.631	0.546	0.476	0.419	0.372	0.332	0.298
6.7	2.033	1.801	1.605	1.438	1.294	1.170	1.062	0.968	0.886	0.813	0.749	0.641	0.555	0.484	0.426	0.378	0.337	0.303
6.8	2.065	1.830	1.630	1.460	1.314	1.188	1.079	0.984	0.900	0.826	0.761	0.652	0.564	0.492	0.433	0.384	0.343	0.308
6.9	2.097	1.858	1.556	1.483	1.335	1.207	1.096	0.999	0.914	0.840	0.773	0.662	0.573	0.500	0.440	0.390	0.348	0.313
7.0	2.129	1.887	1.681	1.506	1.356	1.226	1.113	1.015	0.929	0.853	0.785	0.672	0.582	0.508	0.447	0.396	0.354	0.318
7.1	2.161	1.915	1.707	1.529	1.376	1.244	1.130	1.030	0.943	0.866	0.797	0.683	0.591	0.516	0.454	0.403	0.359	0.323
7.2	2.192	1.943	1.732	1.552	1.397	1.263	1.147	1.046	0.957	0.879	0.810	0.693	0.600	0.523	0.461	0.409	0.365	0.328
7.3	2.224	1.972	1.757	1.574	1.417	1.282	1.164	1.061	0.971	0.892	0.822	0.703	0.608	0.531	0.468	0.415	0.370	0.333
7.4	2.256	2.000	1.783	1.597	1.438	1.300	1.181	1.077	0.985	0.905	0.834	0.714	0.617	0.539	0.475	0.421	0.376	0.337
7.5	2.288	2.029	1.808	1.620	1.459	1.319	1.198	1.092	1.000	0.918	0.846	0.724	0.626	0.547	0.482	0.427	0.381	0.342
7.6	2.320	2.057	1.834	1.643	1.479	1.338	1.215	1.108	1.014	0.931	0.858	0.734	0.635	0.555	0.489	0.433	0.387	0.347
7.7	2.352	2.085	1.859	1.666	1.500	1.357	1.232	1.123	1.028	0.944	0.870	0.745	0.644	0.563	0.495	0.439	0.392	0.352
7.8	2.384	2.114	1.884	1.689	1.520	1.375	1.249	1.139	1.042	0.957	0.882	0.755	0.653	0.571	0.502	0.446	0.398	0.357
7.9	2.416	2.142	1.910	1.711	1.541	1.394	1.266	1.155	1.057	0.970	0.952	0.817	0.707	0.618	0.509	0.452	0.403	0.362

续表

m\n	0.6	0.7	0.8	0.9	1.0	1.1	1.2	1.3	1.4	1.5	1.6	1.8	2.0	2.2	2.4	2.6	2.8	3.0
8.0	2.448	2.170	1.935	1.734	1.562	1.413	1.283	1.170	1.071	0.983	0.906	0.776	0.671	0.586	0.516	0.458	0.409	0.367
8.1	2.480	2.199	1.961	1.757	1.582	1.431	1.300	1.186	1.085	0.997	0.918	0.786	0.680	0.594	0.523	0.464	0.414	0.372
8.2	2.511	2.227	1.986	1.780	1.603	1.450	1.317	1.201	1.099	1.010	0.930	0.797	0.689	0.602	0.530	0.470	0.420	0.377
8.3	2.543	2.256	2.011	1.803	1.624	1.469	1.334	1.217	1.114	1.023	0.942	0.807	0.698	0.610	0.537	0.476	0.425	0.382
8.4	2.575	2.284	2.037	1.826	1.644	1.487	1.351	1.232	1.128	1.036	0.952	0.817	0.707	0.618	0.544	0.482	0.431	0.387
8.5	2.607	2.313	2.062	1.848	1.665	1.506	1.368	1.248	1.142	1.049	0.967	0.828	0.716	0.626	0.551	0.489	0.436	0.392
8.6	2.639	2.341	2.088	1.871	1.685	1.525	1.385	1.263	1.156	1.062	0.979	0.838	0.725	0.633	0.558	0.495	0.442	0.397
8.7	2.671	2.369	2.113	1.894	1.706	1.543	1.402	1.279	1.171	1.075	0.991	0.848	0.734	0.641	0.565	0.501	0.447	0.402
8.8	2.705	2.398	2.139	1.917	1.727	1.562	1.419	1.294	1.185	1.088	1.003	0.859	0.743	0.649	0.572	0.507	0.453	0.407
8.9	2.735	2.426	2.164	1.940	1.747	1.581	1.436	1.310	1.199	1.101	1.015	0.869	0.752	0.657	0.579	0.513	0.458	0.412
9.0	2.767	2.455	2.189	1.963	1.768	1.600	1.453	1.326	1.213	1.115	1.027	0.880	0.761	0.665	0.585	0.519	0.464	0.416
9.1	2.799	2.483	2.215	1.986	1.789	1.618	1.470	1.341	1.228	1.128	1.039	0.890	0.770	0.673	0.592	0.526	0.469	0.421
9.2	2.831	2.512	2.240	2.008	1.809	1.637	1.487	1.357	1.242	1.141	1.051	0.900	0.779	0.681	0.599	0.532	0.475	0.426
9.3	2.863	2.540	2.266	2.031	1.830	1.656	1.504	1.372	1.256	1.154	1.063	0.911	0.788	0.688	0.606	0.538	0.480	0.431
9.4	2.895	2.568	2.291	2.054	1.850	1.674	1.521	1.388	1.270	1.167	1.075	0.921	0.797	0.696	0.613	0.544	0.486	0.436
9.5	2.926	2.597	2.317	2.077	1.871	1.693	1.538	1.403	1.285	1.180	1.087	0.931	0.806	0.704	0.620	0.550	0.491	0.441
9.6	2.958	2.625	2.342	2.100	1.892	1.712	1.555	1.419	1.299	1.193	1.100	0.942	0.815	0.712	0.627	0.556	0.497	0.446
9.7	2.990	2.654	2.367	2.123	1.912	1.731	1.572	1.434	1.313	1.206	1.112	0.952	0.824	0.720	0.634	0.562	0.502	0.451
9.8	3.022	2.682	2.393	2.146	1.933	1.749	1.590	1.450	1.327	1.219	1.124	0.963	0.833	0.728	0.641	0.569	0.508	0.456
9.9	3.054	2.711	2.418	2.169	1.954	1.768	1.607	1.466	1.342	1.233	1.136	0.973	0.842	0.736	0.648	0.575	0.513	0.461
10.0	3.086	2.739	2.444	2.191	1.974	1.787	1.624	1.481	1.356	1.246	1.148	0.983	0.851	0.744	0.655	0.581	0.519	0.466
10.5	3.246	2.881	2.571	2.306	2.078	1.880	1.709	1.559	1.427	1.311	1.208	1.035	0.896	0.783	0.690	0.612	0.546	0.491
11.0	3.406	3.023	2.698	2.420	2.181	1.974	1.794	1.637	1.499	1.377	1.269	1.087	0.941	0.822	0.724	0.643	0.574	0.515
11.5	3.565	3.166	2.826	2.535	2.284	2.068	1.879	1.715	1.570	1.443	1.330	1.139	0.986	0.862	0.759	0.673	0.601	0.540
12.0	3.725	3.308	2.953	2.649	2.388	2.161	1.965	1.793	1.641	1.508	1.390	1.191	1.031	0.901	0.794	0.704	0.629	0.565
12.5	3.885	3.450	3.080	2.763	2.491	2.255	2.050	1.870	1.713	1.574	1.451	1.243	1.076	0.940	0.828	0.735	0.656	0.590

续表

n \ m	0.6	0.7	0.8	0.9	1.0	1.1	1.2	1.3	1.4	1.5	1.6	1.8	2.0	2.2	2.4	2.6	2.8	3.0
13.0	4.045	3.593	3.208	2.878	2.594	2.349	2.135	1.948	1.784	1.640	1.511	1.295	1.121	0.980	0.863	0.766	0.684	0.614
13.5	4.205	3.735	3.335	2.992	2.698	2.442	2.220	2.104	1.856	1.705	1.572	1.347	1.166	1.019	0.898	0.797	0.712	0.639
14.0	4.365	3.877	3.462	3.107	2.801	2.536	2.306	2.104	1.927	1.771	1.632	1.399	1.211	1.059	0.933	0.828	0.739	0.664
14.5	4.525	4.020	3.590	3.221	2.904	2.630	2.391	2.182	1.999	1.837	1.693	1.451	1.257	1.098	0.967	0.858	0.767	0.689
15.0	4.684	4.162	3.717	3.336	3.008	2.724	2.476	2.260	2.070	1.902	1.754	1.503	1.302	1.138	1.002	0.889	0.794	0.713
15.5	4.844	4.305	3.845	3.451	3.111	2.817	2.562	2.338	2.142	1.968	1.814	1.555	1.347	1.177	1.037	0.920	0.822	0.738
16.0	5.004	4.447	3.972	3.565	3.215	2.911	2.647	2.416	2.213	2.034	1.875	1.607	1.392	1.216	1.072	0.951	0.849	0.763
16.5	5.164	4.589	4.099	3.680	3.318	3.005	2.732	2.494	2.284	2.100	1.936	1.659	1.437	1.256	1.106	0.982	0.877	0.788
17.0	5.324	4.732	4.227	3.794	3.421	3.099	2.818	2.572	2.356	2.165	1.996	1.711	1.482	1.295	1.141	1.013	0.905	0.813
17.5	5.484	4.874	4.354	3.909	3.525	3.192	2.903	2.650	2.427	2.231	2.057	1.763	1.527	1.335	1.176	1.044	0.932	0.837
18.0	5.644	5.017	4.482	4.023	3.628	3.286	2.988	2.728	2.499	2.297	2.117	1.815	1.572	1.374	1.211	1.074	0.960	0.862
18.5	5.804	5.159	4.609	4.138	3.732	3.380	3.074	2.806	2.570	2.362	2.178	1.867	1.617	1.414	1.246	1.105	0.987	0.887
19.0	5.964	5.302	4.737	4.253	4.835	3.474	3.159	2.884	2.642	2.428	2.239	1.919	1.652	1.453	1.280	1.136	1.015	0.912
19.5	6.124	5.444	4.864	4.367	3.939	3.568	3.245	2.962	2.713	2.494	2.299	1.971	1.708	1.493	1.315	1.167	1.042	0.937
20.0	6.284	5.587	4.992	4.482	4.042	3.661	3.330	3.040	2.785	2.560	2.360	2.023	1.753	1.532	1.350	1.198	1.070	0.961
21.0	6.604	5.872	5.247	4.711	4.249	3.849	3.501	3.196	2.928	2.691	2.481	2.128	1.843	1.611	1.419	1.260	1.125	1.011
22.0	6.924	6.156	5.502	4.940	4.456	4.037	3.672	3.352	3.071	2.823	2.603	2.232	1.933	1.690	1.489	1.322	1.180	1.061
23.0	7.244	6.441	5.757	5.169	4.663	4.224	3.842	3.508	3.214	2.954	2.724	2.336	2.023	1.769	1.559	1.383	1.236	1.110
24.0	7.564	6.726	6.012	5.399	4.870	4.412	4.013	3.664	3.357	3.086	2.845	2.440	2.114	1.848	1.628	1.445	1.291	1.160
25.0	7.884	7.011	6.267	5.628	5.077	4.600	4.184	3.820	3.500	3.217	2.967	2.544	2.204	1.927	1.698	1.507	1.346	1.209
26.0	8.204	7.296	6.522	5.857	5.284	4.787	4.355	3.976	3.643	3.349	3.088	2.648	2.294	2.006	1.767	1.569	1.401	1.259
27.0	8.524	7.581	6.777	6.086	5.491	4.975	4.526	4.132	3.786	3.481	3.210	2.752	2.385	2.085	1.837	1.630	1.456	1.309
28.0	8.844	7.866	7.032	6.316	5.698	5.163	4.696	4.288	3.929	3.612	3.331	2.857	2.475	2.163	1.907	1.692	1.512	1.358
29.0	9.164	8.152	7.287	6.545	5.905	5.351	4.867	4.444	4.072	3.744	3.452	2.961	2.565	2.242	1.976	1.754	1.567	1.408
30.0	9.484	8.437	7.542	6.774	6.112	5.538	5.038	4.600	4.215	3.875	3.574	3.065	2.655	2.321	2.046	1.816	1.622	1.458

附录 7-2a $A(m \cdot n)$ $\omega=1.99E-07$ (1/s) 时

n\m	0.02	0.03	0.04	0.05	0.06	0.07	0.08	0.09	0.10	0.11	0.12	0.13	0.14	0.15	0.16	0.17	0.18	0.20
0.5	0.736	0.728	0.720	0.712	0.705	0.697	0.689	0.682	0.675	0.667	0.660	0.653	0.646	0.639	0.632	0.626	0.619	0.606
0.6	0.817	0.809	0.802	0.794	0.786	0.778	0.771	0.763	0.756	0.749	0.741	0.734	0.727	0.720	0.713	0.706	0.699	0.686
0.7	0.896	0.889	0.881	0.873	0.865	0.858	0.850	0.843	0.835	0.828	0.820	0.813	0.806	0.798	0.791	0.784	0.777	0.764
0.8	0.974	0.966	0.959	0.951	0.943	0.935	0.928	0.920	0.913	0.905	0.898	0.890	0.883	0.875	0.868	0.861	0.854	0.840
0.9	1.051	1.043	1.035	1.128	1.020	1.012	1.004	0.997	0.989	0.981	0.974	0.966	0.958	0.951	0.943	0.936	0.929	0.914
1.0	1.126	1.119	1.111	1.103	1.095	1.088	1.080	1.072	1.064	1.057	1.049	1.041	1.033	1.026	1.018	1.010	1.003	0.988
1.1	1.201	1.194	1.186	1.178	1.170	1.163	1.155	1.147	1.139	1.131	1.123	1.115	1.107	1.100	1.092	1.084	1.076	1.061
1.2	1.276	1.268	1.261	1.253	1.135	1.237	1.229	1.221	1.213	1.205	1.197	1.189	1.181	1.173	1.165	1.157	1.149	1.133
1.3	1.350	1.342	1.335	1.327	1.319	1.311	1.303	1.295	1.287	1.279	1.270	1.262	1.254	1.246	1.238	1.230	1.222	1.206
1.4	1.424	1.416	1.408	1.400	1.392	1.384	1.376	1.368	1.360	1.352	1.343	1.335	1.327	1.318	1.310	1.302	1.294	1.277
1.5	1.497	1.489	1.482	1.474	1.456	1.458	1.449	1.441	1.433	1.424	1.416	1.408	1.399	1.391	1.382	1.374	1.355	1.348
1.6	1.570	1.563	1.555	1.547	1.539	1.530	1.522	1.514	1.505	1.497	1.488	1.480	1.471	1.463	1.454	1.445	1.437	1.419
1.7	1.643	1.635	1.628	1.620	1.611	1.603	1.595	1.586	1.578	1.569	1.560	1.552	1.543	1.534	1.525	1.517	1.508	1.490
1.8	1.716	1.708	1.700	1.692	1.684	1.676	1.667	1.659	1.650	1.641	1.632	1.624	1.615	1.606	1.597	1.588	1.579	1.561
1.9	1.788	1.781	1.773	1.764	1.756	1.748	1.739	1.731	1.722	1.713	1.704	1.695	1.686	1.677	1.668	1.659	1.650	1.631
2.0	1.861	1.853	1.845	1.837	1.828	1.820	1.811	1.803	1.794	1.785	1.776	1.767	1.757	1.748	1.739	1.730	1.720	1.701
2.1	1.933	1.925	1.917	1.909	1.900	1.892	1.883	1.874	1.865	1.856	1.847	1.838	1.829	1.819	1.810	1.800	1.791	1.771
2.2	2.005	1.997	1.989	1.981	1.972	1.964	1.955	1.946	1.937	1.928	1.918	1.909	1.900	1.890	1.880	1.871	1.861	1.841
2.3	2.077	2.069	2.061	2.053	2.044	2.035	2.027	2.018	2.008	1.999	1.990	1.980	1.970	1.961	1.951	1.941	1.921	1.911
2.4	2.149	2.141	2.133	2.125	2.116	2.107	2.098	2.089	2.080	2.070	2.061	2.051	2.041	2.032	2.022	2.012	2.001	1.981
2.5	2.221	2.213	2.205	2.196	2.187	2.179	2.170	2.160	2.151	2.141	2.132	2.122	2.112	2.102	2.092	2.082	2.071	2.051
2.6	2.293	2.285	2.276	2.268	2.249	2.250	2.241	2.232	2.222	2.212	2.203	2.193	2.183	2.172	2.162	2.152	2.141	2.120
2.7	2.364	2.356	2.348	2.339	2.331	2.322	2.312	2.303	2.293	2.283	2.274	2.263	2.253	2.243	2.232	2.222	2.211	2.190
2.8	2.436	2.428	2.420	2.411	2.402	2.393	2.384	2.374	2.364	2.354	2.344	2.334	2.324	2.313	2.303	2.292	2.281	2.259

续表

n\m	0.02	0.03	0.04	0.05	0.06	0.07	0.08	0.09	0.10	0.11	0.12	0.13	0.14	0.15	0.16	0.17	0.18	0.20
2.9	2.507	2.499	2.491	2.482	2.473	2.464	2.455	2.445	2.435	2.425	2.415	2.405	2.394	2.384	2.373	2.362	2.351	2.329
3.0	2.579	2.571	2.563	2.554	2.545	2.536	2.526	2.516	2.506	2.496	2.486	2.475	2.465	2.454	2.443	2.432	2.421	2.398
3.1	2.650	2.642	2.634	2.625	2.616	2.607	2.597	2.587	2.577	2.567	2.556	2.546	2.535	2.524	2.513	2.502	2.490	2.468
3.2	2.722	2.714	2.705	2.696	2.687	2.678	2.668	2.658	2.648	2.638	2.627	2.616	2.605	2.594	2.583	2.572	2.560	2.537
3.3	2.793	2.785	2.777	2.768	2.758	2.749	2.739	2.729	2.719	2.708	2.698	2.687	2.676	2.664	2.653	2.641	2.630	2.606
3.4	2.865	2.856	2.848	2.839	2.830	2.820	2.810	2.800	2.790	2.779	2.768	2.757	2.746	2.734	2.723	2.711	2.699	2.675
3.5	2.936	2.928	2.919	2.910	2.901	2.891	2.881	2.871	2.860	2.850	2.839	2.827	2.816	2.804	2.793	2.781	2.769	2.744
3.6	3.007	2.999	2.990	2.981	2.972	2.962	2.952	2.942	2.931	2.920	2.909	2.898	2.886	2.874	2.863	2.851	2.838	2.814
3.7	3.079	3.070	3.062	3.052	3.043	3.033	3.023	3.012	3.002	2.991	2.979	2.968	2.956	2.944	2.932	2.920	2.908	2.883
3.8	3.150	3.141	3.133	3.123	3.114	3.104	3.094	3.083	3.072	3.061	3.050	3.038	3.026	3.014	3.002	2.990	2.977	2.952
4.0	3.292	3.284	3.275	3.266	3.246	3.246	3.235	3.225	3.214	3.202	3.191	3.178	3.167	3.154	3.142	3.129	3.116	3.090

附录 7-2b $B(m \cdot n)$ $\omega = 1.99E-07$ (1/s) 时

n\m	0.02	0.03	0.04	0.05	0.06	0.07	0.08	0.09	0.10	0.11	0.12	0.13	0.14	0.15	0.16	0.18	0.20
0.5	0.373	0.362	0.352	0.342	0.332	0.323	0.314	0.306	0.298	0.290	0.282	0.275	0.268	0.261	0.254	0.242	0.230
0.6	0.440	0.428	0.417	0.406	0.395	0.385	0.375	0.366	0.357	0.348	0.339	0.331	0.323	0.316	0.308	0.294	0.281
0.7	0.507	0.494	0.482	0.470	0.459	0.447	0.437	0.426	0.416	0.406	0.397	0.388	0.379	0.370	0.362	0.346	0.331
0.8	0.574	0.561	0.547	0.534	0.522	0.510	0.498	0.487	0.476	0.465	0.455	0.445	0.435	0.425	0.416	0.399	0.382
0.9	0.642	0.627	0.613	0.599	0.585	0.572	0.560	0.547	0.535	0.524	0.512	0.502	0.491	0.481	0.471	0.451	0.433
1.0	0.709	0.693	0.678	0.663	0.649	0.635	0.621	0.608	0.595	0.583	0.570	0.559	0.547	0.536	0.525	0.504	0.485
1.1	0.777	0.760	0.744	0.728	0.712	0.697	0.683	0.669	0.655	0.642	0.629	0.616	0.604	0.592	1.580	1.558	1.536
1.2	0.844	0.826	0.809	0.792	0.776	0.760	0.745	0.730	0.715	0.701	0.687	0.673	0.660	0.647	0.635	0.611	0.588
1.3	0.912	0.893	0.875	0.857	0.840	0.823	0.807	0.791	0.775	0.760	0.745	0.731	0.717	0.703	0.690	0.664	0.640

续表

n\m	0.02	0.03	0.04	0.05	0.06	0.07	0.08	0.09	0.10	0.11	0.12	0.13	0.14	0.15	0.16	0.18	0.20
1.4	0.979	0.960	0.941	0.922	0.904	0.886	0.869	0.852	0.835	0.819	0.804	0.788	0.774	0.759	0.745	0.718	0.692
1.5	1.047	1.027	1.006	0.987	0.968	0.949	0.931	0.913	0.896	0.879	0.862	0.846	0.830	0.815	0.800	0.771	0.744
1.6	1.115	1.093	1.072	1.052	1.032	1.012	0.993	0.974	0.956	0.938	0.921	0.904	0.887	0.871	0.856	0.825	0.796
1.7	1.183	1.160	1.138	1.117	1.096	1.075	1.055	1.036	1.016	0.998	0.980	0.962	0.944	0.928	0.911	0.879	0.849
1.8	1.251	1.227	1.204	1.182	1.160	1.138	1.117	1.097	1.077	1.057	1.028	1.020	1.002	0.984	0.966	0.933	0.901
1.9	1.319	1.294	1.270	1.247	1.224	1.201	1.180	1.158	1.137	1.117	1.097	1.078	1.059	1.040	1.022	0.987	0.953
2.0	1.387	1.361	1.336	1.312	1.288	1.265	1.242	1.220	1.198	1.177	1.156	1.136	1.116	1.097	1.078	1.041	1.006
2.1	1.455	1.428	1.402	1.377	1.352	1.328	1.304	1.281	1.259	1.237	1.215	1.194	1.173	1.153	1.133	1.095	1.058
2.2	1.523	1.495	1.468	1.442	1.417	1.391	1.367	1.343	1.319	1.296	1.274	1.252	1.230	1.209	1.189	1.139	1.111
2.3	1.591	1.563	1.535	1.508	1.481	1.455	1.429	1.404	1.380	1.356	1.333	1.310	1.288	1.266	1.245	1.203	1.164
2.4	1.659	1.630	1.601	1.573	1.545	1.518	1.492	1.466	1.441	1.416	1.392	1.368	1.345	1.323	1.300	1.258	1.217
2.5	1.727	1.697	1.667	1.638	1.610	1.582	1.554	1.528	1.502	1.476	1.451	1.427	1.403	1.379	1.356	1.312	1.269
2.6	1.795	1.764	1.733	1.703	1.674	1.645	1.617	1.589	1.562	1.536	1.510	1.485	1.460	1.436	1.412	1.366	1.322
2.7	1.864	1.831	1.800	1.769	1.738	1.709	1.680	1.651	1.623	1.596	1.569	1.543	1.518	1.492	1.468	1.420	1.375
2.8	1.932	1.889	1.866	1.834	1.803	1.772	1.742	1.713	1.684	1.656	1.628	1.602	1.575	1.549	1.524	1.475	1.428
2.9	2.000	1.966	1.932	1.900	1.867	1.836	1.805	1.775	1.745	1.716	1.688	1.660	1.633	1.606	1.580	1.529	1.481
3.0	2.068	2.033	1.999	1.965	1.932	1.899	1.868	1.837	1.806	1.776	1.747	1.718	1.690	1.663	1.636	1.584	1.534
3.1	2.137	2.101	2.065	2.030	1.996	1.963	1.930	1.898	1.867	1.836	1.806	1.777	1.748	1.720	1.692	1.638	1.586
3.2	2.205	2.168	2.132	2.096	2.061	2.027	1.993	1.960	1.928	1.896	1.865	1.835	1.805	1.776	1.748	1.693	1.639
3.3	2.273	2.235	2.198	2.161	2.156	2.090	2.056	2.022	1.989	1.957	1.925	1.894	1.863	1.833	1.804	1.747	1.692
3.4	2.342	2.303	2.264	2.227	2.190	2.154	2.119	2.084	2.050	2.017	1.984	1.952	1.921	1.890	1.860	1.801	1.745
3.5	2.410	2.370	2.331	2.292	2.245	2.218	2.244	2.208	2.172	2.137	2.043	2.011	1.978	1.947	1.916	1.856	1.798
3.6	2.497	2.438	2.397	2.358	2.319	2.281	2.244	2.208	2.172	2.137	2.103	2.069	2.036	2.004	1.972	1.911	1.852
3.7	2.547	2.505	2.464	2.424	2.384	2.345	2.307	2.270	2.233	2.197	2.162	2.128	2.094	2.061	2.028	1.965	1.905
3.8	2.615	2.572	2.530	2.489	2.449	2.409	2.370	2.332	2.294	2.257	2.221	2.186	2.151	2.118	2.084	2.020	1.958
4.0	2.752	2.707	2.663	2.620	2.578	2.536	2.495	2.455	2.416	2.378	2.340	2.303	2.267	2.231	2.197	2.129	2.064

附录 7-3 $\delta x = f(a\tau, d)$

δx \ d	0.30	0.32	0.34	0.36	0.38	0.40	0.42	0.44	0.46	0.48	0.50	0.52	0.54	0.56	0.58	0.60	0.70	0.80
0.4	0.091	0.090	0.090	0.089	0.088	0.088	0.087	0.087	0.087	0.086	0.086	0.086	0.085	0.085	0.085	0.085	0.084	0.083
0.5	0.147	0.145	0.144	0.143	0.142	0.141	0.140	0.139	0.139	0.138	0.137	0.137	0.136	0.136	0.135	0.135	0.133	0.132
0.6	0.217	0.215	0.213	0.211	0.209	0.208	0.207	0.205	0.204	0.203	0.202	0.201	0.200	0.199	0.198	0.198	0.195	0.192
0.7	0.304	0.300	0.297	0.294	0.292	0.290	0.287	0.285	0.284	0.282	0.280	0.279	0.278	0.276	0.275	0.274	0.269	0.266
0.8	0.406	0.401	0.397	0.393	0.390	0.386	0.383	0.380	0.378	0.375	0.373	0.371	0.369	0.367	0.365	0.364	0.357	0.352
0.9	0.525	0.519	0.513	0.508	0.503	0.499	0.495	0.491	0.487	0.484	0.481	0.478	0.475	0.473	0.470	0.468	0.458	0.451
1.0	0.662	0.654	0.646	0.639	0.633	0.627	0.622	0.617	0.612	0.608	0.604	0.600	0.596	0.593	0.590	0.587	0.574	0.564
1.1	0.816	0.806	0.796	0.788	0.780	0.772	0.765	0.759	0.753	0.747	0.742	0.737	0.732	0.728	0.724	0.720	0.704	0.691
1.2	0.989	0.976	0.964	0.953	0.943	0.934	0.925	0.917	0.910	0.903	0.897	0.890	0.885	0.879	0.874	0.869	0.848	0.832
1.3	1.180	1.164	1.150	1.137	1.124	1.113	1.103	1.093	1.084	1.075	1.067	1.060	1.053	1.046	1.040	1.034	1.008	0.988
1.4	1.390	1.371	1.354	1.338	1.324	1.310	1.297	1.286	1.275	1.265	1.255	1.246	1.237	1.229	1.221	1.214	1.183	1.158
1.5	1.619	1.597	1.576	1.558	1.541	1.525	1.510	1.496	1.483	1.471	1.459	1.449	1.438	1.429	1.420	1.411	1.374	1.344
1.6	1.867	1.842	1.818	1.796	1.776	1.758	1.740	1.724	1.709	1.695	1.681	1.669	1.657	1.645	1.635	1.624	1.580	1.545
1.7	2.135	2.106	2.079	2.054	2.031	2.009	1.989	1.970	1.953	1.936	1.921	1.906	1.892	1.879	1.866	1.854	1.803	1.762
1.8	2.424	2.390	2.359	2.331	2.304	2.280	2.257	2.235	2.215	2.196	2.178	2.161	2.145	2.130	2.115	2.102	2.042	1.995
1.9	2.733	2.695	2.659	2.627	2.597	2.569	2.543	2.518	2.495	2.473	2.453	2.434	2.415	2.398	2.382	2.366	2.298	2.243
2.0	3.062	3.019	2.980	2.943	2.909	2.877	2.848	2.820	2.794	2.770	2.747	2.725	2.704	2.684	2.666	2.648	2.571	2.508
2.1	3.412	3.364	3.320	3.279	3.241	3.206	3.172	3.141	3.112	3.085	3.059	3.034	3.011	2.989	2.968	2.948	2.860	2.790
2.2	3.783	3.730	3.681	3.635	3.593	3.553	3.516	3.482	3.449	3.418	3.389	3.362	3.336	3.311	3.288	3.265	3.168	3.088
2.3	4.176	4.117	4.062	4.012	3.965	3.921	3.880	3.842	3.805	3.771	3.739	3.709	3.680	3.652	3.626	3.601	3.492	3.404
2.4	4.590	4.525	4.465	4.409	4.357	4.309	4.264	4.221	4.181	4.144	4.108	4.074	4.042	4.012	3.983	3.955	3.834	3.736
2.5	5.025	4.954	4.888	4.827	4.770	4.717	4.668	4.621	4.577	4.535	4.496	4.459	4.424	4.390	4.358	4.328	4.194	4.086
2.6	5.483	5.405	5.333	5.266	5.204	5.146	5.092	5.041	4.992	4.947	4.904	4.863	4.824	4.787	4.752	4.719	4.572	4.453
2.7	5.962	5.878	5.800	5.727	5.659	5.596	5.536	5.480	5.428	5.378	5.331	5.287	5.244	5.204	5.166	5.129	4.969	4.838

续表

d/δx	0.30	0.32	0.34	0.36	0.38	0.40	0.42	0.44	0.46	0.48	0.50	0.52	0.54	0.56	0.58	0.60	0.70	0.80
2.8	6.464	6.372	6.287	6.208	6.135	6.066	6.001	5.941	5.884	5.829	5.778	5.730	5.684	5.640	5.598	5.558	5.383	5.240
2.9	6.988	6.889	6.797	6.712	6.632	6.557	6.488	6.422	6.360	6.301	6.246	6.139	6.143	6.095	6.050	6.007	5.826	5.661
3.0	7.535	7.428	7.329	7.237	7.151	7.070	6.995	6.923	6.856	6.793	6.733	6.676	6.622	6.570	6.521	6.474	6.268	6.099
3.1	8.105	7.989	7.883	7.783	7.691	7.604	7.523	7.446	7.374	7.306	7.241	7.179	7.121	7.065	7.012	6.962	6.739	6.556
3.2	8.697	8.573	8.459	8.352	8.253	8.160	8.072	7.990	7.912	7.839	7.769	7.703	7.640	7.580	7.523	7.468	7.228	7.031
3.3	9.312	9.180	9.057	8.943	8.837	8.737	8.643	8.555	8.471	8.393	8.318	8.247	8.179	8.115	8.054	7.995	7.727	7.525
3.4	9.951	9.810	9.679	9.557	9.443	9.336	9.236	9.141	9.052	8.968	8.888	8.812	8.739	8.670	8.605	8.542	8.265	8.037
3.5	10.613	10.462	10.322	10.192	10.071	9.957	9.850	9.749	9.654	9.564	9.478	9.397	9.320	9.246	9.176	9.109	8.812	8.568
3.6	11.298	11.138	10.989	10.851	10.721	10.600	9.850	9.749	9.654	10.181	10.090	10.005	9.921	9.842	9.767	9.696	9.379	9.118
3.7	12.007	11.837	11.679	11.532	11.394	11.265	11.144	11.030	10.922	10.820	10.723	10.630	10.543	10.459	10.379	10.303	9.966	9.687
3.8	12.740	12.559	12.392	12.236	12.090	11.953	11.824	11.703	11.588	11.480	11.377	11.279	11.186	11.097	11.012	10.931	10.572	10.276
3.9	13.496	13.305	13.128	12.963	12.808	12.663	12.527	12.698	12.277	12.162	12.052	11.948	11.850	11.755	11.665	11.579	11.198	10.883
4.0	14.277	14.075	13.887	13.713	13.549	13.396	13.252	13.116	12.987	12.865	12.749	12.639	12.535	12.435	12.339	12.248	11.844	11.510

d/δx	0.90	1.00	1.10	1.20	1.30	1.40	1.50	1.60	1.70	1.80	2.00	2.20	2.40	2.60	2.80	3.00	3.20	3.40
0.4	0.083	0.082	0.082	0.082	0.082	0.081	0.081	0.081	0.081	0.081	0.081	0.081	0.081	0.080	0.080	0.080	0.080	0.080
0.5	0.131	0.130	0.129	0.129	0.128	0.128	0.128	0.127	0.127	0.127	0.127	0.126	0.126	0.126	0.126	0.126	0.126	0.126
0.6	0.191	0.189	0.188	0.187	0.186	0.186	0.185	0.185	0.184	0.184	0.183	0.183	0.182	0.182	0.182	0.182	0.182	0.181
0.7	0.263	0.260	0.259	0.257	0.256	0.255	0.254	0.253	0.252	0.252	0.251	0.250	0.249	0.249	0.248	0.248	0.248	0.247
0.8	0.347	0.344	0.341	0.339	0.337	0.335	0.334	0.333	0.332	0.331	0.329	0.328	0.327	0.326	0.325	0.325	0.324	0.324
0.9	0.445	0.440	0.436	0.433	0.430	0.428	0.426	0.424	0.422	0.421	0.419	0.417	0.416	0.414	0.413	0.412	0.412	0.411
1.0	0.556	0.549	0.544	0.539	0.536	0.532	0.530	0.527	0.525	0.523	0.520	0.517	0.515	0.513	0.512	0.511	0.510	0.509
1.1	0.680	0.672	0.665	0.659	0.654	0.649	0.646	0.642	0.639	0.637	0.633	0.629	0.626	0.624	0.622	0.620	0.619	0.618
1.2	0.819	0.808	0.799	0.791	0.784	0.779	0.774	0.770	0.766	0.763	0.757	0.752	0.749	0.745	0.743	0.741	0.739	0.737
1.3	0.971	0.957	0.946	0.937	0.928	0.921	0.915	0.910	0.905	0.901	0.893	0.887	0.883	0.879	0.875	0.872	0.870	0.868
1.4	1.138	1.121	1.107	1.096	1.085	1.077	1.069	1.062	1.056	1.051	1.042	1.034	1.028	1.023	1.019	1.015	1.012	1.009

续表

$\dfrac{d}{\delta x}$	0.90	1.00	1.10	1.20	1.30	1.40	1.50	1.60	1.70	1.80	2.00	2.20	2.40	2.60	2.80	3.00	3.20	3.40
1.5	1.330	1.300	1.283	1.268	1.256	1.245	1.236	1.228	1.220	1.214	1.203	1.940	1.186	1.180	1.174	1.170	1.166	1.162
1.6	1.516	1.492	1.472	1.455	1.440	1.428	1.416	1.408	1.397	1.389	1.376	1.365	1.356	1.348	1.341	1.336	1.331	1.327
1.7	1.728	1.700	1.676	1.656	1.639	1.623	1.610	1.598	1.587	1.578	1.562	1.549	1.538	1.528	1.520	1.513	1.508	1.502
1.8	1.955	1.923	1.895	1.871	1.851	1.833	1.817	1.803	1.791	1.780	1.761	1.745	1.732	1.721	1.711	1.703	1.696	1.690
1.9	2.198	2.161	2.129	2.101	2.078	2.057	2.039	2.022	2.008	1.995	1.972	1.954	1.938	1.925	1.914	1.905	1.896	1.889
2.0	2.457	2.414	2.378	2.346	2.319	2.295	2.274	2.255	2.238	2.223	2.197	2.176	2.158	2.143	2.130	2.118	2.108	2.100
2.1	2.732	2.683	2.642	2.606	2.575	2.547	2.523	2.502	2.482	2.465	2.435	2.411	2.390	2.372	2.357	2.344	2.333	2.325
2.2	3.023	2.968	2.921	2.881	2.845	2.814	2.787	2.762	2.741	2.721	2.687	2.659	2.635	2.615	2.597	2.582	2.569	2.557
2.3	3.331	3.269	3.216	3.171	3.131	3.096	3.065	3.038	3.013	2.991	2.952	2.920	2.893	2.870	2.850	2.833	2.818	2.804
2.4	3.655	3.586	3.527	3.476	3.432	3.393	3.358	3.327	3.299	3.274	3.231	3.195	3.164	3.138	3.115	3.096	3.079	3.064
2.5	3.966	3.919	3.854	3.798	3.748	3.705	3.666	3.631	3.600	3.572	3.523	3.483	3.448	3.419	3.394	3.372	3.352	3.335
2.6	4.354	4.269	4.197	4.135	4.080	4.032	3.989	3.950	3.915	3.884	3.830	3.785	3.746	3.713	3.685	3.660	3.638	3.619
2.7	4.729	4.636	4.557	4.488	4.427	4.374	4.326	4.284	4.246	4.211	4.151	4.100	4.058	4.021	3.989	3.961	3.937	3.918
2.8	5.121	5.020	4.933	4.857	4.790	4.732	4.679	4.635	4.590	4.552	4.486	4.430	4.382	4.342	4.307	4.276	4.249	4.225
2.9	5.531	5.420	5.325	5.242	5.170	5.105	5.048	4.996	4.950	4.908	4.835	4.773	4.721	4.676	4.637	4.603	4.573	4.547
3.0	5.958	5.838	5.734	5.644	5.595	5.495	5.432	5.376	5.325	5.279	5.199	5.131	5.074	5.024	4.981	4.944	4.911	4.881
3.1	6.403	6.273	6.160	6.062	5.976	5.900	5.831	5.770	5.715	5.665	5.577	5.503	5.440	5.386	5.339	5.298	5.261	5.229
3.2	6.866	6.725	6.603	6.497	6.404	6.321	6.247	6.180	6.120	6.065	5.970	5.889	5.821	5.762	5.710	5.665	5.625	5.589
3.3	7.347	7.195	7.064	6.949	6.848	6.758	6.678	6.606	6.541	6.481	6.378	6.290	6.216	6.151	6.095	6.045	6.002	5.963
3.4	7.846	7.682	7.541	7.418	7.309	7.212	7.125	7.047	6.977	6.913	6.801	6.706	6.625	6.555	6.495	6.440	6.392	6.350
3.5	8.363	8.188	8.036	7.903	7.786	7.682	7.589	7.505	7.429	7.360	7.238	7.136	7.048	6.972	6.906	6.848	6.796	6.750
3.6	8.899	8.711	8.549	8.406	8.281	8.169	8.069	7.978	7.896	7.822	7.691	7.581	7.486	7.404	7.332	7.269	7.213	7.164
3.7	9.453	9.252	9.079	8.926	8.792	8.672	8.565	8.468	8.380	8.300	8.160	8.041	7.939	7.850	7.773	7.705	7.644	7.591
3.8	10.026	9.812	9.627	9.464	9.320	9.192	9.077	8.973	8.879	8.794	8.643	8.515	8.406	8.311	8.227	8.154	8.089	8.031
3.9	10.617	10.390	10.192	10.019	9.866	9.729	9.606	9.495	9.395	9.303	9.142	9.005	8.888	8.786	8.696	8.617	8.548	8.485
4.0	11.228	10.986	10.776	10.592	10.429	10.283	10.152	10.034	9.927	9.829	9.657	9.510	9.385	9.275	9.180	9.095	9.020	8.953

参 考 文 献

[1] 《城市地下空间开发利用关键技术指南》编委会. 城市地下空间开发利用关键技术指南 [M]. 北京：中国建筑工业出版社，2006.
[2] 钱七虎. 国外地下空间开发利用的现状 [EB/OL]. 2004（2008-06-13）[2008-06-13]. http：//www. hzrf. gov. cn/0102/349. htm.
[3] Claridge D E. Design methods for earth-contact heat transfer [C]. Boer K. Advances in Solar Energy. Boulder, Colorado：American Solar Energy Society，1988：305-350.
[4] Shipp P H. Basement, crawlspace, and slab-on-ground thermal performance [C]. The ASHRAE/DOE Conference on Thermal Performance of the Exterior Envelopes of Buildings. Las Vegas, Nevada，1983：160-179.
[5] Bahnfleth W P. Three-dimensional modelling of heat transfer from slab floors [D]. University of Illinois，1989.
[6] Claesson J, Hagentoft C E. Heat loss to the ground from a building—Ⅰ. General theory [J]. Building and Environment. 1991，26（2）：195-208.
[7] Beausoleil-Morrison I, Mitalas G, McLarnon C. BASECALC（TM）：new software for modelling basement and slab-on-grade heat losses [C]. 5th IBPSA Conference Proceedings. Madison, Wisconsin, USA：International Building Performance Simulation Association，1995：698-700.
[8] U. S. DOE. Weather Data Sources [EB/OL]. 2008（2008-05-16）[2008-07-11]. http：//www. eere. energy. gov/buildings/energyplus/weatherdata _sources. html.
[9] 张晴原，Huang Joe. 中国建筑用标准气象数据库 [M]. 北京：机械工业出版社，2004.
[10] 中国气象局气象信息中心气象资料室，清华大学建筑技术科学系. 中国建筑热环境分析专用气象数据集 [M]. 北京：中国建筑工业出版社，2005.
[11] 苏华，田胜元，王靖. TMY2 与随机气象模型的准确性 [J]. 暖通空调. 2004，34（1）：5-7.
[12] 张明. 逐时标准年气象数据在建筑能耗模拟中的应用研究 [D]. 西安：西安建筑科技大学，2007.
[13] 王金奎. 日总辐射及逐时辐射模型的适用性分析 [D]. 西安：2006.
[14] 周卿. 建筑能耗模拟对气象数据的敏感性分析 [D]. 成都：西华大学，2006.
[15] 刘森元，黄远锋. 天空有效温度的探讨 [J]. 太阳能学报. 1983，4（1）：63-68.
[16] 江亿. 空调负荷计算用随机气象模型 [J]. 制冷学报. 1983（3）：45-56.
[17] 祝昌汉. 我国散射辐射的计算方法及其分布 [J]. 太阳能学报. 1984，5（3）：242-249.
[18] 祝昌汉. 我国直接辐射的计算方法及分布特征 [J]. 太阳能学报. 1985，6（1）：1-11.
[19] 田胜元. 建筑空调能耗分析用气象资料构成方法的研究 [C]. 全国暖通空调制冷 1988 年学术年会. 1988.
[20] 张素宁，田胜元. 建筑能耗分析用逐日气象数学模型的建立 [J]. 暖通空调. 2000，30（3）：64-66.
[21] 林文胜，田胜元. 建筑能耗分析用逐日随机气象模型 [J]. 哈尔滨建筑大学学报. 2002，35（2）：83-87.

[22] 苏华. 建筑物动态能耗分析用气象仿真模型研究 [D]. 重庆：重庆大学，2002.

[23] 苏芬仙，苏华，田胜元. 建筑能耗分析用气象数据的构成研究 [J]. 重庆大学学报（自然科学版）. 2002，25（8）：82-87.

[24] 郎四维. 建筑能耗分析逐时气象资料的开发研究 [J]. 暖通空调. 2002，32（4）：1-5.

[25] 苏芬仙. 建筑能耗动态分析用气象数据构成及 THRF 新的能耗分析方法研究 [D]. 重庆：重庆大学，2003.

[26] 陈志华. 1957-2000 年中国地面太阳辐射状况的研究 [D]. 北京：2005.

[27] 陈益武，徐勇，蒋志良. 建筑能耗分析用室外气象数学模型的建立 [J]. 建筑热能通风空调. 2005，24（3）：60-64.

[28] 陈益武，徐勇，蒋志良. 建筑能耗分析用室外气象数学模型的建立 [J]. 暖通空调. 2005，35（7）：20-25.

[29] 万蓉，刘加平. 建筑能耗用室外气象资料的研究历史与现状 [J]. 工业建筑. 2006，36（Supplement）：159-162.

[30] 顾骏强，杨军，陈海燕. 建筑能耗动态模拟气象资料的开发与应用 [J]. 太阳能学报. 2008，29（1）：119-124.

[31] Gold L W. Influence of surface conditions on ground temperature [J]. Canadian Journal of Earth Sciences. 1967，4（2）：199-208.

[32] Kusuda T. The effect of ground cover on earth temperature [C]. Proceedings Alternatives in Energy Conservation: The Use of Earth-Covered Buildings. Fort Worth, TX, 1975：279-303.

[33] Gilpin R R, Wong B K. "Heat-valve" effects in the ground thermal regime [J]. ASME Journal of Heat Transfer. 1976，98 Ser C（4）：537-542.

[34] Camillo P J, Gurney R J, Schmugge T J. A soil and atmospheric boundary layer model for evapotranspiration and soil moisture studies [J]. Water Resources Research. 1983，19（2）：371-380.

[35] Jayashankar B C, Sawhney R L, Sodha M S. Effect of different surface treatments of the surrounding earth on thermal performance of earth-integrated buildings [J]. International Journal of Energy Research. 1989，13（5）：605-619.

[36] Sawhney R L, Jayashankar B C, Sodha M S. Thermal performance of an earth-integrated building for different surface treatments of the surrounding earth [C]. Congress of the International Solar Energy Society: Clean and Safe Energy Forever. Kobe, Japan, 1990：1158-1162.

[37] Adjali M H, Davies M, Littler J. A numerical simulation of measured transient temperatures in the walls, floor and surrounding soil of a buried structure [J]. International Journal of Numerical Methods for Heat and Fluid Flow. 1999，9（4）：405-422.

[38] Popiel C O, Wojtkowiak J, Biernacka B. Measurements of temperature distribution in ground [J]. Experimental Thermal and Fluid Science. 2001，25（5）：301-309.

[39] Baggs A S. Remote prediction of ground temperature in Australian soils and mapping its distribution [J]. Solar Energy. 1983，30（4）：351-366.

[40] Delsante A E. The effect of water table depth on steady-state heat transfer through a slab-on-ground floor [J]. Building and Environment. 1993，28（3）：369-372.

[41] Amjad S, Abdelbaki A, Zrikem Z. Transfer functions method and sub-structuration technique for two-dimensional heat conduction problems in high thermal mass systems: Application to ground coupling problems [J]. Energy and Buildings. 2003，35（6）：593-604.

[42] 宋丽亚. 有关地下工程增温去湿问题的探讨 [J]. 科技情报开发与经济. 2001，11（5）：74-75.

[43] 王建瑚. 洞库被复式混凝土结构的散湿研究 [J]. 西安冶金建筑学院学报. 1979（1-2）：1-13.

[44] Bouyoucos G J. Effeet of temperature on the movement of water vapor and capillary moisture in soils [J]. Journal of Agricultural Engineering Research. 1915, 5: 141-172.

[45] Adjali M H, Davies M, Littler J. Three-dimensional earth-contact heat flows: A comparison of simulated and measured data for a buried structure [J]. Renewable Energy. 1998, 15 (1-4): 356-359.

[46] van B G, Hoogendoorn C J. Ground water flow heat losses for seasonal heat storage in the soil [J]. Solar Energy. 1983, 30 (4): 367-371.

[47] Lloyd R M. The influence of ground conditions on heat losses through floor slabs-an investigation of real behaviour, factual report-HLTFS3-results: University of Wales, College of Cardiff, 1994.

[48] Rees S W, Zhou Z, Thomas H R. The influence of soil moisture content variations on heat losses from earth-contact structures: an initial assessment [J]. Building and Environment. 2001, 36 (2): 157-165.

[49] Choi S, Krarti M. Slab heat loss calculation with non-uniform inside air temperature profiles [J]. Energy Conversion and Management. 1996, 37 (9): 1435-1444.

[50] Krarti M, Choi S. Effect of indoor temperature variation on ground heat transfer [C]. Davidson J H, Chavez J. International Solar Energy Conference. San Antonio, TX, USA: ASME, 1996: 487-493.

[51] Krarti M, Choi S. A simulation method for fluctuating temperatures in crawlspace foundations [J]. Energy and Buildings. 1997, 26 (2): 183-188.

[52] Mitalas G P. Basement heat loss studies at DBR/NRC, DBR Paper 1045 [R]. Ottawa: Division of Building Research, National Research Council of Canada, 1982.

[53] Emery A F, Kippenhan C J, Heerwagen D R, et al. Measured and predicted thermal performance of a residential basement [J]. HVAC and R Research. 2007, 13 (1): 39-57.

[54] Eckert E. R., Drake R. M.. 传热与传质分析 [M]. 航青, 译. 北京: 科学出版社, 1983: 845.

[55] Kaviany M. Principle of heat and transfer in porous media [M]. New York: Springerverlag, 1991.

[56] Woodside W, Messmer J H. Thermal Conductivity of Porous Media. I. Unconsolidated Sands [J]. Journal of Applied Physics. 1961, 32 (9): 1688-1699.

[57] Woodside W, Messmer J H. Thermal Conductivity of Porous Media. II. Consolidated Rocks [J]. Journal of Applied Physics. 1961, 32 (9): 1699-1706.

[58] De Vries D. Thermal properties of soils [M]. Amsterdam: North-Holland Publishing Co, 1966.

[59] Rees S W, Adjali M H, Zhou Z, et al. Ground heat transfer effects on the thermal performance of earth-contact structures [J]. Renewable and Sustainable Energy Reviews. 2000, 4 (3): 213-265.

[60] Van Rooyen M, Winterkorn H F. Theoretical and practical aspects of the thermal conductivity of soils and similar granular systems [J]. Bulletin. 1957, 168: 143-205.

[61] Johansen O. Thermal conductivity of soils [D]. Trondheim, Norway: Ph. D., 1975.

[62] Lomas K J, Eppel H. Developing and proving sensitivity analysis techniques for thermal simulation of buildings [C]. BEPAC Conference. Canterbury, UK, 1991.

[63] Bligh T P, Willard T E. Modeling the thermal performace of earth-contact buildings, inciliding ther effects of phase change due to soil freezing [J]. Computers and Structures. 1985, 21 (1-2): 291-318.

[64] Bahnfleth W P. Three-dimensional modelling of heat transfer from slab floors [Z]. Champaign, IL: 1989.

[65] Bahnfleth W P, Cogil C A, Yuill G K. Three-Dimensional modeling of conditioned and uncondi-

tioned basement thermal performance [C]. Proceedings of Thermal Performance of the Exterior Envelopes of Buildings Ⅶ. Clear Water, FL, USA, 1998: 501-522.

[66] Bahnfleth W P, Pedersen C O. Three-dimensional modelling of slab-on-grade heat transfer [C]. 2th International IBPSA Conference. Vancouver, British Columbia, Canada: International Building Performance Simulation Association, 1989.

[67] Bahnfleth W P, Pedersen C O. A three-dimensional modelling of heat transfer from slab floors [G]. ASHRAE Transactions, 1990, 92 (2): 61-72.

[68] Deshmukh M K, Sodha M S, Sawhney R L. Effect of depth of sinking on thermal performance of partially underground building [J]. International Journal of Energy Research. 1991, 15 (5): 391-403.

[69] Houghten F C, Taimuty S I, Gutberlet C, et al. Heat loss through basement walls and floors [J]. ASHVE Transactions. 1942, 48: 369-384.

[70] Bareither H D, Fleming A N, Alberty B E. Temperature and heat loss characteristics of concrete floor laid on the ground, PB 93920: University of Illinois Small Homes Council, 1948.

[71] ASHRAE. ASHRAE Handbook of Fundamentals [M]. SI ed. Atlanta: American Society of Heating, Refrigerating and Air-conditioning Engineers Inc, 1997.

[72] ASHRAE. ASHRAE Handbook of Fundamentals [M]. SI ed. Atlanta: American Society of Heating, Refrigerating and Air-conditioning Engineers Inc, 2001.

[73] Wang F S. Mathematical modeling and computer simulation of insulation systems in below grade applications [C]. Proceedings of the ASHRAE/DOE-ORNL Thermal Performance of the Exterior Envelopes of Buildings Conference. Orlando, FL: American Society of Heating Refrigerating and Airconditioning Engineers, Inc, 1979: 456-470.

[74] 黄福其, 张家猷, 谢守穆. 地下工程热工计算方法 [M]. 北京: 中国建筑工业出版社, 1981.

[75] Latta J K, Boileau G G. Heat losses from house basements [J]. Canadian Building. 1969, XIX (10): 39-42.

[76] Boileau G G, Latta J K. Calculation of basement heat losses, Technical Paper No. 292: National Research Council of Canada, Division of Building Research, 1968.

[77] ASHRAE. ASHRAE Handbook of Fundamentals [M]. SI ed. Atlanta: American Society of Heating, Refrigerating and Air-conditioning Engineers Inc, 2005.

[78] Shipp P H. The thermal characteristics of large earth-sheltered structures [D]. University of Minnesota, 1979.

[79] Shipp P H, Meixel G D, Ramsey J W. Analysis and measurement of the thermal behavior of the wall and surrounding soil for a large underground building [J]. Underground Space. 1980, 5 (2): 0-124.

[80] Shipp P H, Pfender E, Bligh T P. Thermal characteristics of a large earth-sheltered building (PARTS I AND II) [J]. Underground Space. 1981, 6 (1): 53-66.

[81] Shipp P H, Broderick T B. Comparison of annual heating loads for various basement wall insulation strategies using transient and steady state models [C]. DOE-ORNLI ASTM Conference on Thermal Insulation Material and Systems for Energy Conservation in the 80's. Clearwater, FL, 1981.

[82] Shipp P H, Broderick T B. Analysis and comparison of annual heating loads for various basement wall insulation strategies using transient and steady-state models [C]. Govan F A, Greason D M, McAllister J D. Thermal Insulation, Materials, and Systems for Energy Conservation in the 80'S., 1983.

[83] Rees S W, Zhou Z, Thomas H R. Multidimensional simulation of earth-contact heat transfer [J]. Building Research and Information. 2006, 34 (6): 565-572.

[84] Rees S W, Zhou Z, Thomas H R. Ground heat transfer: A numerical simulation of a full-scale experiment [J]. Building and Environment. 2007, 42 (3): 1478-1488.

[85] Bligh T P, Knoth B H, Smith E A, et al. Earth contact systems: soil temperature and thermal conductivity data, heat flux data and meter calibration [C]. Proceedings of The Passive and Hybrid Solar Energy Update Conference. Washington D. C., 1982: 73-86.

[86] Bligh T P, Knoth B H. Data from one-, two-, and three-dimensional temperature fields in the soil surrounding an earth-sheltered house [G]. ASHRAE Transactions, 1983, 89 (1B): 395-404.

[87] Ackerman M, Dale J D. Measurement and predictive techniques of basement heat losses, Report No. 54: Mechanical Engineering Department, University of Alberta, 1985.

[88] Ackerman M, Dale J D. Measurement and prediction of insulated and uninsulated basement wall heat losses in a heating climate [G]. ASHRAE Transactions, 1987, 93 (1): 897-908.

[89] Hasegawa F, Yoshino H, Matsumoto S. Optimum use of solar energy techniques in a semi-underground house: first-year measurement and computer analysis [J]. Tunnelling and Underground Space Technology. 1987, 2 (4): 429-435.

[90] Yoshino H, Matsumoto S, Hasegawa F, et al. Effects of thermal insulation located in the earth around a semi-underground room: Computer analysis by the finite element method [G]. ASHRAE Transactions, 1990, 96 (2): 103-111.

[91] Yoshino H, Matsumoto S, Nagatomo M, et al. Effects of thermal insulation located in the earth around a semi-underground room: A two-year measurement in a twin-type test house without auxiliary heating [G]. ASHRAE Transactions, 1990, 96 (2): 53-60.

[92] Yoshino H, Matsumoto S, Nagatomo M, et al. Five-year measurements of thermal performance for a semi-underground test house [J]. Tunnelling and Underground Space Technology. 1992, 7 (4): 339-346.

[93] 長谷川房雄, 長友宗重, 吉野博. 半地下試験家屋における暖房状態で熱環境性能に関する長期実測 [J]. 日本建築学会計画系論文報告集. 1992 (435): 1-10.

[94] Sobotka P, Yoshino H, Matsumoto S I. Thermal comfort in passive solar earth integrated rooms [J]. Building and Environment. 1996, 31 (2): 155-166.

[95] Zhou Z, Rees S W, Thomas H R. A numerical and experimental investigation of ground heat transfer including edge insulation effects [J]. Building and Environment. 2002, 37 (1): 67-78.

[96] Rees S W, Thomas H R, Zhou Z. A numerical and experimental investigation of three-dimensional ground heat transfer [J]. Building Services Engineering Research and Technology. 2006, 27 (3): 195-208.

[97] 朱培根, 忻尚杰, 茅靳丰. 南京市太园地下旅社围护结构传热试验与计算机模拟分析 [C]. 全国暖通空调制冷 1994 年学术年会. 1994: 244-247.

[98] 郑瑞伦, 袁代发, 温永玲. 防空洞热湿变化规律初探 [J]. 西南师范大学学报（自然科学版）. 1995, 20 (2): 154-161.

[99] Trethowen H A, Delsante A E. Four-year on-site measurement of heat flow in slab-on-ground floors with wet soils [C]. Thermal Performance of the Exterior Envelopes of Buildings Ⅶ. Clearwater Beach, Florida: American Society of Heating, Refrigerating and Air Conditioning Engineers, 1998.

[100] CIBSE. CIBSE Guide [Z]. London: The Chartered Institution of Building Services Engineers, 1986.

[101] Delsante A E. A comparison between measured and calculated heat losses through a slab-on-ground

floor [J]. Building and Environment. 1990, 25 (1): 25-31.

[102] Davies M G. Heat loss from a solid floor: A new formula [J]. Building Services Engineering Research and Technology. 1993, 14 (2): 71-75.

[103] Thomas H R, Rees S W, Lloyd R M. Measured heat losses through a real ground floor slab [J]. Building Research and Information. 1996, 24 (1): 15-26.

[104] Thomas H R, Rees S W. The thermal performance of ground floor slabs—a full scale in-situ experiment [J]. Building and Environment. 1999, 34 (2): 139-164.

[105] Rees S W, Lloyd R M, Thomas H R. Numerical simulation of measured transient heat transfer through a concrete ground floor slab and underlying substrata [J]. International Journal of Numerical Methods for Heat and Fluid Flow. 1995, 5 (8): 669-683.

[106] Rees S W, Thomas H R. Two-dimensional heat transfer beneath a modern commercial building: Comparison of numerical prediction with field measurement [J]. Building Services Engineering Research and Technology. 1997, 18 (3): 169-174.

[107] Rees S W, Thomas H R. The thermal behaviour of ground-floor slabs [C]. Conference Numerical Methods in Thermal problems X. Swansea: Pineridge Press, 1997.

[108] Adjali M H, Davies M, Littler J. Earth-contact heat flows: Review and application of design guidance predictions [J]. Building Services Engineering Research and Technology. 1998, 19 (3): 111-121.

[109] Adjali M H, Davies M, Ni R C, et al. In situ measurements and numerical simulation of heat transfer beneath a heated ground floor slab [J]. Energy and Buildings. 2000, 33 (1): 75-83.

[110] Adjali M H, Davies M, Rees S W, et al. Temperatures in and under a slab-on-ground floor: two- and three-dimensional numerical simulations and comparison with experimental data [J]. Building and Environment. 2000, 35 (7): 655-662.

[111] Adjali M H, Davies M, Rees S W. A comparative study of design guide calculations and measured heat loss through the ground [J]. Building and Environment. 2004, 39 (11): 1301-1311.

[112] Rantala J, Leivo V. Thermal and moisture conditions of coarse-grained fill layer under a slab-on-ground structure in cold climate [J]. Journal of Thermal Envelope and Building Science. 2004, 28 (1): 45-62.

[113] Rantala J. A new method to estimate the periodic temperature distribution underneath a slab-on-ground structure [J]. Building and Environment. 2005, 40 (6): 832-840.

[114] Park K S, Nagai H, Iwata T. Study on the heat load characteristics of underground structures part 1. Field experiment on an underground structure under an internal heat generation condition [J]. Journal of Asian Architecture and Building Engineering. 2006, 5 (2): 421-428.

[115] Krarti M. Time-varying heat transfer from partially insulated basements [J]. International Journal of Heat and Mass Transfer. 1994, 37 (11): 1657-1671.

[116] Krarti M. Time-varying heat transfer from slab-on-grade floors with vertical insulation [J]. Building and Environment. 1994, 29 (1): 55-61.

[117] Krarti M. Time-varying heat transfer from horizontally insulated slab-on-grade floors [J]. Building and Environment. 1994, 29 (1): 63-71.

[118] Krarti M, Choi S. Optimum insulation for rectangular basements [J]. Energy and Buildings. 1995, 22 (2): 125-131.

[119] Krarti M, Choi S. Simplified method for foundation heat loss calculation [G]. ASHRAE Transactions, 1996, 102 (1): 140-152.

[120] Mitalas G P. Calculation of below-grade residential heat loss: low-rise residential building [G]. ASHRAE Transactions, 1987, 93 (1): 743-783.

[121] Dill R S, Robinson W C, Robinson H D. Measurements of heat losses from slab floors, BMS 103 [R]. Washington, D.C.: National Bureau of Standards, 1943.

[122] Macey H H. Heat loss through a solid floor [J]. Journal of the Institute of Fuel. 1949, 22: 369-371.

[123] Davies M G. Heat loss from a solid ground floor [J]. Building and Environment. 1993, 28 (3): 347-359.

[124] Lachenbruch A H. Three-dimensional heat conduction in permafrost beneath heated buildings [J]. Geological Survey Bulletin. 1957, 1052 (B): 51-69.

[125] Kusuda T, Mizuno M, Bean J W. Seasonal heat loss calculation for slab-on-grade floors, NBSIR 81-2420: U.S. Department of Commerce, National Bureau of Standards, Center for Building Technology, 1982.

[126] Delsante A E, Stokes A N, Walsh P J. Application of fourier transforms to periodic heat flow into the ground under a building [J]. International Journal of Heat and Mass Transfer. 1983, 26 (1): 121-132.

[127] Landman K A, Delsante A E. Steady-state heat losses from a building floor slab with vertical edge insulation-I [J]. Building and Environment. 1986, 21 (3-4): 177-182.

[128] Landman K A, Delsante A E. Steady-state heat losses from a building floor slab with vertical edge insulation-II [J]. Building and Environment. 1987, 22 (1): 49-55.

[129] Landman K A, Delsante A E. Steady-state heat losses from a building floor slab with horizontal edge insulation [J]. Building and Environment. 1987, 22 (1): 57-60.

[130] Delsante A E. Theoretical calculations of the steady-state heat losses through a slab-on-ground floor [J]. Building and Environment. 1988, 23 (1): 11-17.

[131] Delsante A E. Steady-state heat losses from the core and perimeter regions of a slab-on-ground floor [J]. Building and Environment. 1989, 24 (3): 253-257.

[132] Mitalas G P. Calculation of basement heat loss [G]. ASHRAE Transactions, 1983, 89 (1B): 420-437.

[133] Kusuda T, Bean J W. Simplified methods for determining seasonal heat loss from uninsulated slab-on-grade floors [G]. ASHRAE Transactions, 1984, 90 (1B): 611-632.

[134] 江亿. 地下空间自然环境温差利用的热物理基础研究 [D]. 北京: 清华大学, 1985.

[135] 王补宣, 江亿. 分析长期不稳定传热问题的特征值法 [J]. 工程热物理学报. 1984, 5 (3): 284-287.

[136] 彦启森, 江亿, 佟力华. 模拟地下洞库长期及短期热状况变化的反应系数法 [C]. 建筑学会暖通分会1982年武汉会议. 武汉: 1982.

[137] 彦启森, 王补宣, 江亿. 利用自然冷源的地下贮藏库的热工性能估算方法及评价指标 [J]. 冷藏技术. 1985 (3): 22-31.

[138] Muncey R W, Spencer J W. Heat flow into the ground under a house [C]. Proceedings of Energy Conservation in Heating, Cooling and Ventilating Buildings. Dubrovnik, Yugoslavia, 1978: 649-660.

[139] Shen L S, Ramsey J W. Simplified thermal analysis of earth-sheltered buildings using a fourier-series boundary method [G]. ASHRAE Transactions, 1983, 89 (1B): 438-448.

[140] Anderson B R. Calculation of the steady-state heat transfer through a slab-on-ground floor [J].

Building and Environment. 1991, 26 (4): 405-415.

[141] Anderson B R. U-values of uninsulated ground floors: relationship with floor dimensions [J]. Building Services Engineering Research and Technology. 1991, 12 (3): 103-105.

[142] Anderson B R. The effect of edge insulation on the steady-state heat loss through a slab-on-ground floor [J]. Building and Environment. 1993, 28 (3): 361-367.

[143] Hagentoft C E, Claesson J. Heat loss to the ground from a building-II. Slab on the ground [J]. Building and Environment. 1991, 26 (4): 395-403.

[144] Hagentoft C E. Heat losses and temperature in the ground under a building with and without ground water flow-I. Infinite ground water flow rate [J]. Building and Environment. 1996, 31 (1): 3-11.

[145] Hagentoft C E. Heat losses and temperature in the ground under a building with and without ground water flow-II. Finite ground water flow rate [J]. Building and Environment. 1996, 31 (1): 13-19.

[146] Hagentoft C E. Steady-state heat loss for an edge-insulated slab: Part I [J]. Building and Environment. 2002, 37 (1): 19-25.

[147] Hagentoft C E, Blomberg T. SLAB——Heat losses to the ground from buildings [EB/OL]. 2000 (May 24, 2008) [May 28, 2008]. http://www.buildingphysics.com/manuals/slab.pdf.

[148] Hagentoft C E, Blomberg T. CELLAR——Heat losses to the ground from buildings [EB/OL]. 2000 (May 24, 2008) [May 28, 2008]. http://www.buildingphysics.com/manuals/cellar.pdf.

[149] Hagentoft C E, Blomberg T. CRAWL——Hygrothermal conditions in crawl-spaces [EB/OL]. 2003 (May 24, 2008) [May 28, 2008]. http://www.buildingphysics.com/manuals/crawl.pdf.

[150] Krarti M, Claridge D, Kreider J. Interzone temperature profile estimation-slab-on-grade heat transfer results [C]. The 23rd ASME Heat Transfer Conference. Denver, CO, USA: ASME, 1985: 11-20.

[151] Krarti M, Claridge D, Kreider J. Interzone temperature profile estimation-below grade basement heat transfer results [C]. The 23rd ASME Heat Transfer Conference. Denver, CO, USA: ASME, 1985: 21-29.

[152] Krarti M. Developments in ground-coupling heat transfer [D]. Boulder, USA: University of Colorado, 1987.

[153] Krarti M. Steady-state heat transfer beneath partially insulated slab-on-grade floor [J]. International Journal of Heat and Mass Transfer. 1989, 32 (5): 961-969.

[154] Krarti M. Steady-state heat transfer from partially insulated basements [J]. Energy and Buildings. 1993, 20 (1): 1-9.

[155] Krarti M. Steady-state heat transfer from horizontally insulated slabs [J]. International Journal of Heat and Mass Transfer. 1993, 36 (8): 2135-2145.

[156] Krarti M. Steady-state heat transfer from slab-on-grade floors with vertical insulation [J]. International Journal of Heat and Mass Transfer. 1993, 36 (8): 2147-2155.

[157] Krarti M. Heat loss and moisture condensation for wall corners [J]. Energy Conversion and Management. 1994, 35 (8): 651-659.

[158] Krarti M. Effect of spatial variation of soil thermal properties on slab-on-ground heat transfer [J]. Building and Environment. 1996, 31 (1): 51-57.

[159] Krarti M, Chuangchid P, Ihm P. Cooler floor heat gain for refrigerated structures, Final Report for 953-RP: ASHRAE, 1999.

[160] Krarti M, Chuangchid P, Ihm P. Foundation heat transfer module for EnergyPlus program [C]. 7th International IBPSA Conference. Rio de Janeiro, Brazil: IBPSA, 2001.

[161] Krarti M, Chuangchid P, Ihm P. Analysis of heat and moisture transfer beneath freezer foundations-Part II [J]. ASME Journal of Solar Energy Engineering. 2004, 126 (2): 726-731.

[162] Krarti M, Claridge D E, Kreider J F. Energy calculations for basements, slabs, and crawl spaces, ASHRAE TC 4.7. Project 666-TR: University of Colorado, USA, 1993.

[163] Krarti M, Claridge D E. Two-dimensional heat transfer from earth-sheltered buildings [J]. ASME Journal of Solar Energy Engineering. 1990, 112 (1): 43-50.

[164] Krarti M, Claridge D E, Kreider J F. The ITPE technique applied to steady-state ground-coupling problems [J]. International Journal of Heat and Mass Transfer. 1988, 31 (9): 1885-1898.

[165] Krarti M, Claridge D E, Kreider J F. ITPE technique applications to time-varying two-dimensional ground-coupling problems [J]. International Journal of Heat and Mass Transfer. 1988, 31 (9): 1899-1911.

[166] Krarti M, Claridge D E, Kreider J F. Foundation heat transfer algorithm for detailed building energy programs [G]. ASHRAE Transactions, 1994, 100 (2): 843-850.

[167] Krarti M, Erickson P M, Hillman T C. A simplified method to estimate energy savings of artificial lighting use from daylighting [J]. Building and Environment. 2005, 40 (6): 747-754.

[168] Krarti M, Kreider J F, Cohen D, et al. Estimation of energy savings for building retrofits using neural networks [J]. ASME Journal of Solar Energy Engineering. 1998, 120 (3): 211-216.

[169] Krarti M, Kreider J F. Analytical model for heat transfer in an underground air tunnel [J]. Energy Conversion and Management. 1996, 37 (10): 1561-1574.

[170] Krarti M, Kreider J F, Claridge D E. ITPE technique applications to time varying three-dimensional ground coupling problems [J]. ASME Journal of Heat Transfer. 1990, 112 (4): 849-856.

[171] Krarti M, Nicoulin C V, Claridge D E, et al. Comparison of energy prediction of three ground-coupling heat transfer calculation methods [G]. ASHRAE Transactions, 1995, 1995 (1): 158-172.

[172] Choi S. Heat transfer for commercial underground buildings [D]. Boulder: University of Colorado, 1996.

[173] Choi S, Krarti M. Heat transfer for slab-on-grade floor with stepped ground [J]. Energy Conversion and Management. 1998, 39 (7): 691-701.

[174] Choi S, Krarti M. Thermally optimal insulation distribution for underground structures [J]. Energy and Buildings. 2000, 32 (3): 251-265.

[175] Yuan Y, Cheng B, Mao J, et al. Effect of the thermal conductivity of building materials on the steady-state thermal behaviour of underground building envelopes [J]. Building and Environment. 2006, 41 (3): 330-335.

[176] Yuan Y, Ji H, Du Y, et al. Semi-analytical solution for steady-periodic heat transfer of attached underground engineering envelope [J]. Building and Environment. 2008, 43 (6): 1147-1152.

[177] Yuan Y, Ji H, Du Y, et al. Semi-analytical solution of roof-on-grade attached underground engineering envelope [J]. Building and Environment. 2008, 43 (6): 1138-1146.

[178] Yuan Y, Ji H, Song B, et al. Influence factors of heat transfer of unattached rectangular underground engineering envelope [J]. Journal of Shanghai Jiao tong University (Science). 2006, E-11 (4): 518-524.

[179] 袁艳平. 地下工程岩土耦合传热规律研究 [D]. 南京: 解放军理工大学工程兵工程学院, 2005.

[180] 袁艳平,程宝义. ANASYS 的二次开发与多维稳态导热反问题的数值解 [J]. 建筑热能通风空调. 2004, 23 (2): 92-94.

[181] 袁艳平,程宝义,茅靳丰. 浅埋工程围护结构传热简化模型误差的有限元分析 [J]. 制冷空调与电力机械. 2003, 24 (6): 10-12.

[182] 袁艳平,程宝义,茅靳丰. 浅埋工程围护结构传热影响因素的有限元分析 [J]. 洁净与空调技术. 2004, 42 (2): 35-37.

[183] 袁艳平,程宝义,茅靳丰. ANSYS 在浅埋工程围护结构传热模拟中的运用 [J]. 解放军理工大学学报(自然科学版). 2004, 5 (2): 52-56.

[184] 袁艳平,程宝义,朱培根. ANSYS 二次开发技术与浅埋工程传热模块开发 [J]. 建筑热能通风空调. 2006, 25 (4): 86-90.

[185] 袁艳平,茅靳丰,程宝义. 无限长拱形断面浅埋工程围护结构简化传热模型误差分析 [J]. 防护工程. 2004, 26 (3): 60-64.

[186] 程宝义,袁艳平,茅靳丰. 建筑材料热特性对地下工程围护结构热行为的影响 [J]. 暖通空调. 2004, 34 (12): 15-18.

[187] 袁艳平,程宝义,杜雁霞. 高于地面附建式地下工程围护结构传热的影响 [J]. 建筑热能通风空调. 2005, 24 (5): 12-15.

[188] Krarti M, Kreider J F, Claridge D E. Schwarz-Christoffel transformation applied to steady-state ground-coupling problems [J]. Energy and Buildings. 1994, 20 (3): 193-203.

[189] Krarti M, Claridge D E, Kreider J F. Frequency response analysis of ground-coupled building envelope surfaces [G]. ASHRAE Transactions, 1995, 101 (1): 355-369.

[190] Achard G, Allard F, Brau J. Thermal transfer between a building and the surrounding ground [C]. 2nd International Congress on Building Energy Management. Ames, Iowa, USA, 1983: 35-44.

[191] 陈启高. 地下冷库建筑设计热物理理论基础 [J]. 制冷学报. 1980 (3): 30-46.

[192] 陈启高,陈永成. 地下洞室壁面散湿量计算方法研究 [J]. 地下空间. 1990, 10 (1): 61-64.

[193] 曹宝山. 触地围护结构传热问题的分析研究 [J]. 天津城建学院学报. 1994 (4): 7-24.

[194] 忻尚杰,黄祥夔,张茂秀. 地下工程围护结构热工计算 [M]. 南京:解放军理工大学工程兵工程学院, 1981.

[195] 肖益民. 水电站地下洞室群自然通风网络模拟及应用研究 [D]. 重庆:重庆大学, 2005.

[196] 肖益民,付祥钊. 地下空间围护结构传热热力系统划分的频率特性分析法 [C]. 中国制冷学会空调热泵专业委员会. 全国暖通空调制冷 2006 年学术年会. 合肥:2006.

[197] Stephenson D G, Mitalas G P. Cooling load calculations by thermal response factor method [G]. ASHRAE Transactions, 1967, 73 (1): 1-7.

[198] Mitalas G P. Transfer function method of calculating cooling loads, heat extraction and space temperature [J]. ASHRAE Journal. 1972, 14 (12): 54-56.

[199] Stephenson D G, Mitalas G P. Calculation of heat conduction transfer function for multi-layer slabs [G]. ASHRAE Transactions, 1971, 77 (2): 117-126.

[200] 陈友明,王盛卫. 计算多层墙体响应系数的频域回归方法 [J]. 湖南大学学报(自然科学版). 2000, 27 (5): 71-77.

[201] 王补宣,彦启森,江亿. 分析地下洞库长期热环境变化过程的数学模型 [Z]. 1985.

[202] 张罡柱. 有限元计算地下传热问题 [J]. 暖通空调. 1985 (4): 4-8.

[203] Patankar S V. Numerical heat transfer and fluid flow [M]. New York: Hemisphere Publishing Corporation, 1980.

[204] 孔祥谦. 有限单元法在传热学中的应用 [M]. 第二版. 北京：科学出版社，1986.

[205] 陶文铨. 数值传热学 [M]. 第二版. 西安：西安交通大学出版社，2001.

[206] 张菊明，熊亮萍. 有限单元法在地热研究中的应用 [M]. 北京：科学出版社，1986.

[207] Kusuda T, Achenbach P R. Numerical analysis of the thermal environment of occupied underground space with finite cover using a digital computer [G]. ASHRAE Transactions, 1963, 69：439-452.

[208] Davies G R. Thermal analysis of earth covered buildings [C]. Fourth National Passive Solar Conference. Kansas，1979：744-748.

[209] Ambrose C W. Modelling losses from slab floors [J]. Building and Environment. 1981, 16 (4)：251-258.

[210] Szydlowski R F, Kuehn T H. Analysis of transient heat loss in earth-sheltered structures [J]. Underground Space. 1981, 5 (4)：237-246.

[211] Walton G N. Estimating 3-D heat loss from rectangular basements and slabs using 2-D calculations [G]. ASHRAE Transactions, 1987, 93 (1)：791-797.

[212] Roux J J, Mokhtari A, Achard G. Modal analysis of thermal transfer between a building and surrounding ground [C]. 4th Congress of the Performance of the Exterior Envelope of Building. Orlando, USA，1989.

[213] Cleaveland J P, Akridge J M. Slab-on-grade thermal loss in hot climates [G]. ASHRAE Transactions，1990, 96 (1)：112-119.

[214] Speltz J. A numerical simulation of transient heat flow in earth sheltered buildings for seven selected us cities [D]. San Antonio, TX：Trinity University, 1980.

[215] Yuill G K, Wray C P. Verification of a microcomputer program implementing the mitalas below-grade heat loss model [G]. ASHRAE Transactions, 1987, 93 (1)：434-446.

[216] Beausoleil-Morrison I, Mitalas G. BASESIMP：a residential-foundation heat-loss algorithm for incorporating into whole-building energy-analysis programs [C]. 6th IBPSA Conference. Prague, Czech Republic：International Building Performance Simulation Association，1997.

[217] 刘文杰. 北方地区防护工程热湿环境分析与计算 [D]. 南京：解放军理工大学，2006.

[218] 张二军，张树光，贾宝新. 渗流作用下深埋巷道围岩热交换过程的数值模拟 [C]. 第一届中国水利水电岩土力学与工程学术讨论会. 中国云南昆明：2006.

[219] 张树光. 深埋巷道围岩温度场的数值模拟分析 [J]. 科学技术与工程. 2006, 6 (14)：2194-2196.

[220] 张晓锋，李永安，尹纲领. 基于 Matlab 的半地下室地下部分热工计算及分析 [C]. 孔敏彬. 2007 年山东省制冷空调学术年会. 中国山东济南：2007：121-125133.

[221] Davies M. Computational and experimental three-dimensional conductive heat flows in and around buildings [D]. London：Unversity of Westminster, 1994.

[222] Davies M, Tindale A, Littler J. The addition of a 3-D heat flow module to APACHE [C]. BEPAC Conference. York, UK，1994.

[223] Davies M, Tindale A, Littler J. Importance of multi-dimensional conductive heat flows in and around buildings [J]. Building Services Engineering Research and Technology. 1995, 16 (2)：83-90.

[224] Davies M, Zoras S, Adjali H. A potentially fast, flexible and accurate earth-contact heat transfer simulation method [C]. 6th International IBPSA Conference. Kyoto, Japan：International Building Performance Simulation Association, 1999.

[225] Davies M, Zoras S, Adjali H. Improving the efficiency of the numerical modelling of built environment earth-contact heat transfers [J]. Applied Energy. 2001, 68 (1): 31-42.

[226] Rees S W, Thomas H R. Simulating seasonal ground movement in unsaturated clay [J]. ASCE Journal of Geotechnical Engineering. 1993, 119 (7): 1127-1143.

[227] Rees S W, Thomas H R, Zhou Z. Ground heat transfer: Some further insights into the influence of three-dimensional effects [J]. Building Services Engineering Research and Technology. 2000, 21 (4): 233-239.

[228] Thomas H R. Modelling two-dimensional heat and moisture transfer in unsaturated soils, including gravity effects [J]. International Journal for Numerical & Analytical Methods in Geomechanics. 1985, 9 (6): 573-588.

[229] Thomas H R. Nonlinear analysis of heat and moisture transfer in unsaturated soil [J]. ASCE Journal of Engineering Mechanics. 1987, 113 (8): 1163-1180.

[230] Zoras S, Davies M, Wrobel L C. Earth-contact heat transfer: A novel simulation technique [C]. 7th REHVA World Congress-CLIMA 2000. Naples, 2001.

[231] Zoras S, Davies M, Wrobel L C. Earth-contact heat transfer: improvement and application of a novel simulation technique [J]. Energy and Buildings. 2002, 34 (4): 333-344.

[232] 刘军, 姚杨, 王清勤. 地下建筑围护结构传热的模拟与分析 [C]. 中国制冷学会空调热泵专业委员会. 全国暖通空调制冷 2004 年学术年会. 北京: 中国建筑工业出版社, 2004: 350-356.

[233] 刘军. 地下建筑热湿负荷计算及软件编制 [D]. 哈尔滨: 哈尔滨工业大学, 2004.

[234] 宋翀芳, 赵敬源, 赵秉文. 地下建筑壁面动态传热的数值分析研究 [J]. 西北建筑工程学院学报(自然科学版). 2001, 18 (2): 32-35.

[235] 王宇, 宋翀芳. 深埋地下建筑围护结构动态传热的数值分析 [J]. 山西建筑. 2002, 28 (9): 27-28.

[236] 宋翀芳. 地下建筑动态热工环境数值分析研究 [D]. 西安: 西安建筑科技大学, 2001.

[237] 赵敬源, 邱永亮. 地下建筑热工环境的数值分析研究 [J]. 四川建筑科学研究. 2005, 31 (6): 167-169.

[238] 王琴, 程宝义, 缪小平. 基于 PHOENICS 的地下工程岩土耦合传热动态模拟 [J]. 建筑热能通风空调. 2005, 24 (4): 19-23.

[239] 彭梦珑, 黄敬远, 丁力行. 深埋地下建筑岩壁耦合传热过程的动态计算 [J]. 建筑科学. 2007, 23 (6): 37-40.

[240] 王海龙. 大岗山水电站地下洞室动态热工数值模拟研究 [D]. 成都: 西华大学, 2006.

[241] MacDonald G R, Claridge D E, Oatman P A. A comparison of seven basement heat loss calculation methods suitable for variable-base degree-day calculations [G]. ASHRAE Transactions, 1985, 91 (1B): 916-933.

[242] Swinton M C, Platts R E. Engineering method for estimating basement heat loss and insulation performance [G]. ASHRAE Transactions, 1981, 87 (2): 343-359.

[243] Parker D S. Simplified method for determining below grade heat loss [C]. bilgen E, Hollands K G. Proceedings of the 9th Biannual Congress of the International Solar Energy Society. Montreal, Canada: Pergamon Press, 1986: 254-261.

[244] Parker D S. F-factor correlations for determining earth contact heat loads [G]. ASHRAE Transactions, 1987, 93 (1): 784-790.

[245] Akridge J M. Decremented average ground temperature method for estimating the thermal performance of underground houses [C]. International Passive and Hybrid Cooling Conference. Miami

Beach, FL, USA: American Society of the International Solar Energy Society, 1981: 141-114.

[246] Akridge J M, Poulos J F. Decremented average ground-temperature method for predicting the thermal performance of underground walls [C]. Geshwiler M. 1983 Annual Meeting of the American Society of Heating, Refrigerating and Air-Conditioning Engineers. Washington, DC, USA: ASHRAE, 1983: 49-60.

[247] 庞伟, 吕绍勤. 计算地下建筑热负荷的新方法 [J]. 暖通空调. 1986, 16 (5): 31-32.

[248] Yard D C, Morton-Gibson M, Mitchell J W. Simplified dimensionless relations for heat loss from basements [G]. ASHRAE Transactions, 1984, 90 (1B): 633-643.

[249] Shen L S, Poliakova J, Huang Y J. Calculation of building foundation heat loss using superposition and numerical scaling [G]. ASHRAE Transactions, 1988, 94 (2): 917-935.

[250] Huang Y J, Shen L S, Bull J C, et al. Whole-house simulation of foundation heat flows using the DOE-2.1C program [G]. ASHRAE Transactions, 1988, 94 (2): 936-957.

[251] Carmody J, Christian J, Labs K. Builder's foundation handbook, ORNL/CON-295 [R]. Oak Ridge, Tennessee: Oak Ridge National Laboratory, 1991.

[252] Winkelmann F. Underground Surfaces: How to Get a Better Underground Surface Heat Transfer Calculation in DOE-2.1E [J]. Building Energy Simulation User News. 1998, 19 (1): 6-13.

[253] Richards P G, Mathews E H. A thermal design tool for buildings in ground contact [J]. Building and Environment. 1994, 29 (1): 73-82.

[254] Medved S, Cerne B. A simplified method for calculating heat losses to the ground according to the EN ISO 13370 standard [J]. Energy and Buildings. 2002, 34 (5): 523-528.

[255] Zhong Z, Braun J E. A simple method for estimating transient heat transfer in slab-on-ground floors [J]. Building and Environment. 2007, 42 (3): 1071-1080.

[256] Mughal M P, Chattha J A. An examination of procedures for predicting heat losses from underground structures [J]. Building Services Engineering Research and Technology. 2002, 23 (2): 69-79.

[257] Matsumoto S. The calculation of basement heat losses using a dynamic simulation program tasp^{++} and its extendibility for the environmental design [J]. Nihon Kenchiku Gakkai Kankyo Kogaku Iinkai Netsu Kankyo Shoiinkai Netsu Shinpojiumu. 2003, 33: 101-106.

[258] SA K, WA B, GE M. FEHT-A finite element analysis program [EB/OL]. Madison: F-Chart Software, 2006 (2006-08-28) [2008-07-10]. http://www.fchart.com/.

[259] Sobotka P, Yoshino H, Matsumoto S. Thermal performance of three deep basements: a comparison of measurements with ASHRAE Fundamentals and the Mitalas method, the European Standard and the two-dimensional FEM program [J]. Energy and Buildings. 1994, 21 (1): 23-34.

[260] Rock B A. Sensitivity study of slab-on-grade transient heat transfer model parameters [G]. ASHRAE Transactions, 2004, 110 (1): 177-184.

[261] Rock B A. A user-friendly model and coefficients for slab-on-grade load and energy calculations [G]. ASHRAE Transactions, 2005, 111 (2): 122-136.

[262] Rock B A, Ochs L L. Slab-on-grade heating load factors for wood-framed buildings [J]. Energy and Buildings. 2001, 33 (8): 759-885.

[263] AICVF. AICVF Guide: Chauffage—Calculs des déperditions et charges thermiques d'hiver [Z]. Pyc ed. Paris: Association des Ingénieurs de Climatisation et de Ventilation de France, 1990.

[264] 《地下建筑暖通空调设计手册》编写组. 地下建筑暖通空调设计手册 [M]. 北京: 中国建筑工业出版社, 1983.

[265] 中华人民共和国建设部. GB 50225—2005 人民防空工程设计规范 [S]. 北京：中国计划出版社，2005.

[266] 中华人民共和国建设部，中华人民共和国国家质量监督检验检疫总局. GB 50038—2005 人民防空地下室设计规范 [S]. 北京：中国建筑标准设计研究院，2005.

[267] U. S. Department of Energy. Whole Building Analysis：Energy Simulation [EB/OL].：U. S. Department of Energy, 2006 (October 19, 2006) [May 27, 2008]. http：//www. eere. energy. gov/buildings/tools_directory/subjects. cfm/pagename=subjects/pagename_menu=whole_building_analysis/pagename_submenu=energy_simulation.

[268] U. S. Department of Energy. Whole Building Analysis：Load Calculation [EB/OL].：U. S. Department of Energy, 2006 (October 19, 2006) [May 27, 2008]. http：//www. eere. energy. gov/buildings/tools_directory/subjects. cfm/pagename=subjects/pagename_menu=whole_building_analysis/pagename_submenu=load_calculation.

[269] Burch D M. MOIST：A PC program for predicting heat and moisture transfer in building envelops, release 3.0, NIST Special Publication 917 [R]. Gaithersburg：National Institute of Standards and technology, 1997.

[270] Mendes N, Oliveira R C, Santos G H. DOMUS 1.0：A Brazilian pc program for building simulation [C]. 7th International IBPSA Conference. Rio de Janeiro, Brazil：International Building Performance Simulation Association Conference, 2001.

[271] Mendes N, Oliveira R C, Santos G H. DOMUS 2.0：A whole-building hygrothermal simulation program [C]. 8th International IBPSA Conference. Eindhoven, Netherlands：International Building Performance Simulation Association, 2003.

[272] Mendes N, Ridley I, Lamberts R, et al. UMIDUS：a PC program for the prediction of heat and moisture transfer in porous building elements [C]. 6th International IBPSA Conference. Kyoto, Japan：International Building Performance Simulation Association, 1999.

[273] Mihalakakou G, Santamouris M, Asimakopoulos D, et al. On the ground temperature below buildings [J]. Solar Energy. 1995, 55 (5)：355-362.

[274] 谢晓娜. DeST 中地下部分的传热与其他围护的联合模拟 [C]. 第九届全国建筑物理学术会议. 中国江苏南京：2004.

[275] 谢晓娜，江亿. DeST 的热物理模型中的地下部分传热研究 [C]. 中国制冷学会空调热泵专业委员会. 全国暖通空调制冷 2004 年学术年会. 北京：中国建筑工业出版社，2004：329-336.

[276] 谢晓娜，宋芳婷，张晓亮. 建筑环境设计模拟分析软件 DeST 第 11 讲 与地面相邻区域动态传热问题的处理 [J]. 暖通空调. 2005, 35 (6)：55-63.

[277] Beausoleil-Morrison I, Mitalas G P, Chin H. Estimating three-dimensional below-grade heat losses from houses using two-dimensional calculations [C]. Proceedings of Thermal Performance of the Exterior Envelopes of Buildings VI. Clear Water, FL, USA：ASHRAE, 1995：95-100.

[278] Jiang Y. State-space method for the calculation of air-conditioning load and the simulation of thermal behaviors of the room [G]. ASHRAE Transactions, 1982, 88 (2)：122-141.

[279] Hong T, Zhang J, Jiang Y. IISABRE：An Integrated Building Simulation Environment [J]. Building and Environment. 1997, 32 (3)：219-224.

[280] 清华大学 DeST 开发组. 建筑环境系统模拟分析方法—DeST [M]. 北京：中国建筑工业出版社，2006.

[281] Xie X, Jiang Y, Xia J. A new approach to compute heat transfer of ground-coupled envelope in building thermal simulation software [J]. Energy and Buildings. 2008, 40 (4)：476-485.

[282] Bazjanac V, Huang J, Winkelmann F C. DOE-2 modeling of two-dimensional heat flow in underground surfaces, 400-96-017, 2000.

[283] Weitzmann P, Kragh J, Roots P, et al. Modelling floor heating systems using a validated two-dimensional ground-coupled numerical model [J]. Building and Environment. 2005, 40 (2): 153-163.

[284] CEN. CEN/TC 89 Thermal performance of buildings—heat exchange with the ground—calculation method [S]. Luxembourg: European Committee for Standardisation, 1992.

[285] Sobotka P, Yoshino H, Matsumoto S. Analysis of deep basement heat loss by measurements and calculations [G]. ASHRAE Transactions, 1995, 101 (2): 186-197.

[286] Hens H S L. IEA Annex 24 Final Report Heat, air and moisture transfer in highly insulated envelope parts, task 1: modelling. [R]. Leuven, Belgium: International Energy Agency, 1996.

[287] Chuangchid P, Ihm P, Krarti M. Analysis of heat and moisture transfer beneath freezer foundations-Part I [J]. ASME Journal of Solar Energy Engineering. 2004, 126 (2): 716-725.

[288] Ogura D, Matsushita T, Matsumoto M. A study of heat and moisture behavior of an underground space-effects of wall structure [C]. International Symposium On Moisture Problems In Building Walls. Porto, Portugal, 1995.

[289] Ogura D, Matsushita T, Matsumoto M. Analysis of heat and moisture behavior in underground space by quasilinearized method [C]. 6th International IBPSA Conference. Kyoto, Japan: International Building Performance Simulation Association, 1999.

[290] Ogura D, Nasal H, Matsushita T, et al. An analysis of heat and moisture behavior in underground space by quasi-linearized method [C]. Proceedings of the CIB-W40 Meeting., 1998: 313-328.

[291] Deru M P. Ground-coupled heat and moisture transfer from buildings [D]. Fort Collins, CO: Colorado State University, 2001.

[292] Deru M P. A model for ground-coupled heat and moisture transfer from buildings, NREL/TP-550-33954 [R]. Cole Boulevard: National Renewable Energy Laboratory, 2003.

[293] Deru M P, Kirkpatrick A T. Ground-Coupled heat and moisture Transfer from buildings part 2: Application [C]. American Solar Energy Society (ASES) National Solar Conferences Forum 2001. Washington, D. C., 2001.

[294] Deru M P, Kirkpatrick A T. Ground-Coupled Heat and Moisture Transfer from Buildings Part 2-Application [J]. ASME Journal of Solar Energy Engineering. 2002, 124 (1): 17-21.

[295] Deru M P, Kirkpatrick A T. Ground-Coupled Heat and Moisture Transfer from Buildings Part 1-Analysis and Modeling [J], ASME Journal of Solar Energy Engineering. 2002, 124 (1): 10-16.

[296] 闫增峰. 生土建筑室内热湿环境研究 [D]. 西安: 西安建筑科技大学, 2003.

[297] 闫增峰, 林海燕, 周辉. 建筑围护结构中热桥稳态传热计算研究 [J]. 暖通空调. 2007, 37 (7): 11-14.

[298] 闫增峰, 刘加平. 厚重型建筑围护结构的传热计算方法 [J]. 四川建筑科学研究. 2003, 29 (3): 101-103.

[299] 张华玲. 水电站地下厂房热湿环境研究 [D]. 重庆: 重庆大学, 2007.

[300] 张华玲, 刘朝, 刘方等. 地下洞室多孔墙体热湿传递的数值模拟 [J]. 暖通空调. 2006, 36 (12): 9-13.

[301] Zoras S, Davies M, Adjali M. A novel tool for the prediction of earth-contact heat transfer: a multi-room simulation [J]. Proceedings of the Institution of Mechanical Engineers, Part C: Journal of Mechanical Engineering Science. 2001, 215 (4): 415-422.

[302] Davies M, Zoras S, Adjali M H. Development and inter-model comparative testing of a novel earth-contact heat-transfer simulation method [J]. Building Services Engineering Research and Technology. 2000, 21 (1): 19-25.

[303] Abdelbaki A, Amjad S, Zrikem Z. Prediction of heat transfer from shallow basements to the soil by the two-dimensional transfer functions method [C]. Proceedings of the 3rd Renewable Energy Congress. Reading, UK, 1994.

[304] Amjad S, Abdelbaki A, Zrikem Z. Numerical simulation of heat transfer between an earth-sheltered cavity and the soil: two-dimensional transfer functions method and subdivision [J]. International Journal of Thermal Sciences. 1999, 38 (11): 965-976.

[305] Al-Anzi A, Krarti M. Local/global analysis applications to ground-coupled heat transfer [J]. International Journal of Thermal Sciences. 2003, 42 (9): 871-880.

[306] Al-Anzi A, Krarti M. Local/global analysis of transient heat transfer from building foundations [J]. Building and Environment. 2004, 39 (5): 495-504.

[307] 章熙民,任泽霈,飞鸣,王中铮. 传热学(第五版)[M]. 北京:中国建筑工业出版社,2007.

[308] 杨世铭,陶文铨. 传热学(第四版)[M]. 高等教育出版社,2006.

[309] 王运东,骆广生,刘谦. 传递过程原理[M]. 北京:清华大学出版社,2002.

[310] 汪善国. 空调与制冷技术手册[M]. 北京:机械工业出版社,2006.

[311] 曹玉璋. 传热学[M]. 北京:北京航空航天大学出版社,2000.

[312] Y.S. 托鲁基安. 岩石与矿物的物理性质(M). 北京:石油工业出版社,1990.

[313] 沈显杰. 岩石热物理性质及其测试(M). 北京:科学出版社,1988.

[314] 肖衡林,吴雪洁,周锦华. 岩土材料导热系数计算研究[J]. 路基工程,2007.03.

[315] Kaviany M. Principle of heat and transfer in porous media [M]. New York: Springerverlag, 1991.

[316] Woodside W, Messmer J H. Thermal Conductivity of Porous Media. I. UnconsolidatedSands [J]. Journal of Applied Physics. 1961, 32 (9): 1688-1699.

[317] Woodside W, Messmer J H. Thermal Conductivity of Porous Media. II. Consolidated Rocks [J]. Journal of Applied Physics. 1961, 32 (9): 1699-1706.

[318] 王铁行,刘自成,卢靖. 黄土导热系数及比热容的研究[J]. 岩土力学,2007.28 (4): 655-658.

[319] 苏天明,刘彤,李晓昭. 南京地区土体热物理性质测试与分析[J]. 岩石力学与工程学报,2006.25 (6): 1278-1283.

[320] 赵军,段征强,宋著坤,李丽梅. 基于圆柱热源模型的现场测量地下岩土热物性方法[J]. 太阳能学报,2007.27 (9): 934-936.

[321] 孟凡凤,李香龙,吴晓辉,徐燕飞,柴进爱,李彦明. 利用探针法测定土壤的导热系数[J]. 绝缘材料,2006.39 (6): 65-70.

[322] 于明志,彭晓峰,方肇洪,李晓东. 基于线热源模型的地下岩土热物性测试方法[J]. 太阳能学报,2006.27 (3): 279-283.

[323] 刘为民,何平,张钊. 土体导热系数的评价与计算[J]. 冰川冻土,2002,24 (6): 770-773.

[324] 柳建祥,李显利,彭小勇. 土壤热工特性测试及应用分析[J]. 南华大学学报(自然科学版),2007.21 (3): 68-70.

[325] 贾力,方肇洪,钱兴华. 高等传热学[M]. 北京:高等教育出版社,2002.

[326] 陈友明. 土壤初始温度模型[J]. 湖南大学学报(自然科学版),2007.7.

[327] E.R.G. 埃克特,R.M. 德雷克. 传热与传质分析[M]. 航青译. 北京:科学出版社,1986.

[328] 马吉民,范兰英,王刚. 地下工程土壤初始温度的计算问题探讨. 第二届全国人防工程内部环

境及设备学术年会论文集,2004.10.

[329] 《人民防空地下室设计规范》(GB 50038—2005),2006.3.
[330] 胡汉华、吴超、李茂楠. 地下工程通风与空调 [M]. 长沙:中南大学出版社,2005.
[331] 忻尚杰. 防护工程空气热湿环境系统模拟与分析. 南京:解放军理工大学工程兵工程学院,2001.
[332] 范兰英. 周期性波动空气经地下风道降温的动态模拟与分析 [D]. 南京:解放军理工大学硕士论文,2005.2.
[333] 王丹宁. 空气经地下风道降温的动态模拟与分析 [D]. 南京:哈尔滨工业大学硕士论文,2002.
[334] 白凤山,幺焕民,李春玲,沈继红,施久玉. 数学建模. 哈尔滨:哈尔滨工业大学出版社,2003.
[335] 杨小琼. 传热学计算机辅助教学. 西安:西安交通大学出版社,1992.
[336] 宋先成. 有限元法. 成都:西南交通大学出版社,2007.
[337] 许为全. 热质交换过程与设备 [M] 北京:清华大学出版社,1999.
[338] 张寅平,张立志,刘晓华. 建筑环境传质学 [M] 北京:中国建筑工业出版社,2006.
[339] 张立志. 除湿技术 [M] 北京:化学工业出版社,2004.
[340] 李汝辉. 传质学基础 [M] 北京:北京航空学院出版社,1987.9.
[341] 英克鲁佩勒. 传热和传质基本原理第六版 [M] 北京:化学工业出版社,2007.
[342] ASHRAE1997ASHRAE handbook-fundamentals. Atlanta:American Society of Heating, Refrigerating, and Air-Conditioning Engineers Inc,1997.
[343] 耿世彬. 地下工程通风 [M] 南京:解放军理工大学工程兵工程学院,2000.3.
[344] 朱培根. 空气调节 [M] 南京:解放军理工大学工程兵工程学院,2005.3.
[345] 黄翔. 国内外蒸发冷却空调技术研究进展(1)[J]. 暖通空调. 2007,37(2):24-30.
[346] 黄翔. 国内外蒸发冷却空调技术研究进展(2)[J]. 暖通空调. 2007,37(3):32-3753.
[347] 黄翔. 国内外蒸发冷却空调技术研究进展(3)[J]. 暖通空调. 2007,37(4):24-29136.
[348] 蒋毅. 高效节能的蒸发冷却技术及其引用的建模与实验研究 [D]. 南京:东南大学,2006.
[349] 代彦军,张鹤非. 降膜蒸发冷却复合传热传质研究 [J]. 太阳能学报. 1999,20(4):385-391.
[350] 任承钦,张龙爱. CFD方法与间接蒸发冷却换热器的三维数值模拟 [J]. 节能. 2005(06).
[351] 武俊梅,黄翔,陶文铨. 单元式直接蒸发冷却空调机的优化设计 [J]. 流体机械. 2003(01).
[352] 张旭,陈沛霖. 风冷冷水机组与 DEC 联用系统性能及应用前景 [J]. 暖通空调. 1999(06).
[353] 张丹,黄翔. 关于直接蒸发冷却空调经济性能的评价 [J]. 制冷空调与电力机械. 2005(05).
[354] 丁杰,任承钦. 间接蒸发冷却方案的比较研究 [J]. 建筑热能通风空调. 2006(04).
[355] 丁杰,任承钦. 间接蒸发冷却器不可逆 损失研究 [J]. 制冷空调与电力机械. 2006(03).
[356] 彭美君,任承钦. 间接蒸发冷却技术的应用研究与现状 [J]. 节能与环保. 2004(12).
[357] 陈沛霖. 间接蒸发冷却在我国适用性的分析 [J]. 暖通空调. 1994(05).
[358] 吕金虎,宋垚臻,卓献荣. 进口空气相对湿度对直接蒸发冷却式空调机性能的影响 [J]. 制冷. 2005(03).
[359] 檀志恒. 湿膜直接蒸发冷却在工业热车间通风降温的应用研究 [D]. 东华大学,2006.
[360] 李峥嵘,陈沛霖. 晚间通风及其与蒸发冷却技术的联合应用 [J]. 同济大学学报(自然科学版). 1995(06).
[361] 赵纯清. 温室除湿降温系统除湿剂利用及再生的实验研究 [D]. 华中农业大学,2004.
[362] 熊军,刘泽华,宁顺清. 再循环蒸发冷却技术及其在空调行业的应用探讨 [J]. 节能技术. 2005(01).
[363] 王鸽鹏. 南疆地区建筑自然通风与蒸发冷却匹配技术研究 [D]. 西安建筑科技大学,2007.

[364] 柴续斌. 蒸发冷却技术理论及应用研究 [D]. 西安建筑科技大学, 2005.

[365] 王倩, 孙晓秋. 蒸发冷却技术在我国非干燥地区的应用研究 [J]. 节能. 2004 (07).

[366] 由世俊, 张欢, 刘耀浩. 蒸发式空气加湿冷却器的性能及其在风冷冷水机组中的应用 [J]. 暖通空调. 1999 (05).

[367] 张旭, 陈沛霖. 直接蒸发冷却过程不可逆热动力学分析 [J]. 同济大学学报（自然科学版）. 1995 (06).

[368] 强天伟, 沈恒根. 直接蒸发冷却空调工作原理及不循环水喷淋填料分析 [J]. 制冷与空调. 2005 (02).

[369] 强天伟, 沈恒根, 冯健民. 直接蒸发冷却空调机使用中的问题及探讨 [J]. 制冷与空调. 2005 (06).

[370] 杜鹃, 黄翔, 武俊梅. 直接蒸发冷却空调机与冷却塔内部传热、传质过程的类比分析 [J]. 制冷与空调. 2003 (01).

[371] 杜鹃, 武俊梅, 黄翔. 直接蒸发冷却系统传热传质过程的数值模拟 [J]. 制冷与空调. 2005 (02).

[372] 宣永梅, 黄翔, 武俊梅. 直接蒸发冷却式空调机用填料的性能评价 [J]. 洁净与空调技术. 2001 (01).

[373] 杜鹃, 杜芳莉, 杨勇. 直接蒸发冷却系统数学模型在工程实际中的应用 [J]. 西安航空技术高等专科学校学报. 2005 (03).

[374] Beshkani A, Hosseini R. Numerical modeling of rigid media evaporative cooler [J]. Applied Thermal Engineering. 2006, 26 (5-6): 636-643.

[375] Liao C M, Chiu K H. Wind tunnel modeling the system performance of alternative evaporative cooling pads in Taiwan region [J]. Building and Environment. 2002, 37 (2): 177-187.

[376] Armbruster R, Mitrovic J. Evaporative cooling of a falling water film on horizontal tubes [J]. Experimental Thermal and Fluid Science. 1998, 18 (3): 183-194.

[377] 赵振国. 冷却塔填料热力特性的新表达式及其应用 [J]. 水动力学研究与进展 A 辑. 1996 (06).

[378] 张寅平, 朱颖心, 江亿. 水—空气处理系统全热交换模型和性能分析 [J]. 清华大学学报（自然科学版）. 1999 (10).

[379] 吴晓敏, 姚奇, 王维城. 环保节水型冷却塔的研究 [J]. 工程热物理学报. 2007 (03).

[380] 王未凡. 机械通风式横流冷却塔的数值模拟 [D]. 山东大学, 2006.

[381] 孙奉仲, 朱玉萍, 张克. 冷却塔设计的数学模型及先进设计方法 [J]. 山东电力技术. 2002 (06).

[382] 宋垚臻, 吕金虎, 卓献荣. 空气与水直接接触热质交换顺流和逆流过程特性比较 [J]. 化工进展. 2005 (07).

[383] 宋垚臻. 空气与水顺流直接接触热质交换过程模型计算及分析 [J]. 农业工程学报. 2006 (01).

[384] 孟华, 龙惟定, 王盛卫. 适于系统仿真的冷却塔模型及其实验验证 [J]. 暖通空调. 2004 (07).

[385] 刘乃玲, 陈沛霖. 冷却塔供冷技术的原理及应用 [J]. 制冷. 1998 (02).

[386] 李祥麟, 周涤生. 地下冷却塔在外滩观光隧道中的应用 [J]. 上海建设科技. 2002 (03).

[387] 冯爽. 地下式冷却塔设计实例及其发展前景 [J]. 地下工程与隧道. 2004 (03).

[388] 黄东涛, 杜成琪. 逆流式冷却塔填料及淋水分布的数值优化设计 [J]. 应用力学学报. 2000 (01).

[389] Ralph L. Webb, 蔡祖康. 冷却塔、蒸发式冷凝器及密闭式冷却塔热工计算的统一理论 [J]. 制冷. 1988 (04).

[390] Ralph L. Webb, P. J. Erens. 冷却塔、蒸发式冷凝器及密闭式冷却塔热工计算的统一理论（续）

[J]. 制冷. 1989 (01).

[391] Muangnoi T, Asvapoositkul W, Wongwises S. Effects of inlet relative humidity and inlet temperature on the performance of counterflow wet cooling tower based on exergy analysis [J]. Energy Conversion and Management., In Press, Corrected Proof.

[392] Muangnoi T, Asvapoositkul W, Wongwises S. An exergy analysis on the performance of a counterflow wet cooling tower [J]. Applied Thermal Engineering. 2007, 27 (5-6): 910-917.

[393] Qureshi B A, Zubair S M. Second-law-based performance evaluation of cooling towers and evaporative heat exchangers [J]. International Journal of Thermal Sciences. 2007, 46 (2): 188-198.

[394] Milosavljevic N, Heikkil P. A comprehensive approach to cooling tower design [J]. Applied Thermal Engineering. 2001, 21 (9): 899-915.

[395] Kloppers J C, Kroger D G. Cooling Tower Performance Evaluation: Merkel, Poppe, and e-NTU Methods of Analysis [J]. Journal of Engineering for Gas Turbines and Power. 2005, 127 (1): 1-7.

[396] Kloppers J C, Kr D G. A critical investigation into the heat and mass transfer analysis of counterflow wet-cooling towers [J]. International Journal of Heat and Mass Transfer. 2005, 48 (3-4): 765-777.

[397] Kloppers J C, Kr D G. The Lewis factor and its influence on the performance prediction of wet-cooling towers [J]. International Journal of Thermal Sciences. 2005, 44 (9): 879-884.

[398] Kaiser A S, Lucas M, Viedma A, et al. Numerical model of evaporative cooling processes in a new type of cooling tower [J]. International Journal of Heat and Mass Transfer. 2005, 48 (5): 986-999.

[399] Jin G Y, Cai W J, Lu L, et al. A simplified modeling of mechanical cooling tower for control and optimization of HVAC systems [J]. Energy Conversion and Management. 2007, 48 (2): 355-365.

[400] Ibrahim G A, Nabhan M B, Anabtawi M Z. An investigation into a falling film type cooling tower [J]. International Journal of Refrigeration. 1995, 18 (8): 557-564.

[401] Halasz B. A general mathematical model of evaporative cooling devices [J]. Revue G 閩閞 ale de Thermique. 1998, 37 (4): 245-255.

[402] Gan G, Riffat S B, Shao L, et al. Application of CFD to closed-wet cooling towers [J]. Applied Thermal Engineering. 2001, 21 (1): 79-92.

[403] Fisenko S P, Brin A A, Petruchik A I. Evaporative cooling of water in a mechanical draft cooling tower [J]. International Journal of Heat and Mass Transfer. 2004, 47 (1): 165-177.

[404] 张建伟, 张志广, 唐建业. TRZL系列蒸发式冷凝器技术总结 [J]. 纯碱工业. 2005 (01).

[405] 刘焕成, 蔡祖康, 夏畹. 氨蒸发式冷凝器热工性能实验研究 [J]. 制冷技术. 1990 (03).

[406] 张建一, 秘文涛. 工业用蒸发式和水冷式冷凝器的循环水量和能耗研究 [J]. 低温与超导. 2007 (03).

[407] 刘洪胜, 孟建军, 陈江平. 家用中央空调机组用蒸发式冷凝器的开发 [J]. 流体机械. 2004 (10).

[408] 蒋翔, 唐广栋, 朱冬生. 来流流场对蒸发式冷凝器性能影响的研究 [J]. 制冷学报. 2006 (04).

[409] 蒋翔, 朱冬生, 唐广栋. 来流速度分布对蒸发式冷凝器性能的影响 [J]. 华南理工大学学报 (自然科学版). 2006 (08).

[410] 朱冬生, 沈家龙, 蒋翔. 湿空气对蒸发式冷凝器性能的影响 [J]. 制冷技术. 2006 (02).

[411] 王少为, 刘震炎. 一种蒸发式冷凝器的新型设计方法 [J]. 制冷与空调. 2002 (04).

[412] 蒋妮. 蒸发冷凝传热传质研究及应用 [D]. 西北工业大学, 2002.

[413] 沈家龙. 蒸发式冷凝器传热传质理论分析及实验研究 [D]. 华南理工大学, 2005.
[414] 唐伟杰, 张旭. 蒸发式冷凝器的换热模型与解析解 [J]. 同济大学学报（自然科学版）. 2005 (07).
[415] 蔡祖康, 夏畹, 刘焕成. 蒸发式冷凝器的热力计算 [J]. 制冷学报. 1989 (04).
[416] 洪兴龙, 李瑛. 蒸发式冷凝器的设计选型及在氨制冷系统中的应用 [J]. 流体机械. 2006 (02).
[417] 吴治将, 朱冬生, 蒋翔. 蒸发式冷凝器的应用与研究 [J]. 暖通空调. 2007 (08).
[418] 邱嘉昌, 刘龙昌. 蒸发式冷凝器的应用与管系设计研究 [J]. 制冷技术. 2003 (02).
[419] 朱冬生, 沈家龙, 蒋翔. 蒸发式冷凝器管外水膜传热性能实验研究 [J]. 高校化学工程学报. 2007 (01).
[420] 庄友明. 蒸发式冷凝器和水冷式冷凝器的能耗比较及经济性分析 [J]. 制冷. 2001 (01).
[421] 张景卫, 朱冬生, 蒋翔. 蒸发式冷凝器及其传热分析 [J]. 化工机械. 2007 (02).
[422] 郝亮, 阚杰, 袁秀玲. 蒸发式冷凝器稳态模型数值模拟 [J]. 制冷与空调. 2005 (04).
[423] 朱冬生, 沈家龙, 蒋翔. 蒸发式冷凝器性能研究及强化 [J]. 制冷学报. 2006 (03).
[424] 杨盛旭, 李刻铭, 吴茂杰. 蒸发式冷凝器在人防工程中的应用 [J]. 建筑热能通风空调. 2005 (01).
[425] 洪兴龙, 李瑛. 蒸发式冷凝器的设计选型及在氨制冷系统中的应用 [J]. 流体机械. 2006 (02).
[426] 杨晓明, 吴杲, 龚毅. 制冷系统中蒸发式冷凝器性能的影响因素分析 [J]. 中国建设信息供热制冷. 2007 (09).
[427] 王晋生, 程宝义, 缪小平. 任意工况下表冷器的热力计算法 [J]. 暖通空调. 1997 (S1).
[428] 王晋生. 湿工况下表冷器总传热系数实验公式的改进 [J]. 建筑热能通风空调. 2000 (03).
[429] 王晋生. 水冷式表冷器传热研究（1）：用干湿转换法计算湿工况 [J]. 暖通空调. 2000 (04).
[430] 王晋生. 水冷式表冷器传热研究（2）：以等价干工况为理论基础的试验方法 [J]. 暖通空调. 2001 (02).
[431] 王晋生. 水冷式表冷器传热研究（3）：半干半湿工况热力计算 [J]. 暖通空调. 2001 (03).
[432] 王晋生. 水冷式表冷器传热研究（4）：表冷器总传热系数的一个新实验公式 [J]. 暖通空调. 2001 (04).
[433] 王晋生. 水冷式表冷器传热研究（5）：用盘管表面平均温度法计算表冷器湿工况 [J]. 暖通空调. 2001 (05).
[434] 王晋生, 龙惟定, 程宝义. 水冷式表冷器传热研究（6）：机器露点表达式的建立 [J]. 暖通空调. 2002 (06).
[435] 王晋生, 程宝义. 水冷式表冷器传热研究（7）：等价干工况实质剖析 [J]. 暖通空调. 2003 (04).
[436] 王晋生, 程宝义, 龙惟定. 水冷式表冷器传热研究（8）：热力计算理论及其研究综述 [J]. 暖通空调. 2004 (12).
[437] 孟华, 龙惟定, 王盛卫. 基于遗传算法的空调水系统优化控制研究 [J]. 建筑节能. 2007 (01).
[438] 孟华, 龙惟定, 王盛卫. 以TRNSYS为平台的集中空调水系统数字仿真器的建立 [J]. 暖通空调. 2005 (03).
[439] 吴杰. 冰蓄冷空调系统负荷预测模型和系统优化控制研究 [D]. 浙江大学, 2002.
[440] 庄友明. 冰蓄冷空调系统和常规空调系统的分析及能耗比较 [J]. 暖通空调. 2006 (06).
[441] 杨同球, 吴香楣, 孟秀婷. 消防水池蓄冷的措施和效益分析 [J]. 暖通空调. 1999 (03).
[442] 孙鑫泉, 龚钰秋, 徐宝庆. 十水硫酸钠体系潜热蓄热材料的研究 [J]. 浙江大学学报（理学版）. 1990 (02).
[443] 潘毅群, 陈沛霖. 相变材料式蓄冷系统的动态模拟及运行分析 [J]. 暖通空调. 1998 (03).

尊敬的读者：

感谢您选购我社图书！建工版图书按图书销售分类在卖场上架，共设22个一级分类及43个二级分类，根据图书销售分类选购建筑类图书会节省您的大量时间。现将建工版图书销售分类及与我社联系方式介绍给您，欢迎随时与我们联系。

★ 建工版图书销售分类表（详见下表）。

★ 欢迎登陆中国建筑工业出版社网站www.cabp.com.cn，本网站为您提供建工版图书信息查询，网上留言、购书服务，并邀请您加入网上读者俱乐部。

★ 中国建筑工业出版社总编室　　电　话：010—58934845
　　　　　　　　　　　　　　　　传　真：010—68321361

★ 中国建筑工业出版社发行部　　电　话：010—58933865
　　　　　　　　　　　　　　　　传　真：010—68325420
　　　　　　　　　　　　　　　　E-mail：hbw@cabp.com.cn

建工版图书销售分类表

一级分类名称（代码）	二级分类名称（代码）	一级分类名称（代码）	二级分类名称（代码）
建筑学（A）	建筑历史与理论（A10）	园林景观（G）	园林史与园林景观理论（G10）
	建筑设计（A20）		园林景观规划与设计（G20）
	建筑技术（A30）		环境艺术设计（G30）
	建筑表现·建筑制图（A40）		园林景观施工（G40）
	建筑艺术（A50）		园林植物与应用（G50）
建筑设备·建筑材料（F）	暖通空调（F10）	城乡建设·市政工程·环境工程（B）	城镇与乡（村）建设（B10）
	建筑给水排水（F20）		道路桥梁工程（B20）
	建筑电气与建筑智能化技术（F30）		市政给水排水工程（B30）
	建筑节能·建筑防火（F40）		市政供热、供燃气工程（B40）
	建筑材料（F50）		环境工程（B50）
城市规划·城市设计（P）	城市史与城市规划理论（P10）	建筑结构与岩土工程（S）	建筑结构（S10）
	城市规划与城市设计（P20）		岩土工程（S20）
室内设计·装饰装修（D）	室内设计与表现（D10）	建筑施工·设备安装技术（C）	施工技术（C10）
	家具与装饰（D20）		设备安装技术（C20）
	装修材料与施工（D30）		工程质量与安全（C30）
建筑工程经济与管理（M）	施工管理（M10）	房地产开发管理（E）	房地产开发与经营（E10）
	工程管理（M20）		物业管理（E20）
	工程监理（M30）	辞典·连续出版物（Z）	辞典（Z10）
	工程经济与造价（M40）		连续出版物（Z20）
艺术·设计（K）	艺术（K10）	旅游·其他（Q）	旅游（Q10）
	工业设计（K20）		其他（Q20）
	平面设计（K30）	土木建筑计算机应用系列（J）	
执业资格考试用书（R）		法律法规与标准规范单行本（T）	
高校教材（V）		法律法规与标准规范汇编/大全（U）	
高职高专教材（X）		培训教材（Y）	
中职中专教材（W）		电子出版物（H）	

注：建工版图书销售分类已标注于图书封底。